中井検裕／長坂泰之／阿部 勝／永山 悟 編著

復興・陸前高田

ゼロからのまちづくり

鹿島出版会

本書に寄せて——推薦

大越健介

人間とは、しょせんエゴイズムのかたまりだと思うことがある。だが同時に、人間とは、自分以外の誰かのために死力を尽くすことができる存在でもある。本書を読めば、それを確信するはずだ。

東日本大震災の後、私は何度か陸前高田を取材し、その都度、衝撃を受けた。言うまでもなく、最初の衝撃は、巨大津波によって何もかも流された、まちの姿を見たときだった。無数の松の木がなぎ倒された海岸沿いを歩きながら、このまちの前途の多難を思った。

ところが、倒れずに残った「奇跡の一本松」に思いを重ねるようにして、ゼロからのまちづくりは始まった。

私にとっての二度目の衝撃は、まるでひとつのコンビナートの出現を思わせる、嵩上げ工事の威容を見たときだった。山側から市中へと張り巡らされ、膨大な土砂を運搬するベルトコンベアは、未来を手繰り寄せようとする、まちの意志そのものだった。

本書は、最悪とも言える津波被害を受けた岩手県陸前高田市にあって、前代未聞の復興事業に取り組んだ「チームたかた」の記録である。防潮堤の建設や土地の嵩上げ、土地区画整理事業。いずれも前代未聞の規模である。そうした果ての見えない業務に、彼らは同時並行的に取り組むことを迫られた。

被害が甚大であるぶん、利害関係者の数も計り知れない。まちづくりの主役はあくまで住民である。だが、大切な人や家財を失い、傷ついた人たちに、共に前を向いてもらい、意見を集約する作業は困難を極めただろう。一方で、国や県の縦割り組織の壁に何度も跳ね返され、悔しい思いもしたに違いない。

しかも、震災前から起きていた市外への人口流出は、震災で加速した。この先、住み続けていくと思えるだけの魅力あるまちを、ほぼ白紙の状態から具現化する困難な任務は、容赦ない時間との戦いでもあったのだ。

そして震災から一〇年余。なお傷跡は残るものの、市の中心部は今、核となる商業施設が栄え、周囲にカフェなどが軒を並べている。質素だが豊かさを感じさせる空間だ。まちの再生に挑んだ人々の汗の結晶である。

「チームたかた」は、自らも被災者である市職員や商業者、それをサポートした学識経験者や技術者らによる官民の連合体である。震災復興計画の策定に始まるチームの苦難は、彼らの結束を強めることともなった。チームワークは軌道に乗り、大規模嵩上げ工事や高台移転といったハードの部分から、居心地のよい「まちなか」を構想するソフトの部分へと、仕事の重心は移っていく。その過程は、彼らがまちづくりの核心に迫る貴重な行程でもあった。

本書は、災害から逃れることのできない日本にあって、復興とは何かを考える超一級の資料である。だが、価値はそれにとどまらない。

この推薦文が、「人間とは」などと少し感傷的な書き出しになったのは、本書の随所から伝わってくる、「チームたかた」の面々の内なる熱量に、心を動かされたからだ。

彼らにとって、陸前高田のまちづくりは、苦しくも手応えを感じながらの仕事であったに違いない。同時に、犠牲者の無念を思い、あの震災を生き抜いたすべての人たちに誓う、厳粛な約束ごとでもあっただろう。チームを貫いた献身の精神を、ぜひ本書から感じ取ってほしい。

（おおこし・けんすけ　キャスター／ジャーナリスト）

「奇跡の一本松」とベルトコンベア（2014年9月、撮影：東海新報）

復興事業で整備された
まちなか広場（右）と
川原川公園（下）で遊ぶ子どもたち

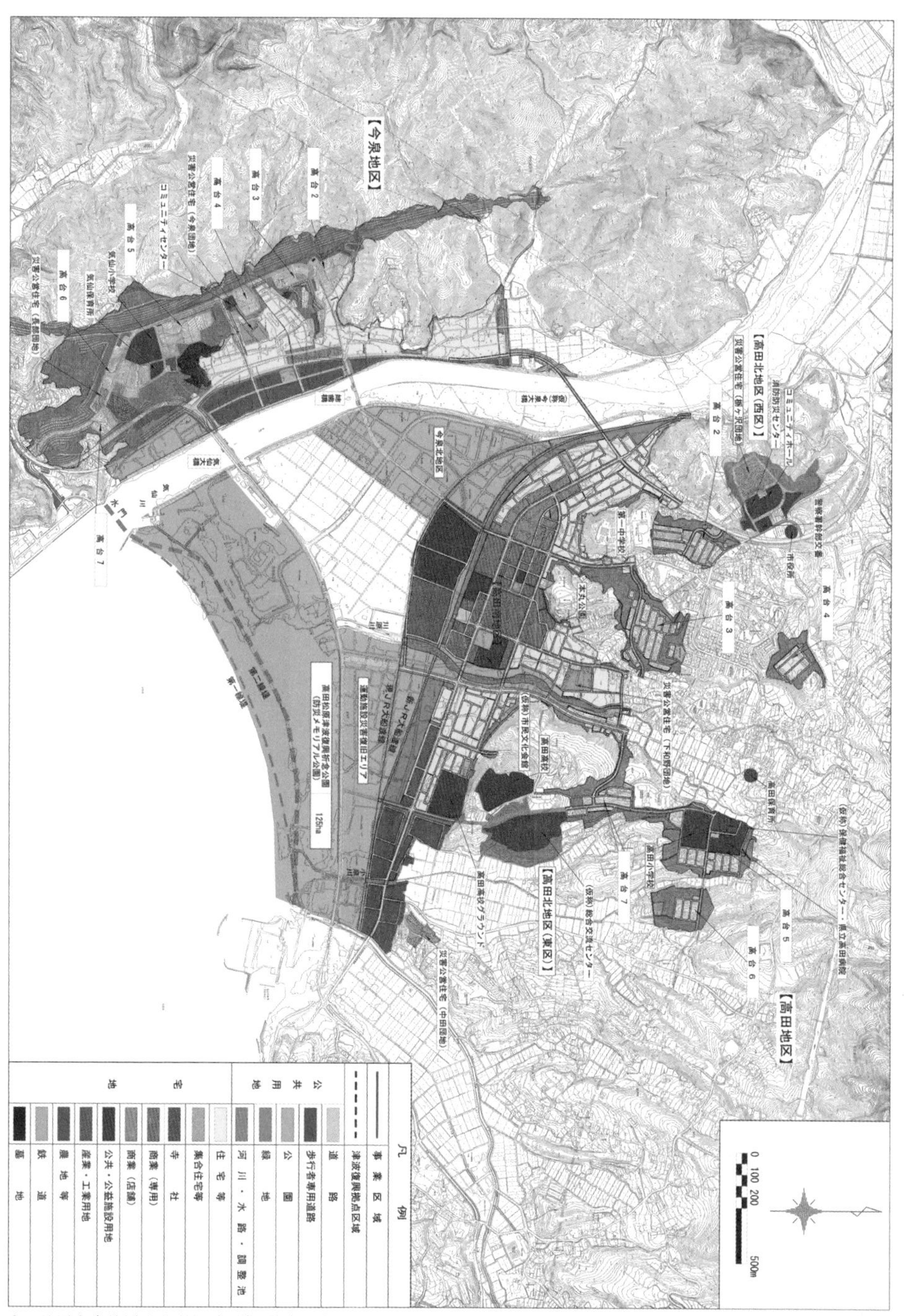

高田地区今泉地区土地利用計画（陸前高田市、2019年）2012年10月に初めて示され、その後何度も変更を重ねてこの図に至った（本書95、217ページ参照）

はじめに

二〇一一年三月に発生した東日本大震災から一一年を迎えます。

本当の意味での「絶望」を生まれて初めて突きつけられたあの日から、厳しい現実に直面しながらも、多くの人々に励まされ支えていただき、復興を進めることができました。陸前高田市の復興に関わっていただきましたすべての皆さまに心から感謝申し上げます。

このたび発刊される本書は、どのようにしてまちづくりの方向性が決められていったのか、市民、当事者の皆さんと行政がどのようなかたちで協力してきたのかなど、復興の舞台裏についても描かれている貴重なものであると思っています。商店街の方々の思いをどのようにかたちにしていくか、「ノーマライゼーションという言葉のいらないまちづくり」をどのように具現化していくか。陸前高田市の復興の特徴は何か、関わってくれた人たちの思いとは……。そんなことが読み取れる貴重な読み物となっていると思います。

私は、陸前高田市の復興のかたちは、他の被災地とは少し視点が違うように思っています。

当初から復興は急がなければならないと思いながらも、まずは時間がかかっても、「二度と同じ間違いを繰り返してはならない」という強い思いのもと、ハード事業には限界があると知りつつも防潮堤整備や中心市街地の嵩上げなどをできる限り行ってきました。いわゆる「多重防災」で市民の命を守れるようなまちづくりに尽力してきたつもりです。

この一一年を経て、いつどこで何が起こっても不思議ではない時代になってしまいました。世界中で自然災害が多発し、我が国においても毎年のように豪雨災害などが起こっています。

編著者の尽力によってまとめられた本書によって、我々が震災で得た教訓と反省が多くの皆さまに共有され、震災を経験した人々が厳しい中にあってもその悔しさをバネにして、前を向いて頑張ってきた事実を後世に残すことができれば幸いです。

陸前高田市長　戸羽 太

Contents

Chapter 3 計画から事業化へ

Chapter 4 前例のない大規模工事

Chapter 5 商業者の被災と初動、復興の動き

Chapter 6 まちづくりと商業再生

Chapter 7 魅力的な「まちなか」をつくる

Chapter 8 商業者の本格復興

Chapter 9 震災10年、持続可能なまちへ

凡例　本書掲載図版は特記なき限り、執筆者および陸前高田市提供によるものである。数字などの表記は刊行当時のデータによる。

Chapter 1

震災前、そして東日本大震災

陸前高田の復興と「チームたかた」

2011年3月11日に発生した東北地方太平洋沖地震は、三陸沖・宮城県牡鹿半島の東南東130km付近、深さ約24kmを震源とするマグニチュード9.0、国内観測史上最大規模の地震だった。直後、岩手、宮城、福島県を中心とした太平洋沿岸部を巨大な津波が襲い、福島第一原子力発電所では原子力事故を引き起こした。一連の大災害により、18,425人の死者・行方不明者が発生、家屋など建築物の全壊・流失・半壊は合わせて40万戸に及ぶ(2021年3月、内閣府)。岩手県内で最大の被害を受けた陸前高田市。まず、震災前の姿や被害の状況をまとめるとともに、本書の構成を紹介していく。

Section 1

震災前の陸前高田市と東日本大震災

阿部 勝 陸前高田市

はじめに――「一生かかっても返せないものを背負ったな」

二〇一一年三月一一日午後二時四六分、庁舎四階にいたときに大きな揺れが起こった。もしかして建物が崩れてしまうのではないか、そんな恐怖を感じながら必死に部屋の中の書庫を押さえた。長い揺れが収まってから、防災無線従事者でもあった私は二階の防災対策室に向かい、市内の避難所と無線で交信した。庁舎前にある公園には、多くの職員が避難していた。地震から約三〇分後、広田湾のある南の方角から黒い土煙のようなものが見えた。そしてものすごい勢いで建物や避難する人を飲み込みながら津波が襲ってきた。津波が庁舎にぶつかっても体が固まって動けずにいた私は、誰かの「危ない。逃げろ」という声ではっとわれに返り、部屋のドアを開け屋上を目指した。階段はすでに避難する人でいっぱいである。下から流れ込む波に同僚が飲まれていく姿を見ながら、どうすることもできずに階段を駆け上った。なんとか屋上にたどり着いた私は、流されていく同僚や市民の姿など、受け入れることができない光景に呆然とするしかなかった。

多くの職員や市民が避難していた市役所向かいにあった市民会館は、津波で屋根まで水没していた。同じく東側にあった消防庁舎や市民体育館も完全に水没し、まちが壊滅したことを悟った。瓦礫の上に乗って流されていく小さな女の子が「助けてください」と叫んでも誰も何もできず、女の子は

二〇一一年三月一一日一五時二六分。県立高田高校から高田松原方面に向かって撮影されたもの

震災前（右）と震災後（左）の陸前高田市航空写真

出典：いわて震災津波アーカイブ、提供者：岩手県県土整備部河川課

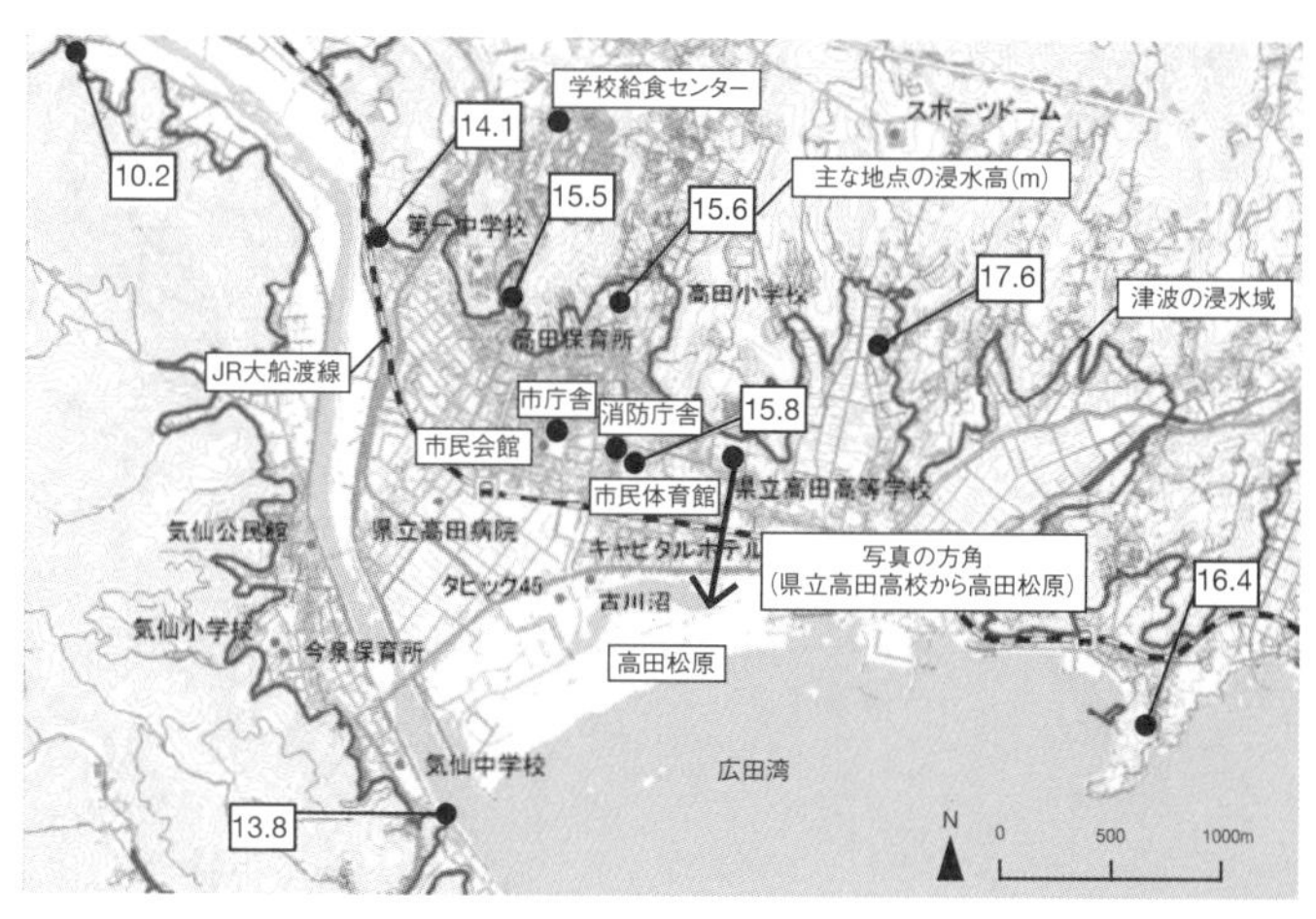

震災前の陸前高田市の主要施設と津波による浸水域

そのまま沖に流されていった。私は、次にもっと高い波が襲ってきたら自分たちも死んでしまうだろうかと思いながら、庁舎のそばにあった自宅にいたはずの二人の息子と両親が無事であることを祈った。

津波は一部四階建ての庁舎屋上付近まで迫ったが、幸いそれ以上の高い波が襲ってくることはなかった。市役所に避難した職員と市民の約二〇〇人が四階のスペースで夜を明かした。ある先輩職員が「一生かかっても返せないものを背負ったな」とつぶやいたが、私も全く同じ思いだった。

震災前の陸前高田市

岩手県沿岸で最も南に位置する陸前高田市は、海、山、川がそろう自然豊かな美しい自治体である。総面積は約二三二平方キロメートル、南東の方角には太平洋に向かって広田湾が広がり、その広田湾を山々が囲んでいる。気仙川から運ばれる山からの栄養を受けた恵み豊かな広田湾では、牡蠣やホタテ、わかめなどの養殖漁業が盛んである。黒潮の影響により温暖な気候は、「岩手の湘南」とも呼ばれており、冬でもほとんど雪が降ることはなく、降っても長期間残ることはない。陸前高田市は、リアス式海岸が続く岩手県沿岸地域ではめずらしく平地部が多いが、東日本大震災で市内で最も大きな被害を受けた高田町も、気仙川の河口部に広がった平地に形成されたまちで、市役所などの公共施設や商工業の事業所が集中する市の中心であった。

陸前高田市は、一九五五年に三町五村が合併し、現在の市制がスタートした。

市は、海に面した気仙町(今泉地区、長部地区)、高田町、米崎町、小友町、広田町と、気仙川などの上流部に位置する竹駒町、横田町、矢作町(生出、二又、下矢作)の八つの町、一一の地区(コミュニティエリア)から構成されている。一一の地域ごとに小学校や集会施設が整備され、お祭りやスポーツイベントなど様々な催し物が開かれており、地域内の住民のつながりは大変強い。

一九六〇年のチリ地震津波（陸前高田市立博物館蔵、千葉蘭児氏撮影）

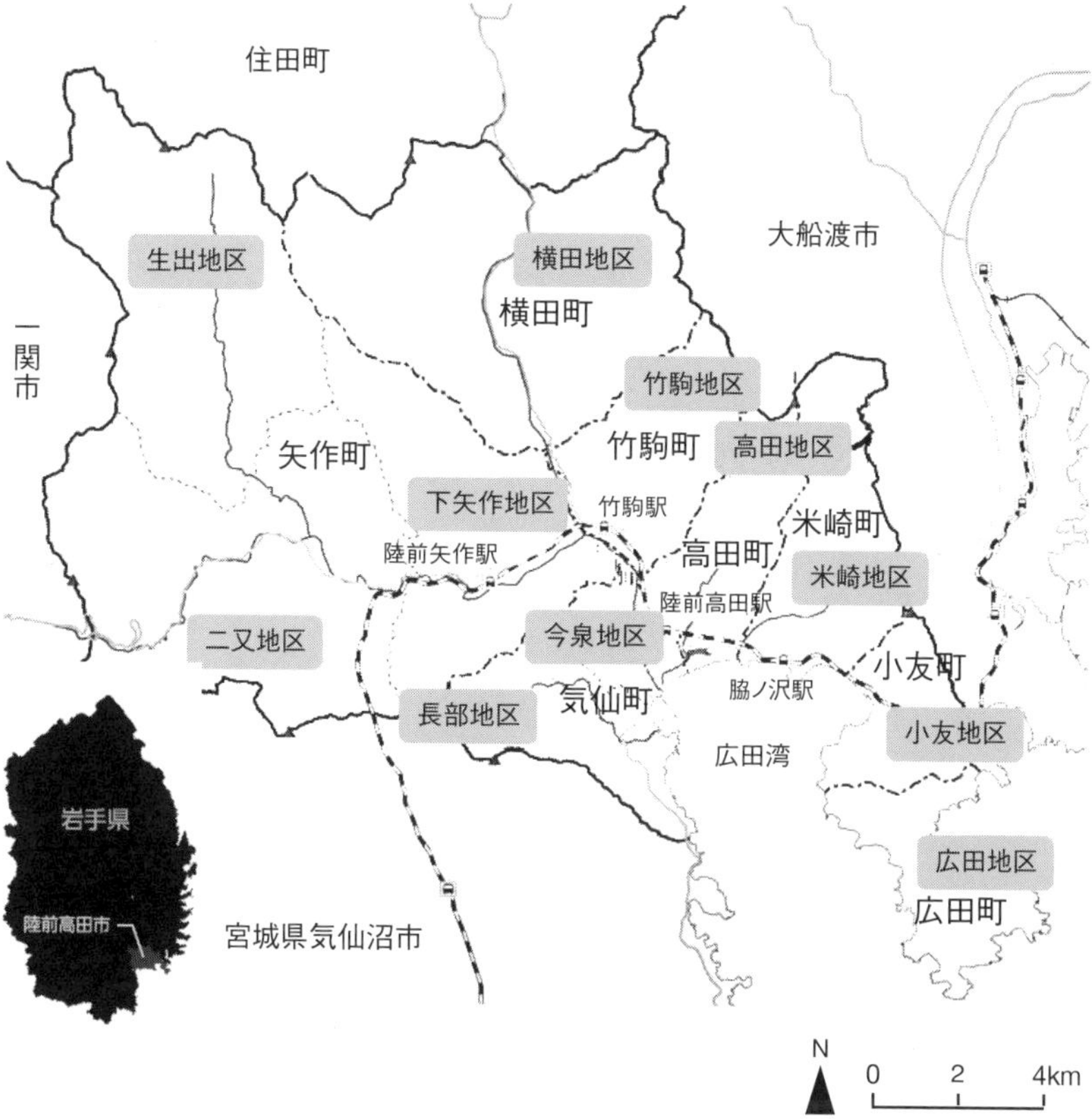

陸前高田市の位置と市内八町一一地区（コミュニティエリア）

住田町
大船渡市
一関市
宮城県気仙沼市
生出地区
横田地区
横田町
竹駒地区
竹駒町
高田地区
矢作町
下矢作地区
竹駒駅
陸前矢作駅
米崎町
高田町
米崎地区
陸前高田駅
二又地区
今泉地区
小友町
脇ノ沢駅
長部地区
気仙町
小友地区
広田湾
岩手県
陸前高田市
広田地区
広田町
N
0 2 4km

気仙町の「けんか七夕まつり」や高田町の「うごく七夕まつり」をはじめ、地区ごとに五年祭などのお祭りがあり、鹿踊りや梯子虎舞、鬼剣舞など多くの伝統文化が受け継がれている。

三陸沿岸は、歴史的に津波被害を受けてきた地域である。陸前高田市でも一八九六年の「明治三陸地震津波」や一九三三年の「昭和三陸地震津波」、一九六〇年の「チリ地震津波」などに襲われている。チリ地震津波では市内で八名が犠牲となり、広田湾沿岸には、チリ地震津波後に、津波高四・五メートルに余裕高一メートルを加えた五・五メートルの防潮堤が整備された。チリ地震から半世紀の間、この防潮堤を超えるどころか、防潮堤に到達するような津波が襲ってくることはなかった。

岩手県内最大の被災地に

東日本大震災津波の市での浸水高は最大で一七・六メートル、津波浸水面積は、市の総面積の五・五%となる約一三平方キロメートルに及んだ。津波による犠牲者は、死者一五五九人、行方不明者は二〇二人で、人口二万四二四六人のうち七・三%が犠牲になった。死亡者数は被災地全体では石巻市に次いで二番目に多く、岩手県内では最大である。また、津波浸水域人口に対する犠牲者率は一〇・六四%で、岩手、宮城、福島の沿岸三七市町村中最大である。

家屋被害は、全壊が三八〇七世帯、大規模半壊・半壊は二四〇世帯、一部損壊は三九八八世帯で、市内全世帯のうち九九・五%にあたる八〇三五世帯が被災し、そのうち全壊と大規模半壊だけでじつに五〇・一%に達した。また震災前は六九九人の商工業者が加盟していた商工会も、約二割を失った。

これほどまでに甚大な被害を受けた要因については、市が二〇一四年七月に策定した「陸前高田市東日本大震災検証報告書」にまとめられているが、地形的な要因としては、本市の中心部として市街地、行政機関、商業が集積する平野部は、海抜五メートル以下の低地が大半を占めていることに加え、広田湾方向に開けていることから津波の遡上や浸水を受けやすかったこと、また、湾外の水深が五〇

かつての名勝高田松原

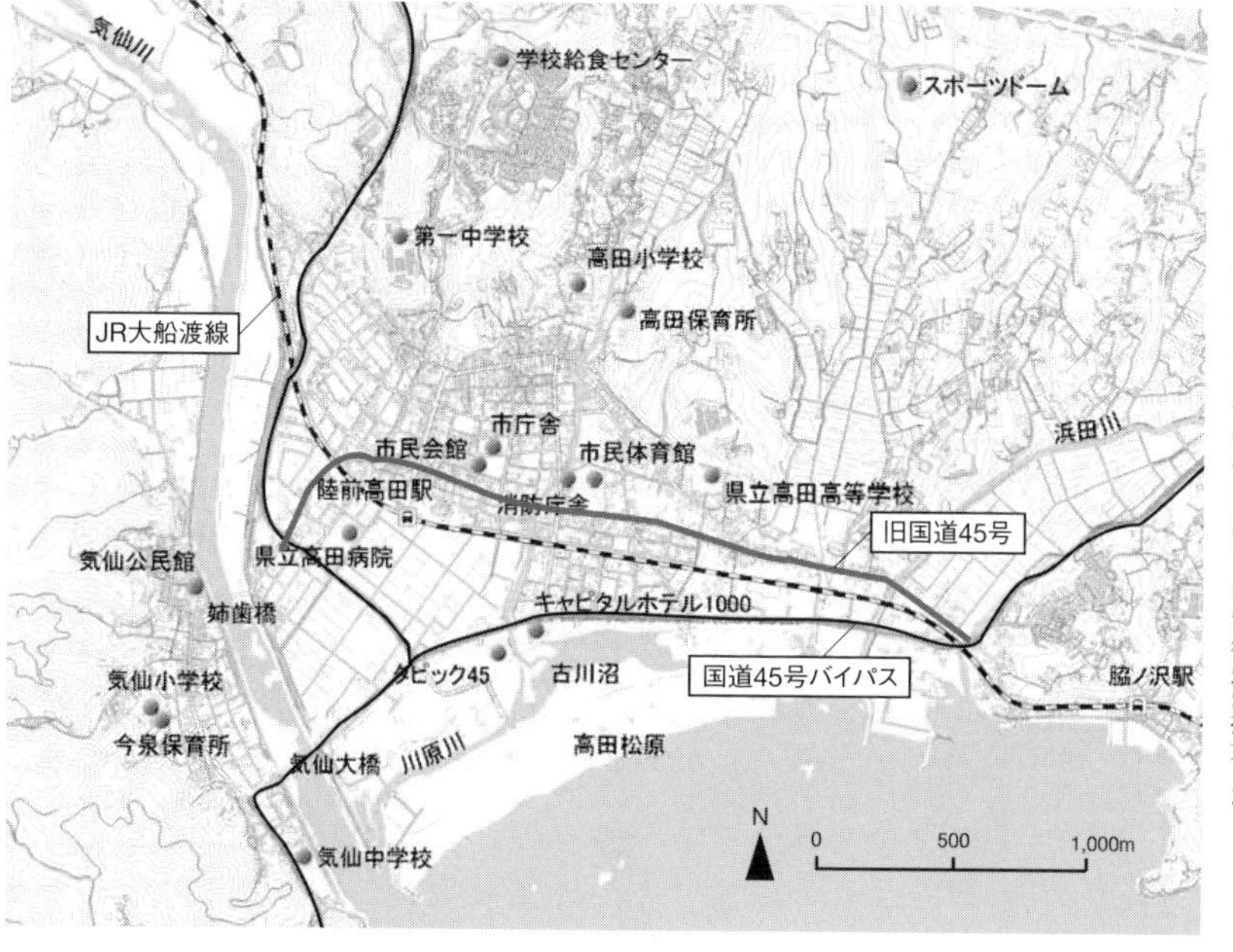

一九七〇年代に国道四五号バイパスが市南側に開設され、市街地が拡大した

メートルなのに対して湾内は一〇～三〇メートルと、海底が急激に浅くなっていることも津波を増幅させたと考えられた。さらに、一九七〇年代後半に国道四五号が海沿いにバイパスを開通させたことに伴い、住宅地が海側に広がってきたことに加え、商業活動の中心もバイパス沿いに移行してきたことも被害を増大させる要因となった。

震災以前に想定されていた津波と実際に襲来した津波の違いも大きな要因となった。二〇〇四年度に県が公表した「津波浸水予想図」によると、津波浸水深は、高田松原付近で「一〇・二メートル」、市庁舎周辺では「五〇センチメートル以上一メートル未満」と予測されており、避難所としていた市民体育館や市民会館も、このシミュレーションに基づき指定されていたが、今回の津波は想定を大きく上回り、市庁舎周辺の津波浸水深は一五・八メートルとなった。

津波浸水域に居住していた市民の約一割が亡くなった。犠牲になった人の多くは、大津波警報が発令されても避難しないか、もしくは避難が遅れたと推察されている。市職員や消防団員、区長など公的な活動に従事する人も多く亡くなったが、その人たちは、避難誘導を優先したり、さらなる災害対応に備えて待機を続けた結果、逃げ遅れて犠牲となったとみられている。

まちづくりの方向性で揺れ動いてきた歴史

一九五五年の市制発足当時の市の人口は約三万三〇〇〇人だったが、その直後から人口は減少し続けた。一九六三年に発足した当時の市政は、人口減少が続くもとで、その打開策として、広田湾の一部を埋め立てて石油コンビナートを建設することを柱とする市勢発展計画をまとめた。この計画に対し、漁民を中心とする市民の反対運動が起こる。当時の市長選挙も埋め立て問題が争点となり、結果的に当時の市政は、広田湾埋め立てを強行することはできなかった。

一九八七年から始まった次の市政は、国が一九八七年に制定した総合保養地域整備法（いわゆるリ

奇跡の一本松

ゾート法)を受け、リゾートによる市の発展を模索し、ゴルフ場建設やテレトラック(場外馬券場売り場)建設などの計画を相次いで進めようとした。この市政のもとで、起債を財源として不要不急とも言われた施設整備建設が進み、市の財政は悪化を辿った。当時の市政は、民間のリゾートホテルを支援するために、タラソテラピー(海洋療法施設)を建設しようとしたが、そのことが争点となった二〇〇三年の市長選挙で、建設反対を主張した候補が市長に当選した。

二〇〇〇年四月以降、国は全国の地方自治体の数を削減するために、合併特例債という優遇措置(アメ)と地方交付税の大幅削減(ムチ)により、強力に自治体合併を誘導した。地方交付税が削減されたことにより、多くの自治体が予算を編成することが困難となり、その結果、近隣の大きな自治体への吸収合併が急速に進んだ。陸前高田市も合併を迫る岩手県や隣接自治体などから合併攻勢にさらされたが、自立を求める住民世論が上回り、二〇〇八年一〇月に開かれた臨時市議会において、合併協議会の設置案が否決されたことにより、陸前高田市は自立の道を選択した。

その後二期八年にわたり自立と財政再建を進めた市政の後継として、現在の戸羽太市政が誕生したのは二〇一一年二月だったが、市長就任の約一か月後に東日本大震災が市を襲った。

宮城県牡鹿半島沖を震源とするマグニチュード九・〇の巨大地震から約三〇分後、大津波が陸前高田市に襲い掛かかり、あっという間に沿岸部の人と建物を飲み込んだ。

二キロメートルにわたる白い砂浜と七万本の松林が続く、陸前高田市のシンボルである名勝高田松原も、たった一本の松を残しすべてが流失してしまった。大津波に耐えた樹齢一七三年のその松は、その後「奇跡の一本松」と呼ばれるようになり、東日本大震災から復興へ向かう被災地全体の希望の象徴として国内外に発信され、陸前高田市の状況は多くの国民の知るところとなった。

その後、松は塩害のため枯死が確認されたが市は保存を決定。その再建と時期を同じくして、市街地では、被災地最大級の造成工事などを含む前代未聞のまさにゼロからの復興まちづくりが始まった。

Section 2

本書の構成

永山 悟 陸前高田市／阿部 勝 前出

陸前高田市では東日本大震災により一七六一名が[*]犠牲となり（岩手県最大）、市街地は九割の世帯が全壊。そこからの復興は、通常の市の予算の一〇倍を超える規模、事業数は約一六〇にも及んだ。市職員約四〇〇名のうち一一一名を失うという状況下で、人手も足りず、当初は外部からの専門家支援も地元とのずれに苦悩した。まったく前例のない事業規模の復興を手探りで進める必要があった。

本書は、そうした課題に向き合いながらも、ゼロからの復興そしてまちづくりを遂げてきた経過について、とくに大きな課題であった土地区画整理事業や中心市街地での商業復興などに焦点をあて、復興を進めた当事者自らが記述し、得られた教訓を伝えるものである。

本書は以下の構成からなる。

2章は、復興計画の立案である。発災直後の混乱する被災対応の中であっても、次に考えなければならないのは復興のことだった。壊滅状態と言われた市街地をどのように再建し、日常生活や経済活動をどのように再興させるのか。未曽有の大災害からの復興計画の策定など、誰も経験したことがなく、誰も正解を知らなかったが、それでも希望を見出すことができる復興計画をつくらねばならなかった。津波災害の特徴のひとつである行方不明者が多いということが、気持ちの切り替えを困難に

*——行方不明者二〇二名を含む。陸前高田市公表資料（二〇二一年一二月）より

させている状況下で、国派遣の専門家チームとともに復興計画の立案作業が始まった。中でも、まちの復興の前提となる基盤整備や土地利用など、市街地のハード面の復興計画策定に焦点をあてる。

3章は、復興計画を事業化するにあたっての課題や計画と事業の適切な関係を考えるための材料を提供する。復興計画を実現するには、様々な事業が必要になる。そして、事業には事業ならではの考えなければならない要素、例えば、事業を推進するマンパワーや資金の問題がある。加えて、土地区画整理事業や防災集団移転促進事業のような市街地の再建に関する事業は、基本的には災害からの復興を意図したものではなく、もともとは平時を前提とした事業であり、復興計画の実現に適用するには間尺に合わないことも多かった。

4章は、今回の復興の最大の特徴とも言える大規模工事などについて扱っている。山を切り崩して高台を造成し、その土を利用して嵩上げ市街地を建設する。陸前高田の市街地再建を文章で書けばこれだけのことだが、これを前代未聞の規模で、しかも限られた時間で実行しなければならないとなると、話は大きく変わってくる。復興事業の中核である土地区画整理事業は高田地区、今泉地区あわせて三〇〇ヘクタール近く、総土工量は一二〇〇万立方メートルにも及ぶ。この土地区画整理事業を、計画決定から宅地の最終引渡しまでいかにして九年間でやり遂げることができたか、そのために考えられた事業、施工上の特筆すべき「工夫」を紹介する。

5章からは、視点を商業再生に移す。津波で平野部の都市機能をすべて喪失した陸前高田市は、同時に多くの商業者を失った。さらに被災の甚大さから、被災市街地での仮設店舗の整備を選択しなかった結果、仮設店舗は小規模かつ広域に分散することになった。しかし、このような状況下でも、祭りなどでつながっていた商業者同士の糸が切れることはなかった。津波で散り散りとなった商業者が、復興に向けて再びつながりはじめ、そしてそのつながりを広げていく姿を、商工会の活動とともに紹介する。

6章は、本書のカギとも言える、基盤整備と商業再生がどのように連携していったかを記述している。東日本大震災では、津波復興拠点整備事業の創設により、まちなかエリアを市が取得することで白いキャンバスに新しいまちの絵を描ける仕組みができた。津波被災地の描く絵は一様ではなく、陸前高田が選んだのは、市民の使い勝手を最も重視しつつ、商業者や地権者の意向も踏まえた誰も仲間はずれをつくらない絵であった。その実現に向けて、市と商工会がどのように連携しながら進めていったか、そしてさらに信頼の輪を広げていく「オールたかた」のまちづくりを紹介する。

7章では、市や商工会が連携して、具体的にどのような「まちなか」を目指したかを述べている。今回の復興まちづくりは、単につくり直すのでなく、将来に向けてより魅力的な「まちなか」にしていくことが求められた。賑わいのあるまちをつくるための公共施設配置の考え方や、市が進める「ノーマライゼーションという言葉のいらないまちづくり」や良好な公共デザインの実践、そして全体として調和したまちなみをつくるための民間と一体となった取り組みなど、どのように魅力的な「まちなか」の実現を目指したかを見ていく。

8章は、商業者が本設復興する様子を記述している。津波被災地では、浸水地の嵩上げを一気に進めることはできず、従って商業集積を一気には整備できなかった。陸前高田では、最初に津波で全壊したショッピングセンターを再生し、その後、周辺に個性的な店舗を配置するプランで商業集積の再生計画が進められた。そして津波立地補助金やグループ補助金などを活用して本設を実現した過程と、「面」で賑わいづくりを実現しようとする「まちなか会」に発展する姿を追う。

最終章である9章は、復興事業の到達点と今後の展望を述べるとともに、本書編著者である中井・長坂と、陸前高田市長の戸羽太の三者での座談会をもって本書を総括している。

なお、全体として、復興の様子をより立体的に伝えられるよう、主要な関係者による座談会の様子を掲載するとともに、本書の主題からはややそれるものの、陸前高田市の復興を語る上で重要なトピックはコラムとして掲載している。また、全体の多様な動きの理解の助けとなるよう巻末に年表として整理しているので、あわせて参照されたい。

復興事業の主役はなんといっても「人の力」である。二〇一九年九月に開催した「まちびらきまつり」で中井は、陸前高田市の復興をなしとげてきたのは、技術の力とともに、「困難があっても心を折らずに知恵と工夫に希望を見出す力、自分の考えを発信するとともに他者の多様な意見も耳を傾ける他者へのリスペクトを前提としたコミュニケーションの力、そして最後までやり遂げようとする意志の力などをあわせた『人間力』が大きな力を果たしている」と挨拶した。

また、長坂は陸前高田市の復興を、「聞く耳をもつまちづくり」だと表現する。そのことが、お互いの考えを理解しようとする姿勢を継続し続け、お互いを尊重し、同じ方向性を感じながら震災復興に立ち向かってきた。こうした官民の姿勢、築き上げた連帯——これを「チームたかた」と呼んでいる。これを本書の随所にわたって紹介していく。

今後、南海トラフ地震や首都直下型地震など、全国各地で大きな自然災害が想定されている。災害が大きくなるほど、また、人口の大きな自治体ほどきめ細かい復旧・復興事業が難しいかもしれないが、復興後に主人公になるべき人びとが、作業の初期段階から主体的にまちづくりに参加すること、それを地方自治体が働きかけていくことは、これからの災害からの復興ではとても大切な視点であると考えている。多くの人に支えられながら、官民が一体となって進めてきた陸前高田の「ゼロからのまちづくり」の経験が、復興まちづくりに関わる人にとって少しでも参考になれば幸いである。

「チームたかた」
本書を読み解くキーワード

「チームたかた」とは、自らも被災者である市職員や商業者、
それをサポートした学識経験者や技術者らによる官民の連合体。
復興の様々な局面に、様々な人が役割を担った。
ここではその相関を主に本書に登場する人物に絞って記す。
（写真は本文執筆者。所属は復興事業当時のもの。詳細は本文を参照されたい）

商工会

伊東 孝

震災前は自ら書店を経営するとともに、地元資本によるショッピングセンター「リプル」の理事長。書店の再建、商業核施設「アバッセたかた」の設立とともに、商工会としても前半は副会長、のちに会長として市の商業再建の中心を担った。

磐井正篤

旧商店街の中心である大町の老舗酒店の店主。商工会内に設置された中心市街地企画委員会の委員長として、会員の再建とまちなかの再生に努力。新たな商業集積「まちなかテラス」を設立させるとともに、まちなか会やまちづくり会社の代表も務める。

中井 力

事務局長として震災直後から会員と商工会の再建に向けて尽力。体育会系で熱血漢である彼のリーダーシップはとても大きな力を発揮した。中井不在では官民連携は実現できなかったといえるキーマンである。

ほかに吉田康洋など

中小機構
商工者支援

長坂泰之

震災直後から当時所属の中小機構の立場で商工会を支援。阪神淡路大震災での商業者復興の教訓を踏まえ、ときには商業者を厳しく指導した。現地に頻繁に足を運び、現在まで支援を継続している。

ほかに久場清弘・三堀俊之など

ソフト

ジオ・アカマツ
現野村不動産コマース
商業者・まちづくり支援

加茂忠秀

長年、各地で中心市街地活性化に取り組む。長坂から相談を受け、陸前高田の復興まちづくり全般に参画。商業復興方針の立案、権利者配置調整などに携わり、長坂とともに市と商業者などの調整役を担った。

清水JV
復興事業CMR

峯澤孝永

統括管理技術者として、前例のない大規模事業の初代現場責任者を担う。様々な人間が集まるJVチームをまとめ、前代未聞の大工事を進捗させた。

ほかに山本 陽(オリコン)など

ハード

陸前高田市役所

［市街地整備課］

山田壮史
都市計画課、市街地整備課

震災後、県からの派遣職員として勤務。その後都市計画課長、都市整備局長として、膨大な事業規模となった被災市街地復興土地区画整理事業の責任者として被災地復興に尽力した。

高橋宏紀
都市計画課、市街地整備課

震災前に土地区画整理事業を担当した経験を生かし、今回の復興でも初期から現在まで一貫して区画整理を担当する。

ほかに小山公喜など

［復興対策局］

蒲生琢磨

初代復興対策局長として、震災後の混乱の中、震災復興計画の策定を担った。

村上幸司
復興対策局、商工観光課

復興対策局では復興計画の策定や防災集団移転促進事業を進め、その後は商工観光課長として、被災事業者の再建のために尽力した。

ほかに臼澤 勉など

［建設部］

須賀佐重喜

建設課・都市計画課を束ねる建設部長として、蒲生とともに震災復興計画策定に力を尽くす。

［都市計画課］

阿部 勝

津波で多くの同僚を亡くし、偶然生き延びた職員として、残りの公務員人生は復興のために力を尽くすと心に決め、復興まちづくりに奔走した。

永山 悟

震災を機に移住・転職して市職員となり、阿部の部下として復興まちづくりに従事。現在は土地の未利用問題などを担当。

［商工観光課］

村上幸司・千葉 達など

学識経験者

復興事業への指導・助言

中井検裕

東京工業大学

震災後、国土交通省から要請され陸前高田市の復興支援に携わることに。市の震災復興計画策定委員会の委員長を務め、議会や住民への説明にも対応した。一方、高田松原津波復興祈念公園の検討に係る責任者としても尽力。この11年間、陸前高田市の復興事業に深く関わってきた。

羽藤英二

東京大学

市の震災復興計画検討委員会の副委員長のほか、三陸縦貫道路や防潮堤など、国や県の検討機関のメンバーとして参加。JRと県の間に入り調整を行うなど、市の復興計画の外側にある制約条件について関わってきたり、学校の統合と新校舎の建設にも携わった。

小野田泰明

東北大学

陸前高田市復興計画推進委員会委員。陸前高田市震災復興実施計画の策定に際して建築学者の立場から計画の検討に貢献。

南 正昭

岩手大学

被災市街地復興土地区画整理審議会会長として、行政と住民の間に立ち、大規模な土地区画整理事業の審議を的確に調整し事業進捗に尽力。

コンサルタント

復興事業CMR以外

［復興都市計画］
プレック研究所

［復興都市計画］
日本都市総合研究所

［ユニバーサルデザイン］
ミライロ

ハード

UR都市機構

復興事業全般の業務委託

小田島永和

震災直後の行政機能が回復していないきわめて厳しい状況に加え、大規模土木事業の経験のない市との調整、計画策定や事業化に向けた作業は困難を極めた。盛岡市出身としてふるさと岩手を必ず復興させるという強い責任感で、陸前高田支援事務所所長として事業を進めた。

犬童伸広

当時は支援事務所副所長として、計画全体の責任者としてまちづくりに携わった。被災事業者の様々な事情を踏まえ、一軒一軒を訪問し、その内容を把握した上で計画を着実に実行していった。

ほかに村井 剛・土山三智晴など

Chapter 2
被災から復興へ

発災直後の混乱する被災対応の中であっても、次に考えなければならないのは復興のことだった。壊滅状態と言われた市街地をどのように再建し、日常生活や経済活動をどのように再興させるのか。未曽有の大災害からの復興計画の策定など誰も経験したことがなく、誰も正解を知らなかったが、それでも、希望を見出すことができる復興計画をつくらねばならなかった。津波災害の特徴のひとつである行方不明者が多いということが、気持ちの切り替えを困難にさせている状況下で、国派遣の専門家チームとともに復興計画の立案作業が始まった。本章のテーマは、復興計画の立案である。中でも、まちの復興の前提となる基盤整備や土地利用など、市街地のハード面の復興計画策定に焦点をあてる。

Section 1

被災対応から復興の議論へ

村上幸司 陸前高田市

国指定の名勝「高田松原」を有し、「三陸の湘南」と呼ばれた風光明媚なこの小都市に、東日本大震災がもたらした被害はあまりに痛ましい。
ここでは被災直後の対応から、復興計画の立案に着手するまでの経過を簡単にまとめる。

災害対策本部が設置された学校給食センター（二〇一一年四月）

被災直後の対応

三月一一日の大津波による市庁舎周辺部の浸水深はＴＰ一五メートルを超え、地震発生とともに災害対策本部を設置した市役所は、四階の高さにあたる屋上付近まで水没するなど全壊状態となった。中心市街地や津波に襲われた沿岸地域、津波が遡上した気仙川流域の居住地区は瓦礫などに覆われた。

翌一二日、市では大津波の被害を免れた高台にある市立学校給食センターに災害対策本部を再設置し、市民の安否確認業務から始め、支援物資の受け入れ、避難所への配送などを行いながら、一八日からは広報紙の発行業務を開始、二〇日には本部近くに設置したユニットハウスで窓口業務を再開した。

市内は地震発生直後から停電が続き、本部周辺は一四日夜には復旧したが、外部との連絡手段は二台の衛星携帯電話のみで、携帯電話は一八日から一部復旧し順次拡大していった。

避難所は、市内最大八三か所、避難人員九七七三人に上り、本部においては外部からの物資受け入れ、仕分けした朝刊や広報、食料などが、朝夕、派遣された自衛隊の救援を得ながら、開設情報をもとに各避難所へ届けられた。

気仙川より西側の避難所への配布は、気仙川にかかる国道三四三号の廻館（まあたて）橋を通らねばならず、宮城県側からのルートから入るため多くの時間を要した。河口から四・五キロメートルにある廻館橋は、津波による倒壊を免れた橋のうち、最も河口に近い橋であり、消防団による徹夜の瓦礫撤去作業で開通したものだった。

災害対策本部の打ち合わせ会は、市立学校給食センターの事務室において、毎朝業務開始前に各部署の復旧対応状況の報告や情報共有を行い、毎夕には、同センターの車庫内に駐留する自衛隊各担当班の業務報告会に担当部署が参画して情報共有も図られた。

五月に入り市役所仮庁舎が国道三四〇号沿いの氷上橋付近に四棟のうち二棟が完成したことから、本部近くのユニットハウスからの引っ越しが順次始まり、三月二三日から住基システムなど一部復旧し仮運用していたＩＣＴ部門各業務システムの復旧やパソコンなどのハード整備などに伴って本格的に業務を開始、執務環境も次第に整い始めた。

震災復興本部を設置し復興の議論へ

震災当時、市では新しい総合計画の原案を審議していた。もし震災がなければ、二〇一一年二月に就任した新市長のもとで新たな総合計画を策定し、二〇一一年度中には新総合計画による施策事業を展開するはずであった。しかし、震災によって壊滅的な被害を被ったことにより抜本的な見直しが必要となり、被災からの復旧・復興を最優先して市民生活の安住、安定を図るため、復興計画を早急に策定、推進することとなり、新たな総合計画は当面は策定せず、復興計画を基本にまちづくりを進めることになった。

五月一日、「陸前高田市震災復興本部設置規程」を施行し、市長を本部長とし二七名の部課長で構成する震災復興本部を設置、分掌事務は主に「復興計画の策定、推進に関すること」、「緊急復興対策の推進と総合調整に関すること」とされた。また、本部の庶務を処理するため復興対策局を設置し、全庁をあげて計画づくりを進めることになったが、発足時の復興対策局の職員体制はわずか六名(うち兼務職員四名)で、五月一二日に派遣職員二名が加わり、八名体制となった。

復興対策局が最初に手掛けたのは、復興計画を策定するための基本的視点と、「計画の構成と期間」、「策定体制」、「策定スケジュール」を定める「陸前高田市震災復興計画策定方針」の原案づくりである。原案は、復興対策局で草稿し、五月一六日には震災復興本部会議で決定、翌一七日には陸前高田市議会全員協議会に説明、復興計画の素案づくりがスタートした。

策定方針では、六つの基本的視点から復興計画の検討すべき計画体系の枠組みを構成した。

そのひとつ目は、壊滅的な被害に鑑み、災害に強いまちづくりの枠組みや諸施策を講じる「津波防災、減災を目指す計画づくり」、二つ目は、防災性や利便性を考慮した上で、快適で魅力のあるまちづくりの枠組みや諸施策を講じる「市街地を復興する計画づくり」、三つ目は、住宅、学校、病院などの医療・福祉施設の再建など安心して暮らせるまちづくりの枠組みや諸施策を講じる「市民の暮らしを再興する計画づくり」、四つ目は、雇用の場の確保や産業基盤の早期復興など活力のあるまちづくりの枠組みや諸施策を講じる「地域産業を復興する計画づくり」、五つ目は、太陽光など大規模災害における活用とともに、地球環境にやさしいまちづくりを推進するための枠組みや諸施策を講じる「再生可能エネルギーを活用する計画づくり」、六つ目は、地域のコミュニティや活動の再生などを推進するための枠組みや諸施策を講じる「協働のまちづくりを推進する計画づくり」とした。

計画は、本市の復興に向けての基本理念、まちづくりの目標を示した基本構想と、その目標の達成に向けた施策と整備目標を体系的に明らかにした基本計画で構成し、一一月ごろを目途に策定することとした。

国・県の復興方針や財政支援の情報が入らない、あるいは得られにくい執務環境ではあったが、計画期間や実施予定事業は、中長期な施策や事業が想定されること、国や県との協議、要望が必要であること、復旧・復興へのスピードや実効性が求められていることを踏まえ、実現可能な計画づくりを重視して今後定めていくこととした。

新しいまちの創造に向けた検討作業が始動

復興まちづくり構想素案の検討を目的として、五月一九日、庁内復興計画検討会議として関係部局である建設部、企画部、総務部、復興対策局による初会合を開催した。会合では、今後の土地利用や交通体系の方針に関して、国道四五号高田バイパスが道路沿いに冠水防止の石積みが行われていること、防潮堤は三・五メートルの仮設防潮堤が復旧中であることなどの現況報告や災害復旧などの情報交換を行いながら、国道四五号は新ルートとしてＪＲ大船渡線の北側、山際に設定した上での嵩上げ案や新ルート側への商工業ゾーン、居住地ゾーンの配置案など、新しい市街地の土地利用の方向性について協議した。

五月二五日には、国土交通省からの緊急災害対策派遣隊（テック・フォース）*、ＵＲ都市機構の現地調査員の支援協力のもとで、知見やアドバイスを得るため、復興支援チーム会議の初会合を行うことになった。

会議では、数日前に依頼していた模造紙大の市街地エリアの航空写真の提供を受け、新しい市街地のゾーニングに幹線道路の新ルート案を描くなどのプロット作業を始めたが、高田松原海岸の防潮

＊——国土交通省に設置され、大規模自然災害発生後に応急対策等の技術的支援を被災自治体に行う組織

堤の背後にあり壊滅した市街地は、どのような場合であれ新しい防潮堤の整備が前提であった。防潮堤の高さは、可能であれば少なくとも今津波以上の高さが必要であり、津波が気仙川を遡上し川沿いの地域にも被害を及ぼしたことから、新たに気仙川水門も必要と考えた。また、国道四五号やJR大船渡線についても、可能であれば嵩上げし、多重防災化を図ることも検討した。

こういった青写真づくりと並行して、五月二六日からは、策定方針の基本的視点に基づいて、庁内関係課が所管分野ごとに基礎資料を作成することとし、基本計画の素案づくりを開始した。

復興まちづくりへの検討すべき課題はどの分野も山積の状態で、しかもハード面からソフト面まで多岐にわたるため、重要課題については重点計画化して進める必要があった。特に被災した市街地の復興を重点計画化するためには、専門的見地からのアプローチや各種調査が必要不可欠であり、また、計画段階から国や県、関係機関への要望など様々な働きかけや連携調整が必要であった。

このような状況の中、陸前高田市も国土交通省が実施する津波被災市街地復興手法検討調査の対象自治体となったことから六月六日には調査チームが現地入りし、以降、調査チームの支援を受けながら、専門的見地からの具体実現化に向けた検討を進めることになった。

この後は、復興対策局を中心に、計画に関する事項について調査・検討する「陸前高田市震災復興計画検討委員会」の設置、市民の意見などを広く取り入れるための市民意向調査、市民説明会、意見公募による市民参加、市議会からの意見・提案を受けるための全員協議会などにおける情報提供、庁内組織として震災復興本部、震災復興計画策定庁内調整会議、全職員の計画策定への関わり、国直轄事業の実施も含めた国・県との連携・調整などを進めていくこととなった。

Section 2

国土交通省直轄調査と専門家チームの参画

中井検裕　東京工業大学

発災後、徐々に被災状況が明らかになるにつれて、日本中のすべての都市計画やまちづくりの専門家は、これから始まるであろう復興がいかに困難であるか、そしてその中で自分たちは何ができるかを考えていたと思う。ここでは発災直後の東京での動きと、専門家チームが現地入りするまでの経緯を述べる。

国土交通省直轄調査が始まるまで

筆者は当時、日本都市計画学会の専務理事代行の立場にあり、まずは会長であった岸井隆幸日本大学教授をサポートするかたちで学会として復興に向けてできることの検討に加わった。

学会としては三月一四日に復興問題に係る特別委員会を設置することを決め、副会長の後藤春彦早稲田大学教授を中心に部会構成、メンバーの選定など設置の準備に入った。四月二二日の理事会で設置と基本的なメンバー構成が承認され、四月二九日からは三泊四日の行程で南は宮城県名取市から北は岩手県宮古市まで沿岸の津波被災状況の視察を行った。陸前高田市を訪問したのは五月一日で、マイクロバスの車窓からまず気仙町今泉地区、その後気仙大橋と姉歯橋は津波で流出していたため、廻館橋経由で竹駒、高田地区を視察している。高田地区では川原川のあたりで短時間ではあったが徒歩でも被災状況を確認した。筆者にとっては、これが陸前高田への最初の来訪だったが、このときにはまだ陸前高田の復興に深く関わることになるとは思いもよらなかった。

この間も学会と国土交通省とは、国交省OBの学会理事を通じて連絡を取り合い、発災直後から復興計画づくりに向けての国の支援スキームについて意見交換を重ねていた。四月半ばくらいには国の調査というかたちで被災市町村ごとに事業を立て、事業を受注したコンサルタントなどが当該市町村の復興計画の策定支援を行うこと、すなわち国交省直轄調査（以下、直轄調査）の大枠が固まった。また、それぞれの調査事業（復興計画の策定支援）には国交省が指名する専門家が作業監理委員として加わることも決まり、学会は国交省からの依頼で、候補となる専門家のリストを提出している。五月の初めに第一次補正予算で直轄調査の予算として七一億円が承認され、その後、すぐに被災四三市町村の調査を行うコンサルタントなどの公募が始まった。

当時のメールの記録などを見ると、筆者は五月一〇日に電話とメールで作業監理委員への就任を依頼されている。このときはまだ、どの市町村にという話は出ておらず、担当の地域として陸前高田市をお願いしたいとの連絡があったのは五月二六日だった。どの専門家がどの地域の作業監理委員となるかは、各市町村からの要望があった場合にはそれを勘案した上で、最終的には国で決めたものと理解している。

以上は発災からの東京の動きを記述したものであるが、この間、現地陸前高田では決して何も復興計画に向けての動きがなかったわけではない。四月二九日にはUR都市機構の職員二名が現地入りしている。いずれも志願しての現地入りだった。

小田島永和　独立行政法人都市再生機構（UR都市機構）

URの職員二名が現地入りした時点で市職員は瓦礫の処理、公共施設の応急復旧、仮設住宅の建設など応急対応で多忙を極めていた。市からの要望で復興計画の基本とする津波浸水範囲を正確に把握するため、国土交通省テック・フォース、UR共同で、ときには市職員も加わり市内全域の津波の痕跡調査を行った。都市計画図がすべて流失していたため東京で住宅地図を調達し、痕跡や現地での聞き取り調査の結果を描きこんでいった。

市に復興対策局が設置されて大型連休明けから、市、テック・フォース、URで復興計画の議論を開始した。市職員は工事現場によくあるいわゆるハコ番（仮設の詰所）で業務を行っているくらいだったので、会議室などなかった。陸前高田市建設業協会のプレハブ事務所の二階や消防の仮移転先のテーブルや学校給食センターの和室などを借りて、防災科学技術研究所に被

航空写真上に貼られた付箋

災後の航空写真をＡゼロ判で印刷してもらい、それに構想を書き込んだ付箋を貼っていった。
防潮堤が原形復旧するのかより高くするのかも当然のことながら定まっていない状態で、三陸沿岸道路開通後に国道四五号は交通負荷が減るのでこれを山寄りに移して高田、今泉の市街地の骨格とすること、その上で国道四五号から山側を嵩上げして津波への安全性を向上させること、近隣の山を切土しその土を低地部の盛土材とし住宅地とすることなどが議論された。

こうした内容は、六月からの直轄調査に引き継がれることになる。

国土交通省直轄調査と検討の体制

国土交通省による直轄調査は、以下の五つの調査から構成されている。

①津波被災状況の調査（六二市町村をブロック単位に分け全一九調査）
②市街地復興パターンの概略検討・調査（各市町村ごとに四三調査）
③津波被災地に共通の政策課題への対応方策などの検討・調査
④市街地復興パターンの詳細検討・調査（事業地区ごとに全一八〇地区で調査）
⑤とりまとめ調査

このうち、市町村ごとの復興計画策定に直結するものが②であり、ここで直轄調査と呼んでいるものも、②調査（正確には「東日本大震災の被災状況に対応した市街地復興パターン概略検討業務（その九）」という）を指している。

②調査の陸前高田市を対象とする調査を受注したのは、日本都市総合研究所とプレック研究所だった。日本都市総合研究所は都市整備に関する政策検討や市街地整備、都市デザインに実績がある都市計画コンサルタント、プレック研究所は環境計画やアセスメント、公園設計などに強みがあるコンサルタントであり、いずれもコンサルタントとして業界では名前の知られた二社がJVで調査の受注を獲得した。調査作業の監理委員には筆者の他に羽藤英二東京大学准教授(現教授)が指名され、発注元である国土交通省都市局からは榊茂之が陸前高田の担当者となった。五月三一日に東京で国、調査を受注したコンサルタント、筆者らで準備の打ち合わせを行い、六月六日に調査チームとして初めて現地入りし、市との顔合わせ、意見交換を行った。初会合は陸前高田市建設業協会のプレハブ事務所で行われたが、直轄調査前から現地入りしていたテック・フォース、URも加わり、以降、以下のメンバーを中心に、復興計画の検討が進められていくことになる。

二〇一一年六月六日に行われた第一回作業監理会議の様子(撮影:酒井学)

陸前高田市　復興対策局および建設部
岩手県　県土整備部都市計画課、沿岸広域振興局大船渡土木センター
国土交通省　②調査陸前高田担当(榊茂之、一〇月以降赤星健太郎)
国土交通省東北地方整備局
UR都市機構(小田島永和、小林章)
②調査担当コンサルタント/日本都市総合研究所およびプレック研究所
作業監理委員　中井検裕、羽藤英二

復興計画の事実上の検討会である作業監理会議は六月六日の第一回から翌二〇一二年二月一六日まで計三三回行われ、このうち一三回は東京で、残り二〇回は現地で開催されたが、当初は市役所の

仮設庁舎内で十分な作業スペースの確保が困難だったことから、住田町の岩手県津付ダム建設事務所(当時)で行われたこともあった。秋からは直轄調査の④調査を受注したコンサルタントも検討に加わり、監理会議も多いときには三〇名近いメンバーが参加していることもあったと記憶している。コンサルタントを中心とする作業チームのうちコアメンバーは現地に常駐で検討作業に携わったが、市内に寝食の場を確保することができず、約四〇キロメートル離れた一関市大東町摺沢に確保できた住居から毎日通って作業するという状況だった。

監理委員として考えたこと——信頼関係の構築

復興計画の策定支援にあたる直轄調査メンバーは、基本的にはそれまで東京をベースに活動してきたメンバーであり、必ずしも陸前高田市と過去に何らかの関係があったわけではなかった。したがって、復興計画の策定チームは、最初から市役所メンバーも含めたチームとしての一体感があったというわけではなく、当然とも言えるが当初の一か月間くらいは、市役所メンバーと東京からの直轄調査メンバーはお互いに相手の様子見的なところはあった。そうした状況下で、直轄調査の基本的なスタンスとしては以下のようなものだったかと記憶している。

・直轄調査メンバーはあくまでも支援の立場であること

復興計画の決定主体は最終的には市であり、したがって策定作業もあくまでも主導は市にあり、直轄調査メンバーはあくまでも支援に徹することを心掛けた。一方で、支援といっても市の指示にしたがって動く単純な作業部隊ということとも異なり、追加的な選択肢の提示や、計画上のアイデア出しなどでは、直轄調査メンバーも一定の役割を果たした。

・できるだけ現地でのコミュニケーションを増やすこと

直轄調査チームのコアメンバーは現地常駐で作業を行っていたことはすでに述べたとおりだが、計画策定のための直轄調査と市役所の打ち合わせ（監理会議）は可能な限り頻繁に現地で行うこととした。結果的に現地での監理会議は二〇回にもわたったが、その他にも復興計画検討委員会や住民説明会といった機会を捉えての打ち合わせなど、現地での時間を共有することには最大限努めるようにした。また、市議会からの求めにより、議会の東日本大震災復興対策特別委員会で筆者および羽藤が参考人として復興計画の策定について説明するなど、現地でのコミュニケーションには極力配慮した。

・市役所メンバーが復興計画の策定作業にできるだけ専念できるようにすること

復興計画の策定にあたっては、高台造成が可能な候補地の選定、土量計算、津波シミュレーション、道路計画のための交通流予測や線形設計といった技術的な作業が相当発生し、そうした作業については多くは直轄調査メンバーが引き受けて行ったが、その他に、市役所外への対応も必要とされる事項のひとつだった。国や県といった行政機関間の調整については、当然のことながら市役所メンバーも加わって対応することとなったが、陸前高田市の復興計画は被災状況の程度から広く注目されていたこともあり、メディアの取材依頼をはじめ、民間企業からの提案や大学からの協力依頼なども多数あり、市からの要請もあってこういった外部からの申し出については基本的に直轄調査メンバーで対応することとし、市役所メンバーは復興計画にできるだけ専念できる環境づくりに配慮した。

こうしたことは、結局は行きつくところ、直轄調査メンバーと市役所メンバーの間にどうすれば相互の信頼関係がつくることができるかということではなかったかと思う。復興計画の策定作業において、監理委員、特に筆者のようないわゆる学系の監理委員に何が求められているのかは、当時もいろいろ考えた。計画策定の実務や制度の運用という観点では、経験豊富な国、県の職員やUR、コンサルタントにかなうわけがない。全国各地の先進的な計画・まちづくり事例についての知識はもち合わせているものの、計画の実行・実現が強く要請される復興計画では、先進事例をそのまま使えるケースは残念ながらほとんどない。とはいえ、学系の監理委員にしかできないこともあるはずと考え、行動したが、実はいまだに明確な答えを出せずにいる。

ただ、ひとつ言えるとすれば、陸前高田の経験以来、筆者は計画づくり、ひいてはまちづくりの本質は、信頼の構築にあると考えるようになったことがある。監理委員は国の指名ということも考えると、その役割とは、中立的な立場からの助言というのが模範的な答えであるとは思う。しかし、実はそうした第三者的立場からの評論家のような助言は、東日本大震災からの復興のような差し迫った現場にあっては求められてもいないし、信頼関係の構築には役立たない。信頼を築くには、軸足をはっきりさせることが重要であり、この意味では、筆者も含めて直轄調査メンバーは全員が軸足を市の側において作業に取り組むことによって、徐々に復興計画の策定に向けてのチームの一体感のようなものが醸成されるようになったのだと思う。

酒井学　プレック研究所

六月六日の初回作業監理会議に相当の緊張をもって臨んだ「②調査」だが、幸運なことに幾人か、震災前の業務などを通じて②調査スタッフと旧知の県市職員（市復興対策局臼澤勉氏、阪野武郎氏…岩手県および名古屋市応援派遣、県都市計画課…澤田仁氏、県大船渡土木センター津付ダム建設事

陸前高田市震災復興計画策定作業チームメンバー（二〇一二年三月二八日撮影）

務所：鎌田進氏）が参加されていた。このおかげもあって、比較的スムーズなスタートを切ることができた。

初期の②調査にとって、様々な基礎資料を収集し、各種検討に使用できるよう整えることも重要な作業のひとつであった。市庁舎が被災し、大半の行政資料も流失していたため、市各課が保有する被災を免れた断片的な資料や、県の関係部署が保有する資料をかき集める必要があった。その際に前述の職員が担当部署に同行したり、話を継いでくれたりしたことで、きわめて短時間のうちに多くの資料を収集するとともに、県市様々な部署の職員と気軽に相談や情報交換を行うことができる関係性をもつことができた。

また、作業場所の確保も喫緊の課題であった。市内に被災を免れた空き物件など望むべくもない状況の中、県から津付ダム建設事務所の一角を国土交通省業務受託者である我々の作業場所として使用してもよい旨、申し出をもらうことができた。②調査はこうした人の縁や支えがあって成り立っていたのだと思う。

なお、余談めくが、七月の下旬に市役所第三仮庁舎が完成するまでの間、各種会議の多くは前出の建設業協会事務所を拝借して行っていた。暑くなり始めたころのある日、事務所の前に自動販売機が設置された。コンビニすら満足に復旧していない中、それはとても貴重な存在であり、会議終了後に出席した皆さんと自販機で喉を潤しながらほんのわずかな復興を喜び合ったことが今でも思い出される。こうした些細なことでも前進の共感を積み重ねることで、チームの一体感を強めていったのかもしれない。

深田知子　日本設計（当時日本都市総合研究所）

「市役所メンバーは復興計画にできるだけ専念できる環境を整えること」は、国直轄調査の第一回作業監理会議（六月六日）の話題のひとつであり、「国直轄調査の受託者である企業連合が窓口機能を務める」というアイデアは出たものの、企業連合と陸前高田市の間に直接の契約関係がないことがネックとなり、そのあり方は継続検討となった。

発災から三か月が経過し、市には、復興まちづくりに関する提案や協力依頼が相次ぎ、職員の負担も増し、対応が急がれていたこともあり、第三回作業監理会議（六月一四日）で、陸前高田市と企業連合で包括協定を取り交わすことが議論され、七月一日には企業連合と陸前高田市の間で協定書が取り交わされた。

協定締結前の六月ごろから翌年三月末までの一〇か月間、企業連合が窓口となり対応した相手は、建築、土木、都市計画、社会学といった大学関係者、次いで、これらの専門分野に関する学会、企業（メディアを含む）の順であった。依頼内容は、現地視察やヒアリング・意見交換の依頼、アンケート調査などの協力依頼などが主であったが、被災地でのシンポジウム開催の相談もあった。

依頼内容を確認し、市復興対策局に伝達して対応方針を協議し、相手方に回答という手順をとったが、復興計画策定に関するスケジュールとの整合性、市民の状況や感情への配慮などから、結果的に、多くの依頼や申し出を断ることになった。企業連合が窓口となり、市職員と直接会話ができないことに対し、不満を示す方も少なからず見られた。担当としては、メディアなどでは報道されていない復興のスケジュール感や復興に携わる職員の繁忙度を伝え、理解を得ることに配慮した。

Section 3

震災復興計画の策定

中井検裕　前出

復興の羅針盤となる震災復興計画はいかにして策定されたか。
ここでは策定にあたった六か月間とその間の主な議論をまとめる。

策定の経過

陸前高田市[*]はそもそも被害が甚大であることに加えて、市役所が被災し、多くの職員が亡くなったことや行政資料もほとんどが流失したことから、復興計画策定に向けての立ち上がりは他の自治体に比べて遅かったことは否めない。市役所内に計画策定を担う復興対策局が設置されたのは五月一日で、五月一六日に「震災復興計画策定方針」が決定された。計画策定に向けての本格的作業が始まったのは、前節で述べたように国の直轄調査による支援が始まった六月初旬からだった。

市の復興計画検討委員会の立ち上げは八月で、八月八日の第一回から最終回一一月三〇日まで、計五回が開催され、復興計画素案の内容が議論された。委員五〇名、オブザーバー五名からなる大所帯の委員会であり、筆者を含む三名の学識経験者を除いては、地域の各種団体や関係機関、コミュニティの代表などで構成されている。陸前高田市の震災復興計画は、いわゆる基本構想・基本計画でもあることから、震災前の基本計画審議会と類似の体制をとったものだった。委員会の会長には筆者

*——本節は「証言」を除き、中井検裕「陸前高田市震災復興計画に関する個人的覚書」『季刊まちづくり』三四号、二〇一二年四月の一部に加筆修正を加えたものである

が、副会長には羽藤英二（前出）が選ばれた。

市民の意向把握ということでは、まず六月から七月にかけて、浸水被害の生じた市内八地区のコミュニティ代表である区長らへのヒアリングが行われた。またアンケート方式による調査は、二種類行われた。ひとつは、八月下旬に行われた被災全世帯（三八四二世帯）に対する意向調査で、高台移転や公営住宅への入居希望を聞いた「今後の居住に関する意向調査」（回収率七三・五％）、いまひとつは一〇月初旬に行われた全市民に対するサンプリング調査で、復興まちづくりの方向性や公共・公益施設、公共交通のあり方などを聞いた「今後のまちづくりに関する意向調査」（配布数一〇二九、回収率五七・七％）である。また、若い世代の意見を聞くために、九月末から一〇月にかけて三回の「復興まちづくりを語る会」が開催された。公募によって集まった二一名のメンバーが、それぞれ「産業・雇用」、「市街地の復興」、「環境とエネルギー」について意見を述べ合った。素案の地区別説明会は、一〇月一七日から一一月一一日まで市内一一地区会場で行われ、総参加者数は一七一六名にも上った。

素案は、検討委員会での議論はもちろん、こうした機会で出た意見を取り入れながら修正されていき、一一月三〇日の最終第五回委員会で案としてまとまり、一二月二日に市としての震災復興計画策定に至った。また、素案はこの間、市議会の東日本大震災復興対策特別委員会でも並行して議論され、一二月九日の議会への上程を受け、一二月二一日には議会でも全員一致で原案どおり可決された。

震災復興計画

こうして決定された震災復興計画は「はじめに　震災復興計画の策定にあたって」および二部からなる本文と、資料編からなる。

本文第一部は、基本構想として、復興に向けた三つの基本理念と六つのまちづくりの目標を示し、復興の目指す最終的なまちの姿を「海と緑と太陽との共生・海浜新都市の創造」としている。

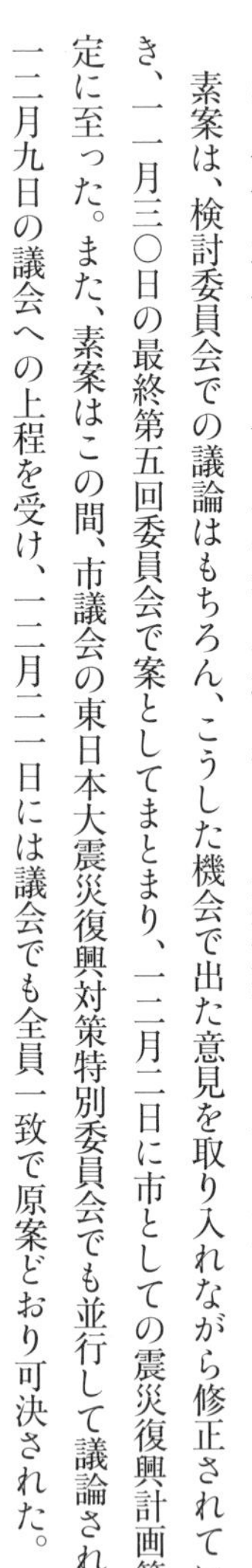
震災復興計画素案に関する、高田地区での説明会

第二部は、基本計画として、目標達成に向けた施策と整備目標が示されている。復興の重点計画として以下の一一を掲げたほか、目標別の個々の施策が書かれている。

①新市街地と産業地域、防災道路網の形成
②高田松原地区・防災メモリアル公園ゾーンの形成
③今泉地区・歴史文化を受け継ぐまちの再生
④氷上山麓地区・健康と教育の森ゾーンの形成
⑤高田沖地区・太陽光発電所誘致などの推進
⑥浜田川地区・大規模施設園芸団地の形成

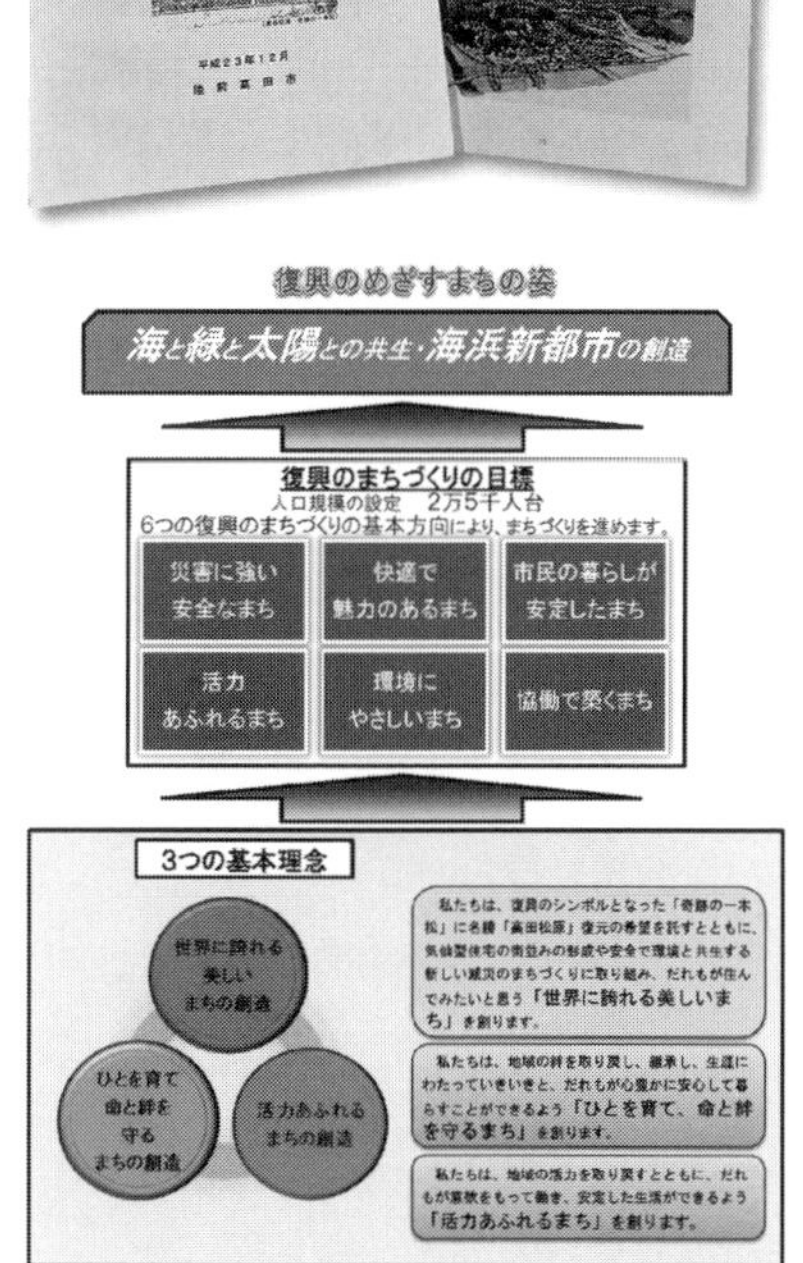

陸前高田市震災復興計画

陸前高田市震災復興計画概要版より

⑦ 小友浦地区・干拓地の干潟再生
⑧ 広田半島地区・海洋型スポーツ・レクリエーション拠点の形成
⑨ 漁港背後地などを活用した水産関連業務団地の形成
⑩ 緑の帯でつなぐメモリアルグリーンベルトの創出
⑪ 地区コミュニティ別居住地域の再生

復興計画というとまずイメージされる計画図と主要事業一覧は、資料編に収められている。イメージとはいえ即地性のある計画図と事業行程については、まだまだ流動的な部分が多く含まれるため、本文ではなく資料編とされたものである。

復興計画の論点

前述のように復興計画は総合計画でもあることから、その内容は防災はもちろんのこと、交通、産業、福祉、教育、環境など行政のすべての分野にわたっている。しかし、復興計画の策定で最大の検討事項は、なんといってもこれらのほとんどの分野に関わる土地利用計画であり、土地利用計画はまさに専門家チームが作業を担った部分でもあった。以下に、土地利用計画の検討にあたってのおもな論点をまとめておく。

・安全性の確保と海岸保全施設

津波によってこれだけ多くの人命が失われた都市の復興計画である。したがって、「計画策定の基本的考え方」に「いのちを守るまちづくり」と書かれているように、復興計画では二度と人命が失われることのないように安全性を確保することが最優先とされた。

陸前高田市震災復興計画での断面イメージ

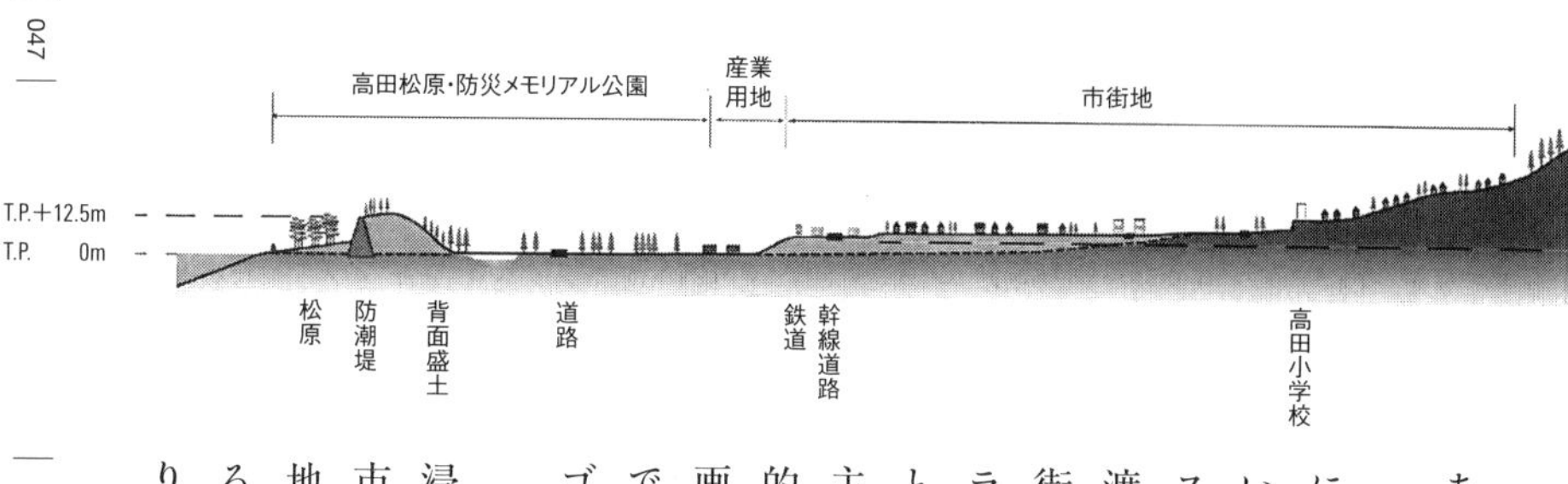

津波から市街地を守るということでは、まず考えねばならないのは防潮堤などの海岸保全施設であり、これは土地利用計画を検討する上での前提条件でもあった。

防潮堤の整備に関して、震災後に出された国の方針は、比較的頻度の高いいわゆるレベル1津波に対応したものを整備するというものであった。陸前高田市主要部である広田湾に面した海岸については、宮城県沖地震が想定され、その高さは一二・五メートルとされた。一方、陸前高田は三陸リアス式海岸沿岸部の中ではかなり大きな平地を有しており、市としては、平地部についてもJR大船渡線より山側については、安全確保のための一定の嵩上げをした上で可能な限り広く住宅を含む市街地として利用したいとの意向だった。ところが、レベル1対応の防潮堤に対して東日本大震災クラスであるレベル2津波の襲来を想定すると、平地部は嵩上げ後も浸水深が五メートルを超えることから、市は当初から一貫して一二・五メートルよりも高い一五メートルクラスの防潮堤整備を整備主体である県に要請していた。復興土地利用計画の検討もこの前提で作業が進められていたが、結果的には九月末に県からやはり防潮堤高さは一二・五メートルとの整備方針決定が下され、土地利用計画は見直しを余儀なくされることとなった。それまで行ってきた作業のすべてが無駄になったわけではないが、この決定によって少なからぬ手戻りが生じたことも事実であり、年内の計画策定というゴールが決まっている状況下では、スケジュールが非常に窮屈になったことは否めない。

もともと平地部で今回津波の浸水区域内を宅地用途とする場合には、レベル2津波時においても浸水しないよう土地の嵩上げを実施することとしていたが、この防潮堤の整備高さ方針決定を受け、市街地として利用する区域を狭め、全体として市街地を山側にシフトさせることとした。嵩上げ市街地の形状については、高台造成によって発生する土量を勘案しつつ、防潮堤の線形、嵩上げ高さによる津波シミュレーションを繰り返し行いながら、最終的に決定した。この間の作業は、たとえはあまり適切でないかもしれないが、解が一意に決まらない多元連立方程式を解くような作業だったよう

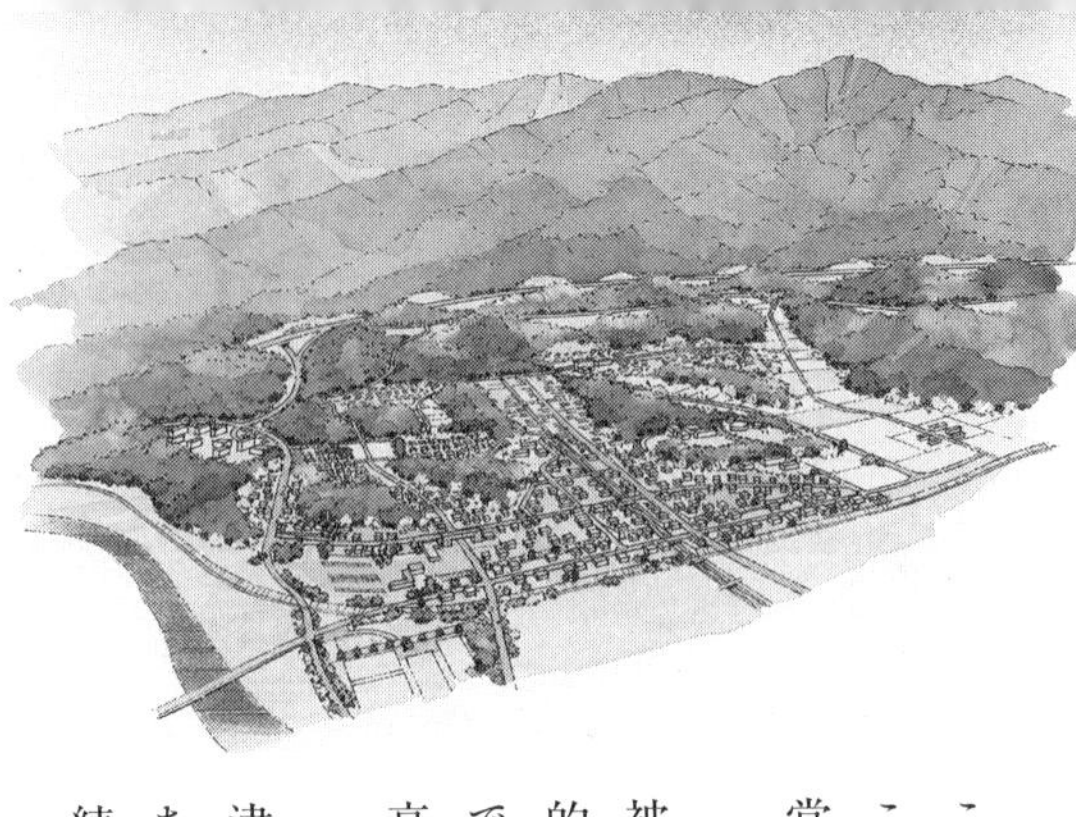

重点計画「新市街地と産業地域、防災道路網の形成」のイメージ

に記憶している。

用途配置については、中心市街地は嵩上げ市街地上に配置し、住宅用途についてはその他用途以上の安全性の確保を考え、商業・業務系用途より山際へ配置することが確認された。また、平地部にあって嵩上げを行わない区域については、住居としての利用は禁止することとし、用途としては公園や農地、およびメガソーラーや農地などの産業利用を予定することとした。

・道路と鉄道

今回の震災の教訓のひとつは、どのような災害を想定してもそれを上回ることがあり得るということであり、したがって、国で出された減災の方針においても避難の重要性が強調されている。このことから、道路の計画においては、従来のように市街地の交通機能を充足させる観点のみならず、非常時の避難路・支援補給路としての観点も重要な考慮点となった。

震災前の幹線道路は、海岸線沿いや河川沿いといった低地部に集中しており、津波によって大きな被害を被った。これを踏まえて、まず避難路については、海岸線から高台に向かって可能な限り直線的に移動できる道路を複数本計画した。これらの道路や交差点の具体的な規格については、自動車での避難も考慮に入れ、平時および非常時の交通量予測をもとに、復興計画策定後に決定した。また、高台に向かう道路のうちの一本は、シンボルロードとして整備することとした。

支援補給路については、震災後に事業化が決定された三陸沿岸道路（陸前高田－気仙沼区間）に加え、津波の心配のない内陸部に既存道路の拡幅整備や新設によって新たに建設予定の高台をつなぐかたちで幹線道を計画した。広田半島は半島付け根部が完全に浸水し、数日間にわたって孤立した状況が続いたことから、支援補給路として、半島の背骨を貫く幹線道路を計画した。

鉄道の計画は、復興計画策定の時点では路線を市街地にあわせて山側にシフトする方向性を示したのみで、ほとんどは今後の検討課題となった。市街地に路線を変更するとしても、踏切は非常時の避難に支障を来すため、道路との交差は立体処理を考えねばならず、物的計画上のハードルは高かった。その後、JR東日本と関係自治体の協議の結果、大船渡線は鉄道ではなく、BRT（バス高速輸送システム）として復旧する方針が決まり、嵩上げ市街地上を運行することになったことは周知のとおりである。

重点計画「高田松原地区・防災メモリアル公園ゾーンの形成」のイメージ

・防災メモリアル公園（のちの復興祈念公園）

復興計画で「防災メモリアル公園」としたものは、その後「復興祈念公園」と呼ばれるようになるが、震災の犠牲者を鎮魂し、大災害の記憶を将来にとどめるものとして、復興の重点計画の中でも最大の目玉と言ってよかった。江戸時代に地元の豪商菅野杢之助によって植林が始められ、国指定の名勝ともなった高田松原は、陸前高田市民の誇りであり、また震災前から憩いの場であった。津波によって七万本とも言われた松はたった一本を除いてすべてなぎ倒され、残された「奇跡の一本松」は、震災からの復興のシンボルとなった（110ページ参照）。こうしたことから、高田松原を再生し、松原を中心に復興祈念公園を整備することは、陸前高田および岩手県の復興においては極めて自然な流れであったと思う。六月六日に行われた初回の監理会議において、市の職員のひとりからぜひとも復興計画に高田松原の再生を入れたいという声があったことを鮮明に記憶している。

復興計画の検討と並行して、七月に岩手県は復興祈念公園に関する市町村の意向把握を行い、八月の県復興計画に祈念公園整備を位置づけた後、一〇月には県内で最も被害が大きかったこと、復興まちづくりに多大な貢献が期待できることなどを理由に、「陸前高田市高田松原地区」を祈念公園の県内候補地と決定している。こうした動きを受けて、復興計画では「奇跡の一本松」を残し壊滅した名勝高田松原を含む低地部に、先述の防潮堤と一体的に防災メモリアル公園を計画した。高田松原の再生については、実現の可能性を含め様々な議論があったが、市民アンケートにおける「ぜひとも必要である」「どちらかというと必要である」をあわせると四分の三との回答結果が、復興計画への明確な位置づけを後押しした。

復興祈念公園は、市の高田松原運動公園もあわせて「高田松原津波復興祈念公園」として二〇二一年一二月に完成した(276ページ参照)。公園整備の経緯については別稿*に詳しいので、そちらを参照されたい。

*——中井検裕「高田松原津波復興祈念公園」『ランドスケープ研究』八五-一、一二~一三ページ、二〇二一年。なおこの号では、「復興祈念公園」が特集されており、関係者の寄稿を読むことができる

・地区別の復興方針

陸前高田市は大きく一一地区に分かれる(15ページ参照)。これらの地区のうち、生出、二又、横田の三地区は、内陸で津波の浸水被害を免れている。

長部、米崎、小友、広田の四地区は沿岸部で、漁港を中心とした集落が点在する地区である。漁港も津波によって大きな被害を受けているが、漁村集落の防潮堤については、海との関係も考慮しながら、広田湾に面した集落を除き、集落ごとに高さが決定されていくことになった。結果として、将来津波からの安全性を確保するという観点から、これらの地区については、原則として被災した住宅はすべて、レベル2津波の予想浸水域外となる高台へ移転することが方針となった。

竹駒、下矢作の二地区は内陸にあるが、気仙川の沿川に位置しており、川を遡上した津波によって相当の被害を受けた地区である。この両地区は、高田地区の海岸線に高さ一二・五メートルの防潮堤、および気仙川河口に同高さの水門が整備されることによって、レベル2津波時にも浸水しないと予想される地区となる。したがって被災住居は、現位置で再建したとしても将来津波に対する安全性は確保されることになるが、被災者によっては高台への移転を希望する声もあり、住民意向に対応した高台移転や現位置での住宅再建を促進するものとされた。

以上の六地区の高台移転については、防災集団移転促進事業によるものとした。

ここまでの地区の復興パターンは比較的スムーズに案を作成することができたと思うが、残る高田地区、今泉地区については課題が多かった。この両地区は市の大半の人口が生活していた場所であり、被災世帯は高田地区約一九〇〇、今泉地区約五六〇とその他の地区に比べて圧倒的に多い。また高田は中心市街地が存した場所であり、市役所をはじめとする公共施設、商店街など都市的産業の立地も集中していた。一方、今泉地区は、江戸時代に代官所と大肝入の置かれた気仙郡の郡政の中心地であり、『日本の街並みⅡ』**にも取り上げられた歴史的市街地を有する地区でもある。

これに加えて、両地区とも（特に今泉）後背は急峻な地形であり、被災した全世帯を収容するような大規模高台開発は物理的に困難もしくは造成に長期間を要することもあって、当初は、防潮堤と気仙川水門の整備を前提に、レベル２津波でも浸水しないような嵩上げを行った上での平地部の積極的な利用を考えていた。しかしながら、両地区の素案説明会において、高台移転への要望、盛土による嵩上げ市街地の安全性への懸念などの意見が多く、その後、被災者に選択肢を示すという意味で、物理的に可能な限りの高台候補地を加える方向で素案を修正した。

したがって、復興計画段階のイメージ図において、少なくとも住居系については土地利用計画的には（意図されて）過大な計画となり、平地部にせよ高台にせよこれをスリムにしていくことが、具体的な事業化の段階での課題として残された。

重点計画「今泉地区・歴史文化を受け継ぐまちの再生」のイメージ

**――西村幸夫編『日本の街並みⅡ』（別冊太陽）、平凡社、二〇〇三年

「人間力」の上につくられた復興計画

検討委員会では、すべての委員の方々が、悲しみを内に込めながらも前向きに建設的な議論をされていた。「語る会」では、多くの若い人たちから、地元への愛情溢れる声を聞くことができた。地元説明会では、もちろん異論が出されることはあっても、総じて全員が冷静に、互いの発言に敬意を払い

ながら話されていたと記憶している。そして、この間の市役所職員の、もとからの職員にあっては自らも被災者であるという困難な局面で、また他自治体からの支援職員にあっては見知らぬ土地という不慣れな状況での、真摯な努力には本当に頭が下がる思いだった。

陸前高田には、そしておそらくは他の東北の被災地にも、成熟社会にふさわしい強い「人間力」があったと思う。作業にあたって、我々支援する側が教えられたことも多く、復興計画は、この人間力の上につくられたものであることは強調しておきたい。

臼澤 勉 岩手県議会議員（当時陸前高田市復興対策局、岩手県派遣）

証言

二〇一一年五月一二日、県から陸前高田市復興局へ着任。当時を思い出すと、まさに時間との勝負であった。防潮堤の高さと安全性の確保、住宅再建意向把握、移転先の権利関係調査、被災跡地・移転先の煩雑な土地利用手続、JRやバスなどの地域交通確保、人口フレームの設定など様々な課題があったが、「より安全に」、「地域コミュニティを守り」、「一日も早い再建と希望の光を示す」、この三点の願いを共有しながら計画づくりに邁進した。新聞などでは「専門家ら主導、住民も異論挟めず」との批判もあるが、有事において様々な制約がある状況下において、強いリーダーシップが求められると思う。一方で、あのくらい住民に寄り添い丁寧に計画策定に取り組んだ計画はないと確信している。六月から「区長ヒアリング」、「被災者意向調査」、「市民アンケート調査」、七月から被災各地区を順次訪問し、大まかな住宅再建の意向を調査。並行して高台移転の候補地を示しながら「地区別説明会」、「地区別説明会・個別相談会」を実施。五〇人委員会や若い世代と語る会も開催するなど、一一月末までの約半年の短期間であらゆる手法を取り入れながら復興計画を作成した。

地区別説明会や地域訪問の前はどんな罵詈雑言をいただくか正直緊張したが、私個人の印象としては、家財を流され家族を失った方もある中、復興に向けた前向きなパワーを感じた。しかも、行政に批判的、攻撃的ではなく、ともに早期再建を目指そうという意識が感じられた。仮設市役所に帰る車中、電気もない真っ暗な被災地を走りながら、「一日も早く、頑張らねば」との思いを強くした。名古屋市から派遣された阪野武郎氏は、「住民説明会は、どの会場も満杯で、参加者である住民が率先して後片付けまでしてくれた光景を目にしたことが印象的だった。自分の役所人生の中で最初で最後」、「ＵＲとやった個別説明会で、戻りたいけど自身の仕事や子どもの教育環境を考えて陸前高田から離れるんだと言われたときは、やるせない気持ちになった」と述懐している。

復興計画が大きく動き出した時期は、不動産鑑定士による被災跡地の買取価格が示されたころだった。何万筆にも及ぶ「宅地等の買取意向確認」と「住宅再建意向調査」を実施。一方で、移転先の土地を売っていただけるか、地権者との折衝や土地利用規制解除の手続き、団地整備に向けた詳細技術調査を、技術班は何度も何度も住民意向に基づきながら図面の手直しを繰り返した。地域住民の要望に寄り添って対応する姿を横で見ながら、復興現場に「真の行政の姿」があると思った。地区コミュニティ（行政区）の結束が固い陸前高田においては、行政区単位を維持した状態での住宅再建、そして、「今回津波が再来しても浸水の恐れがない場所での再建」、倉庫を含め一宅地一〇〇坪は最低でも必要との意見が大半であった。防潮堤の高さを確保し、渋滞せずに高台への避難路をいかに確保するか、このときにいただいた意見は、現在の復興まちづくりである区画整理、防集に基本的に反映された。

「縁ありて花開き、恩ありて実を結ぶ」。陸前高田市の職員や市民のやさしさに支えられたことに感謝感謝である。

Section 4

広域的視点からの復興

羽藤英二 東京大学

旧知の平井節生岩手県県土整備部長からの依頼で、現地入りした筆者は、その後、土木学会の一次調査団に加わり、日本都市計画学会との合同調査で、四月から再び現地入りすることとなった。港湾、道路、鉄道の基盤調査を行う中で、広域的な社会基盤の復興計画と同時に、陸前高田の復興都市計画や小学校と中学校の統合の基本計画の策定や、BRTを含む公共交通網計画づくりなどに関わることとなった。それぞれの計画づくりや事業が、必ずしも一貫した考え方に基づいているわけではないが、互いの計画の関連性についての新たな気づきが得られるかもしれないと考え、ここに復興都市計画の策定過程の振り返りを試みてみたい。

広域基盤計画と復興都市計画

陸前高田の復興都市計画は、瓦礫処理に始まり、高台移転、災害公営住宅建設や嵩上げといった社会基盤と建築を中心とする様々な事業から構成されるものの、陸前高田市の職員を中心に取り組んだ計画づくりのみによって進行したわけではない。復興計画の多くは自治体の計画が主となることは間違いないが、東日本大震災による津波被害は甚大な範囲に及んでいることから、一人ひとりの市民の自宅再建を中心とする復興に加えて、広域的な基盤計画との関係の中で、様々なスケールの計画が同期しながら、復興都市計画づくりの方向性が決まっていったと言っていい。

・復興道路の計画づくり

東北復興道路といわれる三陸沿岸道路の計画は、陸前高田の広域的交通ネットワークづくりの中でも、当時から地域ポテンシャルを高めるものとして注目されていた。（筆者自身も委員のひとりとして）社会資本整備審議会での議論を経て事業化が決定された三陸沿岸道路の整備は、陸前高田の復興計画とも密接な関係をもっていたと考える。というのも、陸前高田の山裾に沿って、大船渡から気仙沼を結ぶ三陸沿岸道路は、低平地の甚大な被害を受けた陸前高田の高台の土地利用の利便と事業性を飛躍的に高める効果が期待されていたからだ。その理由は、高台の切土造成を単独の事業で行うことは膨大な費用が必要になることが予想されていたこと、次に、高台の新たな居住地への交通アクセスの確保が期待されていたことと関係している。

同時に、被災後の陸前高田には各地から支援が入ることは大きく遅れ、域外からは被災状況すら判然としない事態が続いていた。このことは陸前高田の道路交通のアクセスの悪さが影響したものであると認識されてきた。発災後眼前で起きていた事態に対して、筆者らは、復興事業としての道路ネットワーク整備をまず第一に考え、耐災害信頼性指標を新たに設定することで、今後起こりうる様々な災害によって切断されうる道路ネットワークのよりよいあり方をある程度定量的な指標を設定した上で議論したのだ。社会資本整備審議会の議論に基づいて、災害時においても頑健な道路ネットワーク整備の計画案を策定し、三陸道の事業化を早期に決定することができた。市街地造成の議論の途上において、高台の市街地予定候補地と三

仙台市から八戸市を結ぶ総延長三五九キロメートルの三陸沿岸道路。二〇二一年一二月に全線開通

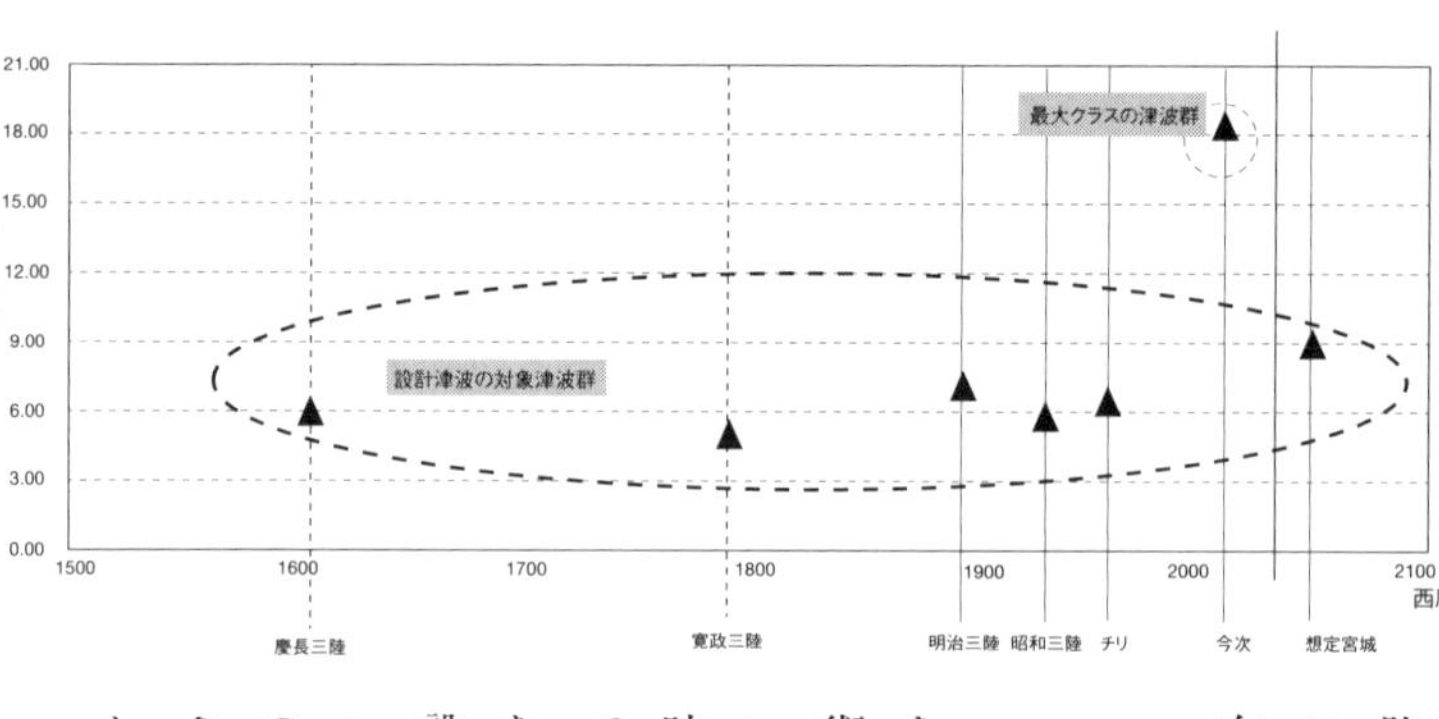

県による広田湾の堤防高さ検討資料（出典：岩手県『岩手県沿岸における海岸堤防高さの設定について（第一回）』二〇一一年九月）

陸沿岸道路の計画路線は比較的近かった。このことにより、効率的な工事とアクセス性の確保が同時に期待できることが、復興計画策定の初期段階で明らかになったことは、その後の復興都市計画の方向性を後押しすることとなったと言っていいのではないか。

・防潮堤計画の策定

山側の高速道路整備に支えられた高台造成に対して、海側の津波リスクからの防御に大きな影響を与える防潮堤高は、平野部の復興計画に大きな影響を与えていた。防潮堤高は、岩手県津波防災技術専門委員会の議論を経て発災一年目（二〇一一年九月）には決定されている。陸前高田の低平地において、被災した土地面積は甚大であった。このため、内陸部に使える土地が少なかったことから、当時防潮堤の高さについて、地元からは低平地の活用に向けて、より高い防潮堤高を求める声が上がっていた。ただ、防潮堤整備そのものは県の事業であるから、岩手県側の議論を経て決定されることになる。岩手県専門委員会のメンバーは、海岸工学を専門とする委員と（筆者や陸前高田の復興祈念施設の設計に関わることになる内藤廣前東京大学教授らのように）まちづくりを専門とする委員から構成されていた。委員会では、五・五メートルの現状高（当時）を基本に防潮堤整備を考えるべきという筆者からの提案に対して、岩手県の三陸沿岸部では、津波が地域の浦浜において個性的であることが強く認識されていたことから、防潮堤高も、地域の土地利用や要望に応じて決定する必要があることを確認した。

初期段階において、陸前高田市側では一五メートルを超える防潮堤高の要望があった。これに対して、県の津波技術検討会では、既往第二位の津波高を防潮堤整備の基本とした上で、地域の実情にあわせて、高さの調整を行うこととしていたから、地元からの要望に対して最終的に一二・五メートルの高さの防潮堤整備が決定された。同じ岩手県の中では、釜石の花露辺のように道路を堤防に見立て整備することで防潮堤を不要としたような地域もあり、一律の高さ設定をした宮城県との違いが見られる。いずれにしても、津波高について既往第二位に対応する防潮堤高の確保を基準としたことで、低平地の嵩上げも同時に必要となり、（事業スキームは）三陸道の切土を前提に、市街地の拠点計画づくりと結びついていくことになる。

復興都市計画の調整

三陸沿岸道路の路線計画と、防潮堤の高さ計画が一年目早々に決着したことが、復興都市計画の計画のフレームワークにおいて、一定量の高台住宅地の造成と、低平地の嵩上げ利用を基本方針とすることを後押ししたと述べた。ではこうした復興都市計画は、当時の陸前高田においてどのように受け止められていただろうか。当時の陸前高田は、人口約二万四〇〇〇人で月約三〇〇人もの人口流出が進んでいた。市当局のアンケート調査からは、自宅再建の土地として、ふるさとを選ばない人も急増している状況がうかがえた。明確なビジョンがなかなか示せないまま、国立社会保障・人口問題研究所による三〇年後の人口予測値は、震災前六七／一〇〇だったものが、震災後には五一／一〇〇まで落ち込んでおり、地域の内陸と沿岸部の住民は復興拠点とする敷地選定において対立を深めている状況もあった。

・合意形成

そうした中、陸前高田の復興都市計画の策定は、国土交通省による計画策定支援の定期的な会議と、市民の代表者らが参加する復興計画策定委員会を中心にして進むことになった。復興推進地域の人口あたりの面積は、阪神淡路大震災のおよそ二六七倍であり、膨大な計画量を、市役所の職員は抱えていた（筆者の現地入りも初年度一〇〇日にも及んだ）。夏に開催された第一回の復興計画検討委員会では、総合計画の基本方針が確認され、大きな反対はなかったものの、親しい人と一緒にその形を喪失してしまった市街地を前に、具体的な地域像について掘り下げた議論が、この段階でできていたとは言いがたい。正式な会議の場ではいくつかの意見は出るが、闊達な議論が尽くされたという実感を参加者自身が得ることは難しかったのではないだろうか。

自治体の計画によってのみ復興が実現するわけではない。復興都市計画はあくまで呼び水であるから、住民の現地再建意向に基づいて、新たな市街地像を議論し、様々な施設と道路、住宅の計画を互いに連鎖させながら、短期間に作成することが求められていた。ただし、住民の意向は、段階的に示される復興像や、被災者支援によって大きく変化することになる。したがって筆者らが作成していた計画にはその都度修正が求められることになる。市民の声を聞く作業は、家族を亡くした行政職員によって、大規模な人口流出が続く中で行われていた。被災者と非被災者の間の意識差は大きく、様々な問題が発生していたといっていいだろう。例えば、非被災地域への一方的な都市機能の移転は、傷ついた被災地域からすれば受け入れがたい場合があり、しかし一方で被災地域において災害危険区域指定を解除しようとすれば、防潮堤や嵩上げの規模は甚大となり、過大な復興を招くとともに、自治体・国ともに財政を長期的に圧迫することになることは明らかだった。

市長を中心に、市役所職員自身が各地区まで出向き、復興計画の素案について説明する機会が設けられた。また公式の委員会では年長者が多かったことから、若い市民の意見を聞く会も開かれた。議会の特別委員会にも応えつつ、個別に話を聞きたいという地元市民がいれば筆者自身が出向いて、意見を聞くようにした。当時、低平地に市街地を再生させるなんて、もう嫌だという人は多かった。あんなに多くの人が命を落として、まだ市街地を低平地につくるのかといった意見が支配的だったと思う。一方で昔の松林を懐かしむ声もあり、防潮堤の整備案について、市民から罵倒されるようなこともあった。意見をずっと聞いていると、陸前高田というまちが、市民一人ひとりにとって大切だったのではないか、普段は意識しないけれども、先祖が葬られ戻っていく土地とともに祭りは繰り返されていること、単に商売をする場ということを超えて、かつての陸前高田のまちには、無償でもたらされる何かを感じ取ることができていたといった意見も聞くことができた。すべてが流されたわけではなかった。声を聞くということを通じて、非当事者にはわかり得ない領域があることを踏まえた上で、それでもなお、なんとか理解しようと皆がもがいていたようにも思う。

BRTの導入

先に述べたように、復興道路としての三陸沿岸道路の計画と、低平地の骨格となる道路計画の構想は互いに連動するかたちで進んでいたが、道路だけではなく、市民の足を担う鉄道も被災していた。一九三三年に開業した陸前高田駅は、当時の今泉と高田の中間に設置されて以来、低平地の市街地開発の中心的役割を担ってきた。鉄道は、モータリゼーションの進行とともに、利用者を減らしてはいたが、生徒の通学などでは重要な役割をいまだ担っており、復興計画の中で鉄道復興をどのように位置づけるかが問われていた。

鉄路の復旧にあたって、BRTのような新たなモビリティの投入は、そもそも駅勢圏人口が少なくなった地域で(上下分離のオペレーションが難しければ)必要不可欠である反面、鉄路の撤退そのものは、地域から受け入れがたく、復旧交渉は難航していた。そこで、大学という中立の立場から、鉄道事業者と県の間に立ち、仮復旧という暫定的な期間を設けることを提案し、なんとかBRT導入の合意を得ることができた。

地域の重心を高速道路整備に合わせて徐々に山裾側に移す復興計画に対して、柔軟なルート変更が可能なBRTは、仮復旧期において有効に機能した。また同時に、高台移転と分散型の地域構造を支えるために、相互扶助型のデマンド交通のための輸送会社を設立し、小回りのきく地域交通もス

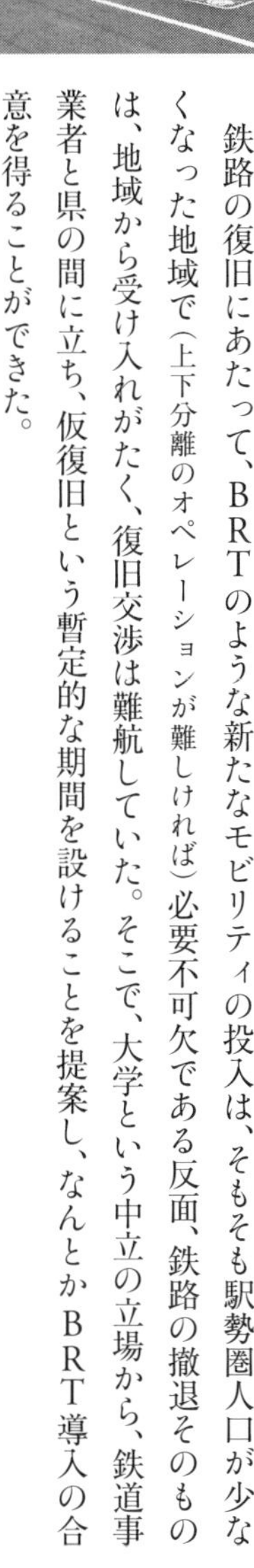

BRTで復旧したJR大船渡線(二〇一九年六月)

タートさせた。ＢＲＴとオンデマンド交通の連動によって変化する市街地に対応した交通まちづくりを同時に議論することができたのはひとつの成果といっていいのではないか。

自律的再建を促す復興

先に述べたように、膨大な面積の復興推進区域の計画づくりを職員一人ひとりが抱えており、様々な現実的な調整と合意形成もまた膨大であったから、現場において、当事者の価値観の中から、まだ描かれていない新たな地域像を探り当て、結実させることは容易でなかった。果たして、市民はどのような暮らしを望んでいるのか、筆者らは災害公営住宅や高台造成や嵩上げの議論と並行して、学校づくりに力を入れることを考えた。

陸前高田市では、急速な人口減少が進んでいたから、学校の統合が求められていた反面、被災した地域からすれば、地元に学校が残ることが、復興の支えとなることは明らかであった。教育委員会とＰＴＡ、子どもたちと連携して、市立高田東中学校の合併と気仙小学校の合併の基本計画の策定に取り組み、粘り強く統合に向けた協議を継続することで、東中であれば、広田と小友、米崎という三地域の合併の候補地から、地元の皆さんと納得いくまで候補地を絞り込んでいった。広田地区の漁業と小友地区の森林、米崎地区の丘陵地の要素を含む候補地が最終的に決定し、内藤廣氏らと設計者のプロポーザル公開審査を実施したことで、設計者となるSALHAUSや東京大学の学生らも参加し、生徒参加型の学校づくりを実施することができた。先に述べた復興都市計画が拠点事業も含めて強い都市計画であるのに対して、学校の再生は、計画に拠ることなく、復興学校の建設を契機に、学校周辺への住宅の自律的再建を促す復興といっていいだろう。今、我々が子どもたちやご家族の方々、先生方とともに計画した学校の側に自然発生した住宅地を見ることができる。

生徒参加型の学校づくりを実施した市立高田東中学校新校舎

事前復興事業ともいえる鳴石団地の住宅開発事業

復興による基盤整備を次の一〇年に活かす

当初、発災から二か月ほどのうちに、筆者は市立学校給食センター（災害対策本部）に嵩上げなしの山裾に地形に沿って引き寄せた小さな市街地復興案をもち込んで企画部長らに説明する時間をいただいたことを思い出す。小さな復興計画は、広域的なインフラ計画や市民の要望との釣り合いの中で実現することはなかった。

理由はいくつかあると考えるが、ひとつは広域インフラ計画との連動、二つ目に内陸の土地利用との意見調整、三つ目に都市像の共有をあげることができるのではないか。特に三点目については、明治三陸津波や昭和三陸津波、チリ沖地震を契機に各地でつくられた復興地と呼ばれる高台移転や、高台を抜くようにつくられた県道の付け替え事業に加えて、事前復興事業といってもいい給食センター付近の鳴石団地の住宅地開発事業は、より具体的な高台を使った都市像のイメージを想起させ、そのことが大規模な高台移転の拠りどころとしてつながったと考えている。その一方で災害前に備えていないことはできないから、内陸部まで含めた土地利用の効率的な利用のイメージの共有は難しく、結果として現在のような復興都市計画の策定に至ることとなった。

ただ一方で、他地域と比べて陸前高田市において人口減少の下げ止まり傾向が強いことは注目に値しよう。津波常襲地域の地域像に最適解があるわけではないし、一朝一夕の実現に頼ることも無意味である。災害のたびに長い時間をかけて、高台へとその生活の重心を移すとともに、低平地の安全な使い倒しを図ることが地域に求められる。今回の復興事業によって地域が獲得した基盤をどのように活かしていくべきか、今次の一〇年に向けた取り組みが求められている。

Section 5

復興計画の特質と今後への教訓

中井検裕 前出

復興の土地利用計画とは、土地利用のマスタープランである。しかし、このマスタープランづくりは、筆者が多くの自治体で関わってきた平時のマスタープランづくりとはかなり異なっていたことも事実である。ここでは、南海トラフや首都圏直下など近未来に想定されている大災害からの復興計画づくりに備える意味も込め、災害復興時の土地利用計画づくりがおのずと有する性格を整理した上で、今から取り組んでおくべき教訓をまとめておきたい。

厳しい時間的制約

第一に、復興計画づくりには、厳しい時間的制約があるということが指摘できる。平時とは異なり、被災者の生活再建を考えると、復興計画の策定に悠長に時間をかけていることは許されない。そしてこのことは、①案の検討作業にかけられる時間が限定されるということ、②合意形成にかけられる時間が限られるということを意味している。

①の案の検討ということでは、災害が起きてからの限られた時間では考えにくいことがある。東日本大震災の場合には、被災地はすでに人口減少・高齢化が進行している地域がほとんどであり、こ

れに対応したコンパクトシティづくりが重要だと考えられた。そのためには土地利用としては市街地を集約し、公共施設を削減する必要があったが、こうした都市を縮小するような市街地像を復興時にいきなり描くことはきわめて困難だった。震災のような災害は、災害が起きる前からその地域が抱えていた課題を加速化させると言われるが、課題が深刻化することが明確になってから課題に取り組むのは、ましてや難しいことは明らかである。加えて、復興計画のように、もともと「希望」が求められているものに、「縮小」のような希望とは逆向きに受け取られがちのコンセプトをもち込むことは、論理的には正しかったとしても、感情的には受け入れることが困難ということもあった。

②は、平時では普通に行われるような丁寧な合意形成プロセスを経るのが難しいということである。実際、陸前高田市の復興計画づくりにおいても、地区別の住民説明会は結局のところ一回しか開催できず、住民と十分なやりとりができたとは言いがたい。

時間的制約に加えて復興計画づくりにおける合意形成がより難しいのは、平時であればまち全体の方向性についての合意形成が中心であるのに対して、復興計画では必然的に、個々の被災者の生活再建に対する合意形成も求められている点である。しかも個人である住民の中には被災者もいれば幸いにも被災しなかった者もおり、さらに被災者といっても被災の態様は様々であって、肉親を失った人、家屋を失った人、自宅は被災しなかったが職場を失った人など、極端に言えば、一人ひとり被災の状況は異なっている。例えば地域の住民を集めた説明会のような場では、どうしても全体の方向性の議論が中心となり、自己の生活再建のようなそれぞれの家のプライベートな事情にも関係するような意見はなかなか発言しにくいということもあって、陸前高田では、説明会の後にブースで仕切った個別の質問機会を設けるといった方法で、こうしたことに対応した経緯がある。

こうした時間的制約が意味することは、ありきたりではあるが、平時からのまちづくりの重要性であることは間違いない。特に、災害が発生する前から災害を想定して復興を考える事前復興の取り組みは、こうした取り組みに熱心だったところほど復興も容易となることが知られており、平時から事前復興の経験を蓄積しておくことが望まれる。

事業主導のマスタープラン

平時の土地利用計画づくりでは、あくまでも望ましい市街地像が先にあり、事業のような実現手段はその実現に適したものを選択するのが本来の順番である。しかしながら、災害復興のマスタープランは平時に比べてはるかに実現手段に重みがあり、通常とは逆に、実現手段を想定した上で、それに見合った市街地像を考える性格をもたざるを得ないということがある。その理由は明らかであり、平時のマスタープランであれば、仮に将来像が実現できなくても現在の市街地がそのまま残るだけであるが、災害後の復興マスタープランでは、実現できないということは許されないからである。

また、ひと口に事業といっても、実際には「復旧」事業と「復興」事業がある。復旧は基本的には災害前と同等までであるから、社会的なニーズの変化に合わせて規格を変えたりすることはきわめて難しいが、事業としての難易度は相対的に低く、実現はほぼ確実であるのに対して、復興となると事業の難易度も高く、実現にも不確実性を考慮せざるを得ない。また、復旧の時間軸は明らかに短期であり、一方、復興はどちらかというと長期的な視点が中心である。通常の市街地像主導ではなく、事業主導のプランであることに加えて、このように復旧と復興では事業の性格や制約が異なることも、プランづくりをより難しくさせる一因となっていたように感じる。

事業主導のマスタープランとは、別の言い方をすれば、「あるべきこと」ではなく、「できそうなこと」が中心のマスタープランということであるが、こうした事業主導の計画に対して、「逆立ちの計画」と評されることがある。[*]「逆立ちの計画」とは、もともとは都市計画家の蓑原敬氏が我が国の平時の都市計画全般を批判的に評して用いた言葉であり、こうしたキーワードは論点提示としてはわか

*——例えば、山本俊哉+山本研究室「「逆立ちの計画」と言われた復興事業の検証」『造景』二〇二一、建築資料研究社、二〇二一年八月

りやすいが、今般の震災復興計画のように事業主導の性格をもたざるを得ない計画については、計画が先か、事業が先かといった二項選択的な視点で語れるほど単純ではないように思われる。

陸前高田市の復興計画づくりとその後の復興事業を振り返ってみると、少なくとも土地利用計画ということでは、平時において想定している、まず固定目標を決め、各種のパラメータによってそれを事業に落とし込む直列型手順の計画は通用せず、固定目標も決めがたく各種のパラメータも流動的という状況だった。そもそも平時においても、望ましい市街地像を計画する際には、ある程度はそれを実現するための規制、誘導、事業などの実現手段を念頭に置いて計画するのが通例である。この意味では、計画と実現手段の間にはつねに相互作用が存在しており、今般の復興計画づくりで求められたのは、人口減少・高齢化時代のモデル都市という大きなイメージを共有しつつも、状況に柔軟に対応しつつ、計画と実現手段が相互に呼応しながら最適な着地点を見出すような、平時と比較して一層ダイナミックな計画行為ということだったと思う。

これに対して実際の現場では、「できそうなこと」だけではなく、本来の「あるべきこと」についても議論され、まずはそれに添うように実現手段である事業制度をなんとか変更できないかといった働きかけがなされた。しかしながら、土地区画整理事業にせよ防災集団移転事業にせよ、個人の権利を操作する事業制度は当然であるが要件や手続きが厳密に制度設計されており、短期間でそれを変更することはきわめて難しいということがあった。そこで次には、なんとか「できそうなこと」を組み合わせて工夫することで「あるべきこと」に近づけることはできないかといった視点から、様々な検討がされた。しかし、実際には事業の制約は相当に強固であり、残念ながら「あるべきこと」まで至らなかったことも少なくないというのが正直なところである。この意味では、陸前高田市の復興計画とその後の復興事業は、計画と事業のダイナミックな関係を模索し、そしてその限界を示した記録であり、したがって、復興計画から今後への教訓を得ようとするのであれば、そうした状況を理解した観点から計画づくりを検証することが必要であるように思う。

今後の災害時においても、市街地復興の土地利用計画が事業主導となることは避けられないだろう。今回の教訓は、「できそうなこと」を「あるべきこと」に近づけようとして検討された議論を活かして、そもそも災害からの市街地復興事業が平時の事業と同じでよいのか、事業のあり方や方法を検討し、あらかじめ事業制度にそれを反映させておくことに尽きるように思われる。

被災前の市街地との連続性

事業主導という意味では、復興の土地利用マスタープランは建設設計図的な性格が強い。特に陸前高田市のように市街地のほぼ全域が壊滅的被害を受けたようなところでは、かつてのニュータウンのマスタープランに近いものがあったといってもよい。しかし、かつてのニュータウンのマスタープランとも決定的に異なるのは、新たに市街地を建設するといっても、それまで丘陵地や山林農地であった場所に市街地を建設するのではなく、被災前までは日常的に生活が営まれていた市街地に新たに都市を建設するという点である。したがって、白地に自由に理想的な市街地像を描けるわけではなく、被災前の市街地との連続性に十分に配慮することが重要となる。

ここでいう連続性には大きくは二つの意味があり、ひとつは物理的空間という意味での連続性である。東日本大震災では津波による被害が中心であって、特に陸前高田市を含む三陸沿岸地域はリアス式地形の特徴から、例えば家屋の被害でいうと半壊が少なく、全壊かほぼ無傷に近い状況かのいずれかであって、浸水被害を受けた地域とそうでない地域の差が極端だった。こうした状況下では、道路のネットワークが典型例だが、被災して復興が必要な市街地と、被災しておらずしたがって復興の必要もない市街地間の連続性を保つことは、技術的にもなかなか難しい点があった。

もうひとつの連続性の意味は、時間軸上の連続性であり、被災前の市街地を特徴づけていたコンテクストを理解し、新たな市街地でもそれに配慮するということである。市街地がほぼ壊滅した陸前高田地区の復興事業においても、高田松原はもちろんのこと、歴史を特徴づける祠のあった場所や鉤型の街路パターンも、新しい市街地の計画に反映されるようにした。高台の新規造成地を除いて復興事業によって新たに市街地をつくろうとしている場所は、災害直前まで市民が日常的に慣れ親しんでいた場所であり、それが災害によって突然失われてしまったのであるから、市街地の記憶を何らかのかたちで残す努力は、なおさら重要だと思うのである。

復興の計画技術とノウハウの継承

大規模な災害はそうそう頻繁に起きるわけではないから、復興の際にマスタープランレベルの計画が必要となるような機会もそうはない。筆者も、復興の土地利用計画づくりに立案者の側で関わったのは、今回が初めての経験である。東日本大震災では、被災しなかった自治体やＵＲ都市機構から多くの職員が復興計画の策定に支援職員として関わったが、そこでの経験の蓄積は大きい。災害の様態が異なれば復興のあり方も異なるから、必ずしも過去の経験がすべて役に立つわけではないが、それでも必ず役に立つ部分もあるはずである。貴重な経験を通して得られた技術とノウハウを、やがて起こるであろう次の大規模災害時に向けて継承していって欲しいと願っている。

［座談会］議論と対話を重ねた、膨大な復興事業計画

二〇二一年七月五日
於市役所

復興に携わった、いちばん濃い時間

阿部 勝（陸前高田市）　ここでは被災から復興計画、事業化に関わられた皆さんに、あらためて当時のことを振り返っていただければと思います。それぞれのご紹介も兼ねて、陸前高田への関わりと、近況の報告などをお願いいたします。

臼澤 勉（岩手県議、当時岩手県）　私はちょうど一〇年前（二〇一一年）、復興対策局に二年間、皆さんにお世話になりながら務めました。陸前高田から県庁に戻って以来、モヤモヤした気持ちがあり、四年ほど経ってから県庁を退職して県議会議員に挑戦し、現在二期目六年目（二〇二一年）になります。

須賀佐重喜（共立メンテナンス、当時陸前高田市）　私は震災の一年前に建設部長となり、その後は総務部長、理事という立場で六四歳まで市役所で働きました。今は、共立メンテナンスという会社で働いています。復興に関わっていた丸三年は、自分の役所生活、四五年でいちばん濃い時間だったように思います。

小田島永和（ＵＲ）　私は、震災から五〇日目くらいに来て、そこから二〇一四年三月までの二年一一か月いました。今は、ＵＲが関わった岩手、宮城、福島での事業史をつくっていて、また、岩手県内の地方都市再生の仕事もしています。陸前高田の土地利活用も市と一緒に取り組んでいるところです。

羽藤英二（東京大学）　私も三年くらい、公共交通や学校づくりのお手伝いなどをさせていただきました。今は、福島の浪江で復興のお手伝いを、また、南海トラフ地震の事前復興に関わり四国の西南地域でお手伝いをさせていただいています。陸前高田市との出会いの中で、少し道が変わったかなと思っています。

中井検裕（東京工業大学）　陸前高田での一年目は復興計画を、二年目からは事業化を少しお手伝いし、その後、復興祈念公園計

画に関わる比重が大きくなってきました。

陸前高田のお手伝いをしていたことが大きいと思いますが、その後防災関係の仕事が増えました。特に土砂災害や洪水が毎年のように起きているので、河川の専門家だけでなく土地利用側（都市計画）もちゃんと入って検討しましょうということで、この三年くらい国の検討を手伝っています。

阿部　陸前高田に来ることになった経緯や状況、心境、仕事の役割などをお話しいただけますか。

臼澤　震災直後、岩手県の派遣職員募集に手を挙げ、連休明けの五月一二日に陸前高田へ派遣されました。復興対策局に配属され、復興計画の早期策定が最大のミッションでしたが、庁舎が残っている他の自治体ではすでに着手しており、少し焦りを感じていました。蒲生琢磨局長からは、計画を一一月くらいまでにつくるため、そこをフォローしてくれと言われました。また、マスコミやNPO、大学の先生方などの対応も行いました。

左から臼澤、須賀

防潮堤高さの議論の苦労

阿部　須賀さんは、蒲生さんが頼りにしていて、様々な協議にも同行されていたと聞いています。建設課としてのご苦労、特に復興計画などに関する国や県とのやりとりでの苦労されたことや印象的だったことはありますか。

須賀　蒲生局長とはどこに行くにも一緒で、対外的な対応や渉外では様々な思い出がありますが、特に印象的だったことが三点あります。

一つ目は防潮堤の高さです。整備主体は県でしたが、蒲生さんと合同庁舎へ何度も足を運びました。津波は気仙川河口で一三・八メートルと推測されたので、市は約一五メートルの防潮堤を要請しましたが、県は非常に難色を示しました。最終的には、多重防災という考え方も踏まえ、一二・五メートルに決まったものの、その間何度も協議に行きましたが、具体的な数字は一つも示されませんでした。

二つ目は仮設住宅です。市では最終的に二二〇〇戸を建設しましたが、私は県との話し合いで「棟を向かい合わせて建てればコミュニティがうまくいくし、二棟が一棟半くらいの面積で済む」と主張したのですが、県は「同じ向き、同じ形態でつくるのが仕事だ」と、お役所仕事を地でいくような状況でした。

三つ目は、県の一部の部署と国の出先機関が、復興の青写真を勝手につくっていたことがありました。被災したところは見捨てるような案で、まったく初めて聞く内容だったので「ふざけるな！」と机を叩いた記憶があります。この案は白紙に戻りましたが、やはり地元の意見を事前に確認して進めてほしかったです。

小田島　震災当日、私は東京・八重洲にあるビルの一八階にいました。窓から千葉・市原の化学コンビナートが爆発するのが見えて、今後どうなるんだろうと思っていました。その後、人事担当の部長に、自分は岩手出身なので手伝えることがあるかと聞いたところ、「陸前高田に行ってくれ」と言われ、来ることになったんです。当時、市職員の小山公喜さんに「何でもしますよ」と言ったところ、「津波到達点がわからないので調べてほしい」と言われ、それが最初の仕事となりました。

　復興計画は、防潮堤の計画が決まらないと前に進まないのですが、それがなかなか示されず、また、三陸沿岸道路の位置も五〇〇メートルの幅でしか示されていませんでした。上位計画が決まらない中で具体的な計画を決めなければいけない状況で非常に苦労しました。

須賀　市民に説明できない期間をずっと引っ張られ続けたのが困りました。

小田島　県はなかなか検討状況を言ってくれなかったですね。「こういう事情があるから理解してほしい」と言ってもらえればよかったのですが。

臼澤　県の県土整備部長が市長に、「市は一五メートルを要望しているけど、なんとか一二・五メートルで頼む。代わりに県道整備をしっかり協力する、国道四五号の嵩上げを国に働きかける、県営公園の整備もしっかりやる、その三つを約束する」と話しに来たことを思い出します。

小田島　防潮堤高さの説明の際、県は「一五メートルの防潮堤は現実的ではない」という説明だったが、なかなか理解できなかった。現に田老は一四・七メートルあります。

須賀　意図が伝わってこなかったです。我々は次に動くための道筋をつけてほしかったのですが、全然示されませんでした。一二・五メートルも「国の防災会議で決まったから」という説明だけで、今まで県に相談していたのは何だったんだと思いました。

県や国との当初協議の難渋

臼澤　浸水シミュレーションが最初の復興計画の出発点でした。まず安全安心の確保、スピード感、そして地域コミュニティ。蒲生さんがつねづね言っていたコミュニティを戻すことを意識した計画を、「被災した方に希望のあかりを見せたい」、「一日でも早く再建と希望の光を示す」ための大前提が

左から中井、羽藤、小田島

防潮堤の高さだったのですが……。ようやく高さが決まってきたのが九月上旬でした。

須賀　印象的だったのは、蒲生さんは対外的には大人しいのですが、合同庁舎での防潮堤の会議では白熱して机を蹴ったことがありましたからね。何度足を運んでも何も進んでいないじゃないか、と。それだけ復興計画担当としてはやるせない気持ちがあったんだと思います。

羽藤　私は、最初の半年は国と県の仕事もしていて、三陸縦貫道をつくるのかつくらないのか、どこにつくるのかという話を国の方ではしていましたし、県の津波技術検討委員会では防潮堤の高さをどうするのかという議論もしていました。鉄道の復旧に関しても、BRTにするのか鉄路を復旧させるのかという話を、JRと県との間に入ってやっていました。

県の防潮堤の高さの議論では、私は低いところから積み上げていくべきではという話をし、一方、県は高い高さから議論を始めるべきだという意見で、最初は非常に意見がぶつかりました。県は当初「岩手は津波が多く、完全には防ぎきれないから、防災文化で（対処することも必要だ）」という言葉が出て、都市計画やまちづくり、防潮堤も一緒に議論していくべきと言っていましたし、次は「既往第二位」という言葉が出てきて、過去最大に対応するのでなく、もう少し低いものを整備し、津波シミュレーションをやって高さを決めたらどうかという話が出てきました。その後、各自治体の要望も摺り合わせて、高さは地域ごとに決めていくという整理になったと思います。私は陸前高田でも関わっていたので、県と市の間、国と市の間にいて苦しかったのを覚えています。

中井　当時、私は日本都市計画学会の専務理事代行で、復興は大きな課題になるだろうと思っていました。

学会として発災翌日から動き始めていましたが、同時に国交省と連絡を取りながら復興計画をつくる方法を考えていて、直轄調査というやり方に落ち着くことになりました。調査の公募が始まったのが五月の連休明け、公募で出てきたものを国交省の審査チームが二週間くらいで審査し、受注者が決まったのが五月二〇日ごろだったと思います。その後、私に調査監理委員として「高田に行ってほしい」という話が来て、六月六日に現地入りしました。

直轄チームは基本的には技術者の集団なので、計画条件が揃えば作業は前に進むとは思っていましたが、計画というものは市民の思いや将来の展望などとセットで考える必要があって、その両方をうまくパッケージにしないとよい計画にならないので、それをどうやるかというのは苦労しましたね。また、防潮堤の高さなど技術的なところも問題でしたが、作業チームをどううまく動かすか、ということも苦労しました。できるだけ会議は現地でやろうとか、会議後に懇親をしたり、コンサルタントの愚痴を聞いたり、市からも意見を聞いたりと、人のマネジメントは最初のうちは大事だったと思います。

住民との対話はあのときの最善だった

阿部　いろいろご苦労があったことが改めてわかりました。ここで初めて知ったこともあるくらいです。振り返ってみての成果や反省などを、加えてお伺いできますか。

小田島　主要インフラの検討にあたって最初に決めた内容に他の計画が縛られてしまったかなと思います。例えば空き地の問題については、高田地区の嵩上げ部を東西に貫いて「アバッセたかた」の南側を通っている南幹線の位置の影響が大きいと思っています（210ページ参照）。嵩上げの範囲はおおむね南幹線の位置によって決めています。嵩上げ部で不利用地ができそうだったので、南幹線と国道三四〇号の交差点付近に道の駅を置き、波及効果としてその周辺の土地活用も進むことを狙って土地利用計画をつくり、住民説明会でも公表しました。ところが道の駅は国道四五号のもともとの位置付近に再建されることになり、区画整理側の計画を実現できなくなりました。道の駅の関係者ともっと調整しておけばよかったと後悔しています。道の駅が嵩上げ部にできないことが明らかになった時点ではすでに南幹線の位置、嵩上げの範囲を定めて物事が進んでいたため、嵩上げ宅地部分の縮小はできず住宅用地としました。いったん進むと後戻りできないということです。普通は計画を発表する前に十分に議論をして判断しますが、今回はそんな余裕はありませんでした。

また、道の駅が実現できないことも想定して土地利用計画や換地計画を検討しておけばよかったとも思います。例えば比較的小さな民有地がばらばらとたくさんありますが、賃貸とか売却とか土地活用の意向が似通った人の土地を集めたり、市の土地にしたりして大ブロックにしておくなどの工夫ができたのではないかと思っています。

臼澤　当時一緒に働いた職員からは、「将来どんな課題が出てくるかまでは、そのとき考える余裕がなかった」、「目の前の被災者の住宅再建をできるだけ早急にやることに集中せざるを得なかった」との声を聞きます。一方で、新聞記事に「専門家らが主導して住民が口を挟めない状況だった」というトーンの記事がありましたが、それには違和感を覚えました。復興計画をつくる段階で、区長ヒアリングや被災者意向確認、市民アンケートを行い、何万筆の土地所有者への意向確認を行い、また地区ごとの高台ヒアリングを一一月までの六か月という短期間で行って方向性を出しました。計画ができてから具体の事業を検討する際にも何度も地域と意見交換し、住民との対話は、あのときの最善を尽くしたと自分は胸を張って言えます。

ただ、防災集団移転促進事業（防集）では一人抜けるたびに計画をやり直す作業を何度もやっていましたが、あのとき「会計検査など気にせず思いきってやれ」くらいのことを言ってもらえれば現場としてはよかったと思います。名古屋市から派遣されていた阪野武郎さんは、資産や財産の保護と、次世代に残していきたいまちづくりイメージをどうバランスとるべきかを悩んでいたようです。

須賀　土地の整備手法は、防集と土地区画整理事業（区画整理）の二つしかなかったのですが、ネックになったのは個人用地の問題で、既定のことでしか対応できなかったため、計画が遅れてしまいました。そのため他の自治体より遅れてしまい、整備しても空き地が多くなってしまいました。

そういう状況でしたので、新たな制度設計ができないのかと思います。区画整理と防集をかけあわせたような仕組みができないか。また、災害時の暫定措置として、首長の裁量権を広げることも必要だと思います。裁量権を市長に与えると指示系統が簡単で、制度の狭間のジレンマを抱かずに済み、フットワークを軽くしてやれると思います。

膨大な事業量と従来の手法の限界

羽藤　陸前高田の復興計画が責められることが多いと感じています。客観的に、復興事業推進地域の面積は阪神淡路大震災と比べると、一人あたり二六七倍にもなり、それだけ傷ついた人がいて、膨大な事業量だったということです。時間があればボトムアップで丁寧にやれるとは思いますが、それだけでは間に合いません。現実に一か月に三〇〇人くらい転出しているのをみて、「数年でまちがなくなるのでは」と誰かが言っていたのを覚えています。そういう中での計画、復興だったということを忘れてはならず、それゆえの難しさというところは認識しておく必要があります。

都市像を考えたときに、北西部の竹駒地区には一定の土地があったため、仮設の施設ができてきて、そこと市街地の両方のまちというイメージがついてしまいました。ともかく市内に住んでほしいということで、竹駒地区だけでなく米崎地区にも高田東中学校ができましたが、現地に自立再建で戻る人が増えるのではということが頭にあった気がします。それが中心市街地に戻るきっかけをなくしてしまったのでは、という思いもあります。

一方で、鳴石団地など既存の高台住宅地があったのが、結果的に事前復興になったのではとも思います。また、川原川の整備（227ページ参照）ですが、川は一〇〇年、二〇〇年と変わらないので、あれはひとつの都市軸になるだろうと思いますし、川沿いに避難軸をつくることは住民の方々も非常に望んでいたので、市街地にあのような空間ができたのは、陸前高田の復興で非常によくできたところだと思います。ほかにも、本丸公園やＢＲＴなど、歴史的なところも大事にしながら、自動走行など次の復興のモデルになるような事業もあり、今後のまちづくりに活かせる素地も生まれてきているので、非常に難しかった一方で、可能性も感じているところです。

阿部　陸前高田は他の地域と比べて人口の社会増が多くなっています。

羽藤　陸前高田は魅力があると思います。広田湾が明るいし、復興祈念公園も非常によくできています。自然と文化が共存し、祈念公園からまちを見るとパーっと明るくて美しいんですよね。中井先生が計画を立てるときに「このまちはよくなるぜ」と言っていたのが思い出されます。

中井　説明会は確かに不規則発言もありましたが、そうした発言にそうじゃないだろうという人もいたし、総じて言えば、建設的な意見も出ていました。計画については、事業に時間がかかることがわかってきて、被災していない高台を横断していた農免道周辺や竹駒の方に自主再建がたくさん出てきました。竹駒地区に仮設商店街もできていたので、そうした動向をもう少しプラスに受け止めて、復興計画に入れ込んでもよかったかな、とも思います。その分、中心市街地ももう少し小さめにしようかという議論もできていたかもしれません。

嵩上げの前に道路計画はかなり議論しました。低地部から高台への避難路、国道四五号、中心市街地、川をどこで渡るかなど。その際、道路だけ嵩上げして沿道を嵩上げしない、ワッフル型のような土地利用もあるのではということも提案したことがあります。ただ、沿道は利用しないといけないと反対され、そうはなりませんでしたが、そこで感じた課題は土木分野と建築分野の人のコミュニケーションがうまくできていないということです。これは陸前高田に限らず、土木と建築が連携できていたところが比較的うまくいって、そうでないところがうまくいっていないかなと思います。

災害対応の新しい仕組みが必要

中井 低未利用地が大きくなったのは反省すべき点で、やはり事業規模が大きかったのが要因にあると思います。複数の事業に分けていたら違っていたかもしれません。別の事業同士で換地できるようにするなど、新しい仕組みが必要だと思います。換地に関しても照応の原則があり、それを突破するには申出換地が必要といった制約が大きく、財産が関係するので乱暴はできないのはわかりますが、復興区画整理はもう少し緩やかに、融通をきかせるべきと思います。

村上幸司（陸前高田市） 防集団地も結局余ったら被災者以外にも売っているので、はじめからそれがわかっていればもっと柔軟にやれたと思います。

臼澤 今回のような状況では、現場の判断が優先されるべきです。県と市町村の役割も柔軟に、県は部分的な支援だけでなく、市町村への派遣では二、三年は異動させずに包括的な支援体制をとれるとよいと思います。また、県と市の許認可などの役割、例えば農地転用などは現地の首長の判断に任せられるような、踏み込んだ仕組みが今後災害時にはあってもいいと思います。

阿部 中井先生が記された2章5節（62ページ）では、事業主導で復興を進めなければならないことの苦労などを書かれていました。

中井 復興計画は実現できなければ意味がないので、事業主

左から阿部、村上

導にならざるを得ませんが、当然、事業自体が目的ではなくて、事業を考えながら計画をつくるというのが我々の復興計画だったと思います。一般的に計画検討の際は、どう実現できるかを考えながら、行きつ戻りつしながらつくります。今回は通常のように時間をかけられず、そうした反復の検討の回数は少なかったかもしれませんが、今回の復興計画を評価するならば、そういう状況を理解している必要がありますね。

小田島　川原川公園がよくできたのも、整備時期が事業の後半だったというのが大きいと思っていて、復興予算は一〇年と限られていますが、公園などについては大まかな形だけつくっておいて、後でじっくり住民と対話しながら進めていくとか、手直しするとかできるといいと感じました。

阿部　改めて復興事業には、様々な立場の方々が大きな苦労をしながら計画をつくり、それを現実に事業化してきたことが理解できました。今回の経験が、何らかのかたちで今後の災害復興に活かされればと思います。

羽藤　震災から半年経ったころ、子どもたちの絵を見る機会がありましたが、家族を亡くしたりしたこともあったのでしょう、絵が暗かったことを覚えています。それが、まちびらきの際に飾ってあった子どもたちの絵はとても明るかったのが印象的でした。一〇年経って、子どもたちがのびのびできるようなまちになってきたというのを感じます。これから頑張っていける基盤は、いろんな方の協力により実現できたと思っています。

（了）

Chapter 3

計画から事業化へ

復興計画を実現するには、様々な事業が必要になる。そして、事業には事業ならではの考えなければならない要素、例えば、推進するマンパワーや資金の問題がある。加えて、土地区画整理事業や防災集団移転促進事業のような市街地の再建に関する事業は、基本的には災害からの復興を意図したものではなく、もともとは平時を前提とした事業であり、復興計画の実現に適用するには間尺に合わないことも多かった。本章は復興計画の事業化に焦点をあてるものであり、計画を事業化するにあたっての課題や計画と事業の適切な関係を考えるための材料を提供するものである。

Section 1

人手不足への対応
民間人材活用と自治体職員派遣

山田壮史 岩手県

震災により、陸前高田市では一一一名もの職員が犠牲となり、このうち本庁舎ではおよそ三人に一人が亡くなるという甚大な被害を受けた。市役所庁舎も全壊して市の行政機能は大きく損なわれる一方で、迅速な対応が求められる復旧・復興の業務量は著しく増大し、マンパワー不足は顕著であった。そこで民間人材の活用と、県内外の自治体からの職員派遣に解決の道を探った。

事業推進に向けた課題

二〇一一年一二月に市の復興計画が策定されたが、同時期に、国の復興交付金の制度設計も明らかになり、復興計画を具体化するための事業手法の選択や事業推進に向けた体制整備が急務となった。

復興まちづくりおよび住宅再建に向けた主要な三つの事業については、被災市街地復興土地区画整理事業は、震災前から別の土地区画整理事業を施行中だった都市計画課、市内全域にわたる防災集団移転促進事業は復興対策局事業推進室、災害公営住宅整備事業は市営住宅を所管する建設課と分担が決まった。

しかし、いずれの課室も知識・経験と人員の両方が不足しており、外部人材を活用しながら、市と民間事業者の役割を分担して、迅速に事業を推進する体制が検討され、専門的な知識と経験を有する民間コンサルなどへの委託がポイントになった。

復興土地区画整理事業における課題

土地区画整理事業は、平常時でも十数年から二〇年程度かかるが、復興計画では約三〇〇ヘクタールという広大な面積を八年間で完了する目標を立てており、スピードアップのためのあらゆる工夫が求められた。また、復興まちづくり事業は、岩手・宮城の沿岸被災地で同時並行で進んでおり、外部人材・民間事業者を活用するにしても、「取り合い」になる状況が懸念された。

二〇一一年度末の時点では、都市計画課の区画整理係は三名とまったくの人員不足で、二〇一二年度からの事業認可申請書類の作成に始まる一連の膨大な業務に向けて、知識・経験・人手といった各般の不足を補うため、他自治体からの応援職員の派遣、UR都市機構への業務委託、コンサルの活用を組み合わせて対応することとなった。

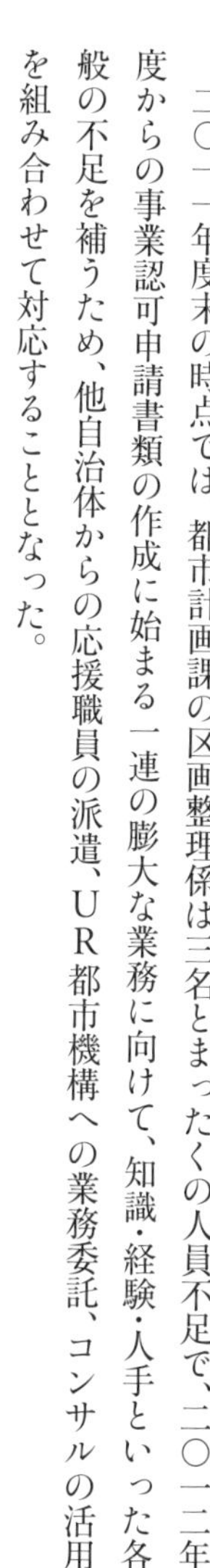

UR都市機構との協定

UR都市機構との協定

第一の外部人材の活用として、UR都市機構（以下、UR）による全面的な支援が挙げられる。URは、岩手・宮城両県の津波被災地における復興まちづくりで大きな役割を果たしたが、中でも陸前高田市においては、事業面積や事業費、人員体制のいずれを取っても最大規模であり、URなくして陸前高田市の復興まちづくりは実現しなかったと言っても過言ではない。

東日本大震災の発災後、すでに2章2節で述べられているように二〇一一年四月にURから職員二名が派遣され、国交省などと協力しながら、復興計画の策定に向けた支援を行ってきた。二〇一二年三月には、市とURとの間で復興まちづくりに係る「陸前高田市と独立行政法人都市再生機構との東日本大震災に係る復興まちづくりの推進に向けた覚書」および「東日本大震災に係る陸前高田市復興事業の推進に関する協力協定」を締結。この協定に基づき、二〇一二年九月に、市議会の議決を経て、市とURとの間で最初の業務委託契約が締結された。

同年四月からは、市役所内に駐在職員五名を配置し、区画整理事業の事業認可に向けた本格的な支援が始まった。

二〇一二年五月の派遣職員受け入れ式。名古屋市総務局長は「名古屋市からは、自ら志願してこちらに来た職員がたくさんいる。この情熱を職務にささげて、一日も早い復興に向けがんばります」と決意を述べた

県内外の自治体からの職員派遣

マンパワー不足への二つ目の対応は、県内外からの自治体職員の派遣と任期付職員制度などによる市職員の増員である。

東日本大震災においては、東北地方の沿岸部が同時かつ広域で被災し、また、陸前高田市をはじめいくつかの自治体では職員の犠牲も多かったことが重なって、多数の自治体でマンパワー不足が発生した。そのため、従来の概念やスキームでの自治体間応援では、増大した行政需要をカバーできない状況となった。

陸前高田市に対しては、被災直後から住田町、一関市、平泉町など隣接・近隣自治体をはじめ、岩手県、東京都などが市の要請を待たずに職員の緊急派遣を行い、また、名古屋市が「丸ごと支援」と銘打って複数の部署に職員を派遣し、避難所運営や復興計画策定などの業務への応援を行った。

その後も、復興事業のみならず、災害廃棄物処理、広報ツールの構築、窓口、市税、社会福祉、文化財保護など多岐にわたる分野で応援を受け入れ、緊急的な短期派遣を除き、他自治体からの派遣は二〇二〇年度末までの一〇年間で五五自治体・五〇五人に上っている。

他自治体からの職員派遣と事業のスタート

事業の初年度に当たる二〇一二年四月、都市計画課（区画整理係）は、市職員三名に、岩手県二名、名

古屋市一名、福岡市二名の応援職員を得て、課長以下八名体制でスタートした。この年度は、高田地区および今泉地区の高台先行地区の認可および工事着手を最初のミッションとし、七月の住民説明会を経て、九月に知事の事業認可を得、同年一二月の工事安全祈願祭を経て、工事が始まった。

前述のとおり、すでにURとの協定が締結されており、URでは土地区画整理事業経験者が増員された。また、業務のうち地権者調査、測量、図面作成などを民間コンサルに委託して、高台先行地区の認可関係書類の作成を進めたが、業務は困難と多忙を極めた。

被災から最初の工事着手までの約二年間、旧市街地周辺での工事は災害廃棄物処理や残存建物の撤去が主だったが、土地区画整理事業区域で認可を得て伐採工事が始まり、住宅再建に向けた目に見える動きが見られたことは、当時造成が始まっていた津波復興拠点整備事業・北地区西区（現在のコミュニティホール、栃ケ沢災害公営住宅など）と相まって、復興に向けた一歩となったことは喜びであった。

既存の土地区画整理事業の繰り上げ終了

陸前高田市の復興土地区画整理事業における特記事項として、震災前から土地区画整理事業の対象区域と重なる区域で、奈々切・大石地区土地区画整理事業（約四七ヘクタール）が施行中だったことが挙げられる。同時に重なる事業はできないことから、実施中の事業を早く終了させ、復興土地区画整理事業に移行したいと考え、手続き的には精算金の交付および徴収が残っていたため、二〇一二年一〇月、臨時議会に付議の上、徴収する精算金（市の債権）の放棄を行った。

なお、事業施行中だったメリットとして、地権者や地積（土地の面積）が確定してデータが揃っていたことから、後に試験盛土（先行盛土）を行う際に、この地区を対象として地権者交渉を始めることができたことがある。

事業の進捗と組織の拡充

事業実施二年目、二〇一三年度に都市計画課はさらに増員され、区画整理係（課長を含む）は一六名体制に、三年目の二〇一四年度はさらに課から部相当の都市整備局に格上げされ、都市計画課と市街地整備課の二課体制（二七名）となって、市街地整備課が区画整理事業の専担課となった（二〇二〇年度まで）。応援職員も増え、当初の岩手県、名古屋市、福岡市に加えて、神奈川県大和市、同茅ヶ崎市に広がり、また、復興庁や岩手県、神奈川県が任期付職員を採用して陸前高田市に派遣する方式も採られ、二〇一二年度からは陸前高田市も任期付職員の制度を採用した。

こうした応援職員の皆さんは、不便な生活環境（宿舎は仮設住宅）、初めての土地、広大な区域や多くの地権者などで苦労も多かったと思われるが、志願して陸前高田市に来ており、厳しい環境下にあっても、つねに高い士気と強い仲間意識をもって仕事をされたことは特筆される。応援職員は一年から長くても三年で交代することから、当初は業務の継続性で難点もあったが、市職員や任期付職員（最長五年）との組み合わせで、おおむね円滑に業務が継続できた。

全国各地の自治体職員が一堂に会して仕事ができたことは、職員の資質の向上や人材育成に寄与するものであったと思っている。福岡市から派遣された職員が、二〇一六年の熊本地震の後には、同県益城町で再び復興まちづくりに従事した例もあった。震災から一一年が経過し、派遣元の自治体で中核として活躍されている方、定年退職された方と様々であるが、今でも「絆」は途切れずに、陸前高田市に思いを寄せていただいていることは嬉しい限りである。

復興交付金をめぐる協議

山田壮史 前出

二〇一一年六月に、東日本大震災復興基本法が公布、施行され、同年一二月に成立した復興庁設置法によって翌二〇一二年二月に復興庁が設置された。「復興庁」の看板には、陸前高田市・高田松原の被災松が使われている。復興庁は当初、震災から一〇年の時限設置であったが、一〇年間延長されている。ここでは復興交付金をめぐる復興庁とのやりとりを紹介する。

手探りの復興交付金制度

二〇一一年一二月に成立した東日本大震災復興特別区域法（復興特区法）により、東日本大震災復興交付金（以下、復興交付金）が創設、総額一兆五六一二億円が予算措置された。対象市町村は復興交付金事業計画を作成、基幹事業（五省四〇事業）と効果促進事業に対し、基本的に国が一〇割を負担した。

こうした手厚い措置の一方で、復興交付金は前例のない制度であり、審査から交付までの手続きは「走りながら」、「手探り」の部分があり、また、現地機関として岩手復興局や釜石連絡事務所が設置されたものの、最終的な決定権限は東京の本庁にあって、かつ、事業計画の審査は事業全体で一括して行われるのではなく、年度を単位として当面必要な経費を審査する「細切れ」のかたちとなった。このことから、継続事業であっても、年度ごとに事業の必要性について再度説明を求められたり、一部については実施許可をもらえなかったものもあり、非常に困惑したこともあった。

また、事務が煩雑であった一例として、財源（復興交付金）を所管する官庁（復興庁）と事業を所管する官庁（土地区画整理事業であれば国土交通省）が別であり、それぞれに対して説明、了解を得る必要があった。復興交付金事業計画の審査（ヒアリング）は、復興庁（本庁）の担当者が市町村に出向いて行われ、被災市町村に寄り添った対応をしてもらったが、土地区画整理事業の進捗に伴う計画変更や、工事施工に伴う変更などで、定例の審査（ヒアリング）を待っていられない場合は、東京の復興庁や国土交通省へ出向いて、直接説明を行うこともしばしばあった。

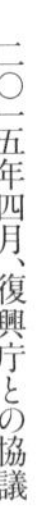

二〇一五年四月、復興庁との協議

復興庁・復興交付金制度の効果と課題

復興庁は、省庁横断的な役割を期待されたが、前述のように基本的には財源を審査・交付する官庁という性格から脱しえず、実際に担当官には財務省出身者も多く、審査は厳しい印象があった。復興交付金の審査担当官は「地区（市町村）担当制」が採られたが、中央省庁の常で、担当官が一～二年で交代（異動）するのもデメリットと感じた。また、担当官の交代に伴い、すでに進んでいる事業の事業費の抑制や計画の大幅な見直しを迫られるなど厳しい指摘を受けることもあり、そのたびに、どのようにすれば事業が進められるのか苦慮することも多かった。

近年、自然災害は激甚化の傾向にあり、被災規模が大きくなっていると感じる。このような災害からの復旧・復興を迅速に行うために、復興庁制度は重要で効果的であるため、各省庁の横断的連携・協力が深化することを期待したい。

陸前高田市の土地区画整理事業と復興交付金

本書でたびたび触れているとおり、復興まちづくり事業は「スピード」最優先であり、そのための様々な工夫の中には、巨大ベルトコンベアの設置（4章参照）など、多大な費用を伴うものもあったが、復興庁や国土交通省にこうした状況を理解してもらい、事業計画が認められたことは特筆される。

対象地権者のほとんどは、被災して住宅を失い、仮設住宅で再建を待っている状況だった。また、被災した市街地に事業所を構えていた事業者も、中心部から離れた地区で仮設店舗などで営業しながら、本設再建を待っていた。被災規模が甚大なだけ復興事業の規模も大きかったことから、事業計画は「走りながら」、「設計ができた部分から」認可を受け、施行していた。従って、年度の早い段階では十分精査できていなかった部分や、地質調査の結果などで工法が変わった部分もあり、結果的に事業費は増大の一途となった。市と復興庁をはじめとした関係省庁で、様々な経緯はあったものの、立場の違いを超えて最善の方策を探れたことは幸いだったと感じている。

細谷勇次　陸前高田市教育委員会（当時財政課）

証言

自分が財政的な面から復興事業に関わるようになったのは、二〇一三年度からのことである。当時の一般会計の当初予算規模は、震災前の約一〇倍の一〇〇〇億円超となっていた。土地区画整理事業や防災集団移転促進事業などは、これまでに関わったことのない事業費となっており、復興交付金など、国の復興財源の確保が必要であった。

復興交付金の活用にあたっては、事業計画、事業費の配分などについて復興庁の細かいヒアリングを経て、交付を受けたところだが、復興庁の職員には、時間を超過してのヒアリング対応や、事前相談、ヒアリング後から書類提出に至るまでの調整など丁寧に対応してもらった。

陸前高田市復興交付金進捗状況（千円、2021年3月時点）

年度	交付額（国費）	契約済額（国費相当額）
2011（平成23）	495,000	111,825
2012（平成24）	30,660,364	25,754,646
2013（平成25）	35,610,237	38,931,800
2014（平成26）	28,368,574	14,893,225
2015（平成27）	29,891,379	17,222,225
2016（平成28）	8,284,175	16,218,589
2017（平成29）	27,420,219	23,439,671
2018（平成30）	18,829,829	27,304,259
2019（平成31／令和元）	11,180,036	19,547,479
2020（令和2）	15,266,071	17,469,812
合計	206,005,884	200,893,531

また、市街地復興効果促進事業の使途内訳書の提出にあたっては、庁内各担当課から出される書類を財政課がとりまとめ、岩手復興局経由で復興庁本庁へ提出していたが、復興庁からの細かい指摘、確認、追加資料の提出など、一件の提出にあたり、かなりの回数のやりとりがあり、その都度、担当課へ問い合わせるなど、対応にかなり苦労するとともに、時間を要し、夜遅くまでに至ることもあった。しかし、その際にも岩手復興局の方には、親切に対応していただいたところであり、これらの事務を進めるにあたっては、やはり復興庁からの支援が大きかったと考えている。

高橋宏紀　陸前高田市都市計画課（当時市街地整備課）

証言

東日本大震災からの復興事業として、陸前高田市の高田地区および今泉地区の住宅再建用地の造成については、土地区画整理事業により行うこととなっていた。

国の直轄支援により事業計画の概要がまとめられ、その総事業費は、両地区で一〇〇〇億円を超えており、被災前は市道整備などで最高でも約一億円ほどの工事担当しかしたことがない自分としては、事業予算を確保できるのかはなはだ不安であったところ、URより全面支援を受けることができるようになり、幾分か安心したことを思い出す。

最初のころは、復興庁の予算配分も寛容だったが、時が経つにつれ、陸前高田市の土地区画整理事業は、事業面積および事業費ともに過大であるとの認識に変わってきて、国交省や復興庁よりたび重なる指導を受けるようになった。それでも復興事業として前に進めなければならなかったので、当時の上司の後押しも受け、国交省や復興庁に直談判に行き「致し方ないですね」と言われたときは、肩の荷が下りた気持ちになった。

スピード重視の工事展開であったため、全体事業費が増額となることがたびたびあり、復興庁に復興交付金申請を行う前は、徹夜で復興庁担当と申請資料を作成したものだった。歴代の交付金担当の方々にはかなりの苦労をかけたが、感謝の念にたえない。

3種類の市街地整備事業

防災集団移転促進事業
地方公共団体による浸水区域の宅地等の買い上げと高台移転先団地の整備、分譲等を組み合わせた事業

津波復興拠点整備事業
復興の拠点となる市街地（津波により甚大な被災を受け、「一団地の津波防災拠点市街地形成施設」として都市計画決定した地域）を用地買収方式で緊急に整備する事業

土地区画整理事業
道路、公園等の公共施設を整備・改善し、土地の区画を整え、宅地の利用の増進を図る事業。土地所有者は減歩によって土地を出し合い公共施設の用地を生み出し、その後換地によって整備後の価値の高い宅地を得られる

集団移転
住宅団地
土地の嵩上げ
区画整理
浸水区域
移転促進区域

Section 3

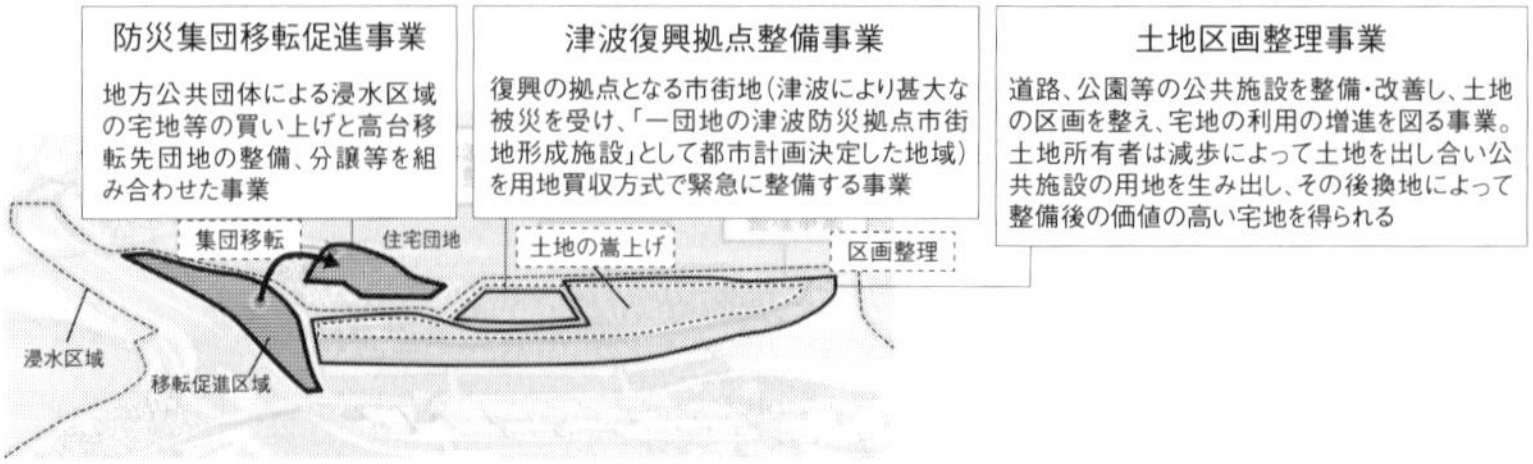

復興事業の組み立て

小田島永和　独立行政法人都市再生機構（UR都市機構）

陸前高田市の復興では、三種類の市街地整備事業（土地区画整理事業、津波復興拠点整備事業、防災集団移転促進事業）と都市公園事業、災害公営住宅整備事業が実施された。ここでは「陸前高田市震災復興計画」を実現するために駆使した復興事業の組み立てについて、高田地区、今泉地区の土地区画整理事業を中心に述べる。

復興のための市街地整備

土地区画整理事業は、大規模な市街地整備で用いられる。道路、公園などの公共施設整備と宅地の造成を行うもので、土地所有者は土地を売却せず整備後に宅地（換地）を得る手法である。陸前高田市内では高田地区、今泉地区合わせて約二九八ヘクタールで市が事業主体となり、UR都市機構（以下、UR）が受託して整備を担った。

津波復興拠点整備事業は、「一団地の津波防災拠点市街地形成施設」として都市計画決定した区域内の土地を買収して整備を行う。土地の売却意向のある権利者の土地を土地区画整理事業で集約し、それらを買収して土地の利用を図ることもある。市では二地区約二七ヘクタールで実施された。そのうち、高田南地区約一八ヘクタールは土地区画整理事業と組み合わせて実施された。

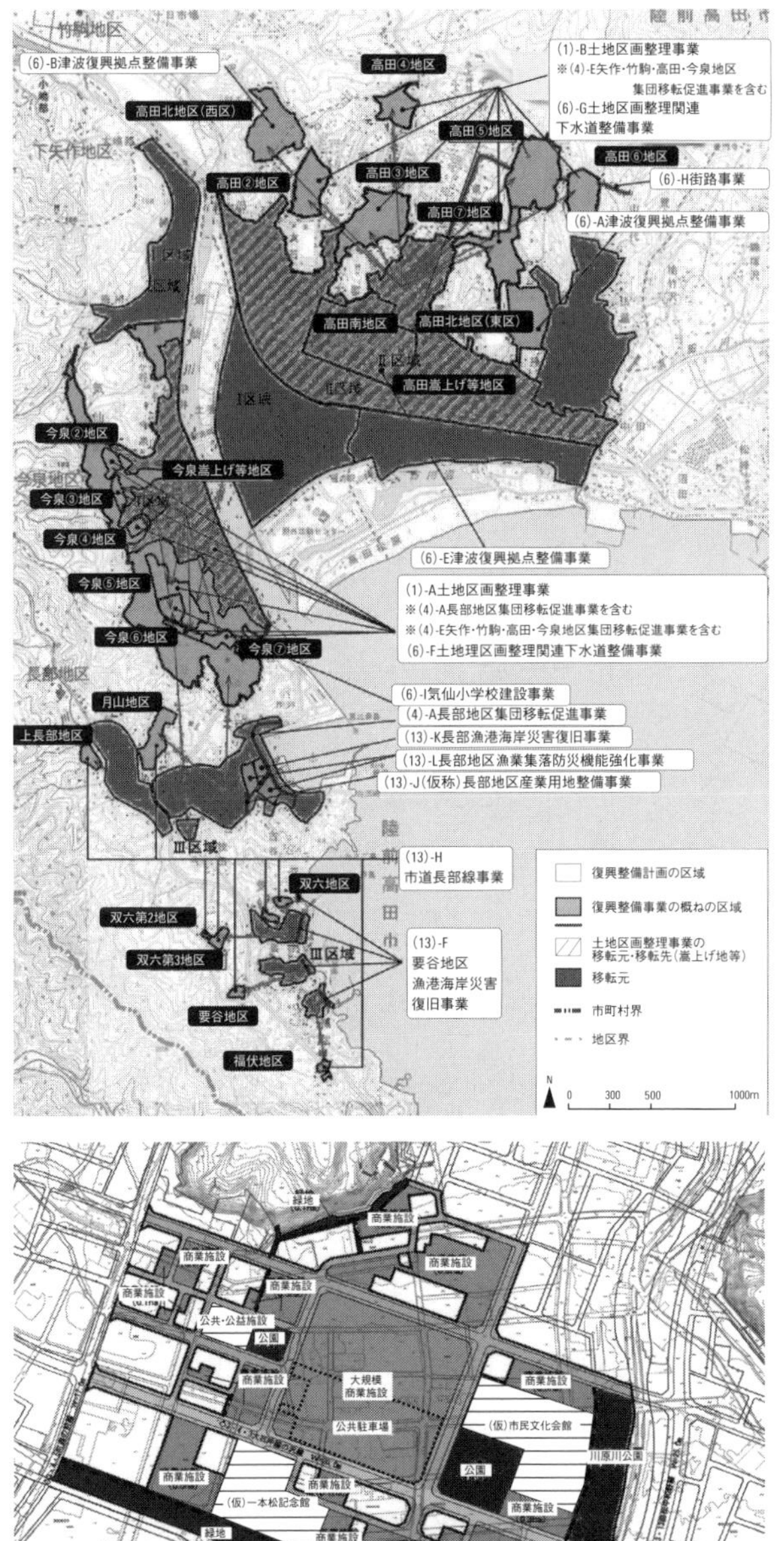

陸前高田市復興整備事業統括図(陸前高田市「復興整備計画」(二〇一七年)をもとに筆者作成)

高田南地区/津波復興拠点整備事業図(二〇一七年五月時点)

防災集団移転促進事業は、地方公共団体による浸水区域の宅地などの買い上げと高台移転先団地の整備、分譲などを組み合わせた事業である。高台移転先が山林などである場合は土地を買収し開発行為として造成する。陸前高田市内では二六地区、約三四ヘクタール、四九〇戸の住宅団地が整備された。

浸水区域では土地区画整理事業の選択

復興計画策定の過程で、被災者の生活再建、住宅再建とともに中心市街地（高田地区）の再生が重要課題と認識されていた。長い歴史をもつ今泉地区では、壊滅したまちの復興は現地での嵩上げにより再生させたいとの意向が地区別意向把握調査などで明らかになった。また、両地区とも「まち」として成立するためには人口の確保が不可欠であり、浸水区域を防災集団移転促進事業によって用地買収した場合の人口流出が懸念されていた。

このため、浸水区域を整備する手法として、多くの権利者の土地を一気に再編し、嵩上げと基盤整備を効率的に実施することが可能で、かつ、権利者の土地を買収する必要がなく権利者とともに事業を進める土地区画整理事業を選択することとなった。なお、国のガイダンス*において防災集団移転促進事業で買収したエリアを嵩上げすることは適切でないとされていたことも整備手法の選択、仕組み構築の判断に影響を与えた。

住宅の移転先となる高台については、他都市に比べて市街地の被害が際立って大きかった浸水区域からの移転となるため、大量の宅地が必要であった。これを開発行為として行う防災集団移転促進事業で確保しようとする場合、候補地内の土地が一か所でも買収できないとその周辺も含めた一帯の整備ができなくなり、必要とする宅地を速やかに確保することができなくなるおそれがあった。このため、換地を交付することで土地売却を望まない権利者の意向に配慮できることからも、土地区画

*――東日本大震災の被災地における市街地整備事業の運用について（ガイダンス）平成二四（二〇一二）年一月において、「津波被災地を土地区画整理事業等により嵩上げし、なんら建築制限を行う必要がなくなると、津波被災地の住居を集団的に移転する必要がないことから、当該津波被災地に防集事業を適用することは適切ではない」とされていた

整理事業を採用することとした。

浸水区域から高台への住宅などの移転は、両区域を「飛び施行地区**」としてひとつの土地区画整理事業の中に組み入れ、換地によることとした。他都市で見られる抽選による移転先決定の方がスピードの点で優れるとの指摘もあったが、実際には、96ページで述べる申出換地をスムーズに進めることができたので換地方式が劣後するわけではないと考えている。

なお、土地区画整理事業区域外の浸水区域の一部の住宅などについて、土地区画整理事業で整備する高台に移転先団地を用意している。

津波復興拠点整備事業で市の核をつくる

市では東日本大震災の前から大型商業施設やいわゆるロードサイドショップが海側の国道四五号沿いに立地していたため、中心地区は疲弊が進みシャッター街化が進行していた。陸前高田市震災復興計画において、市民生活や経済活動にとっても快適で魅力のある都市空間、都市機能を創出するまちづくりを進めることが定められ、中心市街地にそれを実現するために従前とは異なった、新しい考え方による、時代に合った計画、手法が求められていた。

5～6章で詳述するが陸前高田商工会、中小企業基盤整備機構（中小機構）、学識経験者、市、URなどでの議論の中で、中心市街地の核となる施設として毎日一定数の客が必ず訪れるスーパーマーケットに着目した。これを含む大規模商業施設と大規模駐車場が立地できる大ブロックを用意すること、スーパーマーケットの集客力を利用するためその周辺に個別店舗を配置すること、商業施設などが立地する宅地は権利者の意向とまちなみ形成に配慮して換地と賃貸用地を用意すること、このような方針で新たな中心地区が陸前高田市の活性化の先導的な役割を担い、真の中心市街地となるような計画とした。

中心市街地

**——土地区画整理事業で地区が物理的に離れていても、密接不可分の関係にある場合はひとつの地区として捉えることができる。これを「飛び施行地区」という

これを実現するため、津波復興拠点整備事業を中心地区(高田南地区)に導入し土地区画整理事業と合わせて実施した。売却希望の権利者の土地を集約換地して市が約一〇・一ヘクタールを買収した。そこにはショッピングセンター「アバッセたかた」、市立図書館、陸前高田の名店が並ぶ「まちなかテラス」「まちなか広場」、市民文化会館、大小の公共駐車場などが立地し、市民に親しまれる界隈となっている(5章以降で詳述)。

防災集団移転促進事業による民有地買収

二〇一二年度に実施した意向調査では、高台への移転希望が土地利用計画案の面積に比べ極端に多かった。また、中心市街地や幹線道路のロードサイドへの換地希望も計画を上回っていた。仮に高台に希望できる換地の面積を防災集団移転促進事業と同等の最大三三〇平方メートルとしたとしてもなお、嵩上げ部に加え、嵩上げをしない低地部にも民有地を換地せざるを得ない状況だった。

この問題解決のため、土地区画整理事業区域内の一部で、防災集団移転促進事業を導入し、民有地を買収して市有地とした。詳細は次節で述べる。

国、県、市による都市公園事業

JR大船渡線*と国道四五号との間に広がっていた市街地は津波の被害を受け、防災集団移転促進事業で土地が買収された。その移転元地の利用方法については復興計画の検討当初から意識していた。県土整備部から国営公園の設置を国に働きかける提案があり、移転跡地問題の解決策としてもとても有効と考えた。国道四五号から海側に震災の前から設置されていた市管理の高田松原公園七〇ヘクタールを拡大し、県管理の高田松原津波復興祈念公園として二〇一三年二月に約一二四ヘクタールが都市計画決定された。二〇一九年度には、高田松原津波復興祈念公園約一〇五ヘクタールと

*——津波で被災し廃線となり、現在はJR大船渡線BRTが運行されている

市管理の高田松原公園七〇ヘクタールに再整理され、それぞれ復興交付金事業と災害復旧事業で整備された。中央部には国により、国営追悼・祈念施設が整備された。

八九五戸の災害公営住宅

陸前高田市内では当初、一〇〇〇戸の災害公営住宅を県で七割、市で三割整備し、県整備の住宅の管理は県と市で半々、市整備の住宅は市管理とする計画であった。その後、需要調査に基づき計画の

陸前高田市内の災害公営住宅

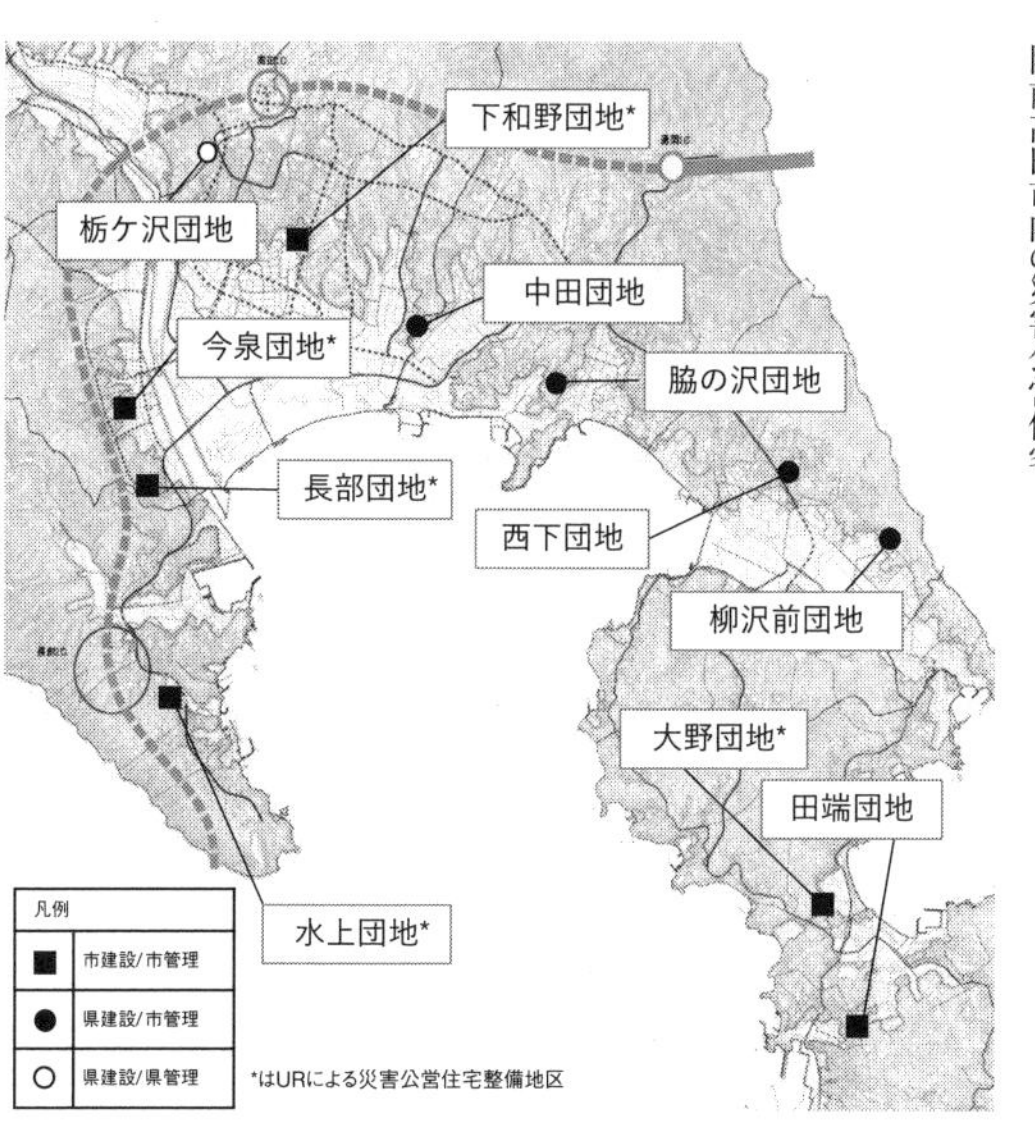

地区名	戸数	構造等	事業主体	管理主体
栃ケ沢	301	RC造9階	県	県
中田	197	RC造8階	県	市
柳沢前	28	RC造3階	県	市
脇の沢	60	RC造3階	県	市
西下	40	RC造4階	県	市
下和野	120	RC造7階	市	市
水上	30	RC造3階	市	市
長部	13	RC造3階	市	市
今泉	61	RC造3階	市	市
大野	31	RC造3階	市	市
田端	14	RC造3階	市	市
計	895			

市営住宅下和野団地

市営住宅今泉団地

災害公営住宅（陸前高田標準プラン）

見直しが行われ最終的に八九五戸が整備された。整備、管理の比率はほぼ当初の方針を踏襲している。なお、市整備分はＵＲが設計、建設し、完成後に市が買い取る方式となっている。

下和野、今泉、長部の各団地は土地区画整理事業の区域内に建設された。

下和野団地は中心市街地に近い市有地とその周辺の民有地を取り込んで計画された。利便性が高く戸数も多いこと、さらには、復興の実感を市民に与え、復興の象徴となるよう一日でも早い着工、入居を目指した。このため、土地区画整理事業の認可に先行して盛土の性状や地盤の状況を確認する試験盛土のひとつとして造成を行い、それを敷地として二〇一三年八月に着工し、翌年九月に竣工、一〇月に入居となった。

Section 4

土地区画整理事業の課題・方策・展開

中井検裕／小田島永和　ともに前出

陸前高田市内の土地区画整理事業は、
気仙川左岸の高田地区と右岸の今泉地区の二地区で実施されたもので、
復興事業の最大の柱であると言ってもよい。
両地区とも、低地部のもともとの市街地とその背後の高台地区を
セットにするかたちで計画されたことが特徴である。
ここではその課題・方策・展開について述べる。

土地区画整理事業の構造

高田地区と今泉地区では、両地区とも二〇一二年二月に高台の一部（高田地区一四ヘクタール、今泉地区四二ヘクタール）を先行地区として都市計画決定がなされ、これらの地区は、同年九月に事業認可された。一方、低地部を含む全体地区については、二〇一二年一〇月に住民説明会、[*]一一月～一二月にかけて集中的に各地権者の意向聞き取りが行われ、二〇一三年一月に都市計画案の縦覧を経て、二月に予定地区全体に事業区域を拡大する都市計画決定が行われ、二〇一四年二月に事業区域の拡大が認可された。その後、事業計画変更を経て、最終的な土地区画整理事業の面積は、高田地区で一八六ヘクタール、今泉地区で一一二ヘクタールとなっている。

*——高田／今泉地区土地利用計画（案）説明会。ここで初めて土地利用計画（案）の図面が示された（5ページカラー図参照）

事業前 → 事業後

高台　面積：S_H　世帯数：ゼロ

低地　面積：S_L　世帯数：N

高台を希望する世帯数：N_H

嵩上げ地を希望する世帯数：N_{LH}

低地を希望する世帯数：N_{LL}

面積：S_H　高台

面積：S_{LH}　低地嵩上げ地

面積：S_{LL}　低地のまま

復興土地区画整理事業の模式図

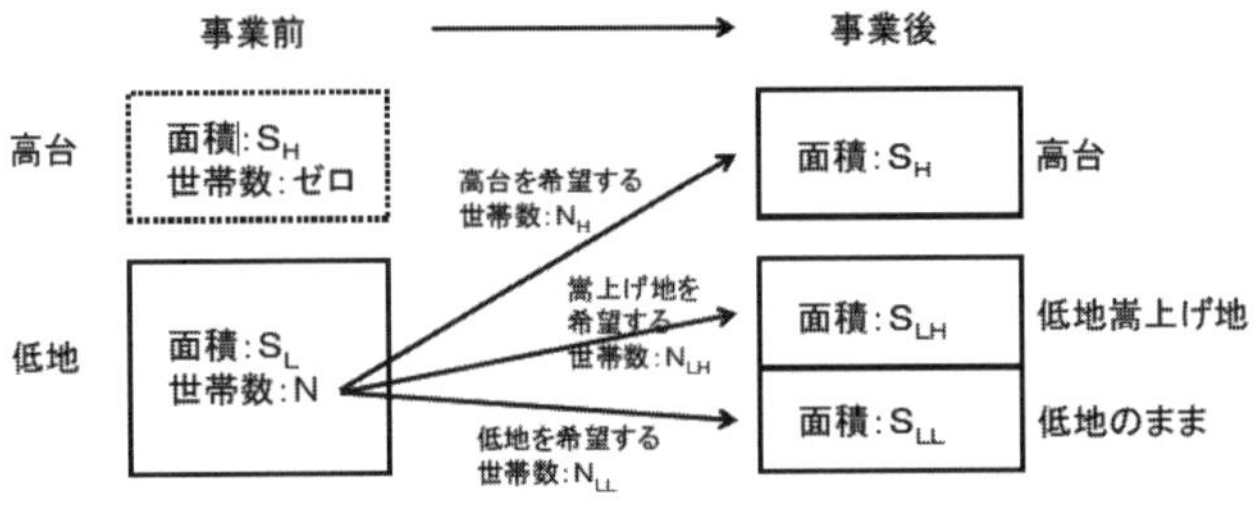

いずれの土地区画整理事業においても、低地部と高台をひとつの事業区域として、さらに低地部の一部については津波に対する安全を確保するために一定程度の土地の嵩上げを行い、その上で低地部内での土地のやりとり、および高台と低地部での土地のやりとりによって、高台への移転と嵩上げを伴う既成市街地の再建を同時に行おうとしたものであった。これを模式化したものが上図である。こうしたかたちの土地区画整理事業はこれまで例がなく、いくつかの、いずれもこうした事業であるが故の構造的な課題を抱えてのスタートとなり、事業を進めていく中で工夫しながら対応していくことになった。

高台に関する課題

第一の課題は、高台を希望する世帯N_Hを、うまく高台S_Hに収めることができるかである。

そもそも土地区画整理事業には「換地照応の原則」*があるので、原位置付近に換地を定めることが基本である。一方、今回の土地区画整理事業では、高台での生活再建を希望する者を移転させることが大きな目的のひとつであるから、原則である原位置換地ではなく、いわゆる飛び換地**を全面的に採用することが必要である。そこで飛び換地には、URがこれまで施行してきた土地区画整理事業で実績のある任意の「申出換地」活用の検討を行った。しかし、何の条件もなく自由に権利者から換地先の希望を受け入れると、ひとつには陸前高田市では津波による被害状況が甚大であったことから、高台を希望する世帯が非常に多いと予想され、高台の宅地が不足するおそれ、今ひとつには実際には高台はひとつではなくて複数あり、それぞれの高台ごとに見ると、立地や施工の順番のために人気のある高台とそうでない高台があったため、混乱することは必至であった。実際に二〇一二年一一月の住宅等移転確認調査において高田地区の場合、単純希望ベースの数字であるが、最も人気が高い高台3は計画戸数一六〇戸に対して希望は二二一戸、逆に最も希望が少なかったのは高台4で計画戸数六七戸に対して希望は二〇戸しかなく、それをどのように収めるかが大きな課題のひとつだった。

このため、次のような申出換地のルールを定めた。

・住宅移転先の換地として高台2、高台3といった個別の高台に申出できること。ただし、高田地区では高台4を除き、川原川を跨がない申出とすること

・高田地区では第五希望まで、今泉地区では第四希望まで高台の申出を受け付けること（特定の高台に申出が集中した場合、従前地が所在する行政区単位で優先順位づけを行った）

・具体的な換地位置は従前地の位置関係により施行者が定めること（大きくは従前のコミュニティに配慮すること、嵩上げ部と高台部の境界を基準に線対照的に換地することを原則とし、小さくは従前の宅地の接道状況、相隣関係などを考慮した）

・高台への申出は実際にそこに住む者に限り、上限は換地面積で三三〇平方メートルとすること

このような案を市とURで作成した後、土地区画整理審議会（委員長・南正昭岩手大学教授）に諮って決定した。また、事前調査で希望が少なかった高田地区の高台4は、幸いその一部を希望するもともとの山林所有者の換地とすることで収めることができた。

非嵩上げ部に関する課題

第二の課題は、嵩上げしない低地部S_{LL}の扱いである。嵩上げしない低地部は、安全面から事業後には少なくとも居住が禁止あるいは制限される地区になることが予定されていたので、当初は市街地内の農地などの換地先と考えていた。しかし、実際にはそういったニーズはほとんどなく、一方、希望に反してそのような土地に従前の市街地内の宅地や準宅地的農地を換地することは照応の原則

*——土地区画整理事業において、換地は、元の宅地またはその近くに配置させなければならないとする原則のこと

**——区画整理では、「換地照応の原則」によらず、元の宅地から離れた位置に換地されることもある。これを「飛び換地」という

上、避けなければならなかった。このことは、嵩上げしない低地部S_{LL}には換地するべき土地がないことを意味していた。

結局は、このエリアの土地は公共の土地とするしかなく、防災集団移転促進事業を導入する方針転換を行って売却希望者の土地を買い取り、それらを土地区画整理事業で集約することとなった。なお、前出の国のガイダンスでは、嵩上げ地で防災集団移転促進事業を行うことは認められていなかったので、買い取り対象は嵩上げを予定していない区域に限定されている。

換地全体の収支

第三の課題は、換地の全体収支の問題である。2ページ前の図に戻ってみれば、全体の土地区画整理事業区域面積は$S = S_H + S_L = S_H + S_{LH} + S_{LL}$であり、区画整理事業では転出は想定されないので$N = N_H + N_{LH} + N_{LL}$となる。したがって、もともとは面積$S_L$に世帯数Nが存在していたのが、世帯数は増えず（保留地分は無視するとする）、むしろ長期的な人口減少傾向の中で実際には転出希望も少なからずあることも考えると世帯数は減じる中で、面積は新たな高台S_H分だけ増えるので、要は人口（世帯）に比べて宅地が過大となり、いうならば少なくとも当面は使い手のない土地が区画整理によってできてしまう。

2章3節で述べたように、復興計画における住居系土地利用は被災者に選択肢を示すという意味で半ば意図的にではあるが過大な計画となっており、具体的な事業化の段階でこれをスリムにしていく必要があった。しかしこれが現実にはなかなか難しかった。

事業そのものを段階的に行うということも考えられたが、そうすると先行して事業に入る地区とそうでない地区の被災者の間にどうしても不公平が生じてしまい、後者は復興から取り残されたと感じてしまうことになる。したがって、事業計画については可能な限り一体的に決定することが求められていた。土地区画整理事業は防災集団移転促進事業と異なり、都市計画事業として行われることから、一定の強制力があり、この意味ではいったん決定されれば、仮に内容に賛同できない地権者がいても、話し合いを基本としつつも土地区画整理審議会の審議を経て事業を進められるという強みはある。その一方で、土地区画整理事業の手続きは少なくともこれまでは、事業進行に沿って一方向的に設計されているので、いったん事業計画が決定されると、例えば大幅な見直しとか縮小といったような時間を逆戻りするような手続きは想定されていないといってもよい。言い換えれば、計画決定はしたものの長期にわたって事業が未着手であるような区域ならまだしも、今般の復興のようにスピードが求められている状況下で、いったん事業が始まれば、後戻りすることは実際にはきわめて困難だったと言わざるを得ない。

こうした状況下で、高台については、当初二〇一三年八月時点の意向調査では高田約六〇〇戸、今泉約三三〇戸で、その後の再調査などによりそれぞれ約四二〇戸、約三一〇戸へ計画を見直し、宅地面積を縮小することができたものの、このことは結果的に、当面の利用意向のない土地を嵩上げ部と嵩上げしない低地部に相当程度に発生させる一因にもなっている。これら当面の利用意向のない土地は、公用地、不在地主の土地、高台移転面積制限による残地がほとんどである。

そもそもこの問題は、今回の復興が津波災害からの復興であり、移転を伴うものであることから必然的に生じている問題でもある。すなわち、この問題は、新たな住宅地を高台に建設し、そこに低地から移転させせれば、低地だったエリアには移転の元地ができるので、これをどうするかという課題と本質的に等価である。したがって、区画整理に限らず同じく移転を目的とした防災集団移転促進事業においても同じ課題を抱えている。

区画整理にしろ防災集団移転にしろ、およそすべての移転スキームでは、①移転先の確保、②移転のさせ方、③移転元の取扱い、の三点が鍵となる。陸前高田では、①の移転先は土地区画整理事業で整備し、②の移転は換地を用いた。一方、③移転元の取り扱いについてはこれまで経験の蓄積がなく、課題としては最も難しかった。結果的には、③のうち、嵩上げしない低地部は基本的に公用地として公園、農地、産業用地としたが、嵩上げ地には当面の利用意向のない大小の公用地、民有地が入り混じっている。

・建物建設に関する課題

第四に、造成が終わり、仮換地の後の上物建設に係る課題がある。本来、土地区画整理事業は宅地の整備事業であり、その後の建物建設については土地区画整理事業の守備範囲外である。しかしながら、復興事業においては、宅地整備後の建物利用がまちづくりの観点からはきわめて重要であることは言うまでもなく、当初から検討課題のひとつだった。

高台はすでに述べたように実需があり、かつ、それに合わせて計画を見直したので、仮換地指定の後、一斉に建設が進み、住宅が建ち並ぶことが予想され、実際そのとおりとなった。一方、嵩上げ部の民有地については、換地はされるものの実需は必ずしも高くないことから、前述のように換地の全体収支の課題と相まって、当面建物を建てずそのままというようなケースが多くなることは当初から予想されていた。もともと高度成長期にあっても土地区画整理事業地区の建物建設（ビルドアップ）には二〇年以上を要することが知られており、今回の事業においてもビルドアップには相当の時間が必要だろうと考えてはいたが、事業が終わったものの当面は利用意向のない空き地が多く発生するだろうという懸念は、予想を超える程度で現実のものになっている。

これに対する本質的な対策は、低地部、嵩上げ部の実需を増大させることであり、そのためには産業の育成や雇用の創出などが必要なことは言うまでもなく、それらはまちづくりの長期的課題である。一方で、当初から空き地の発生が予想されたので、まずは建物建設が行われる場所を可能な限り中心部に集中させて、コンパクトな市街地を実現することで賑わいと利便性を高め、復興まちづくりのモメンタムをつくり出すことが重要だと考え、その実現に最大限注力した。そのために、ここでも申出換地を使って早期の建物建設が見込める敷地を換地でできるだけ集約する方針を立て、二〇一四年七月から実施した換地意向確認調査では、中心部の商業・業務用地に換地を申出する者には建築期限を設定した。また、住宅については、嵩上げ部に使用収益開始時期の早い住宅早期再建エリアを申出区分に設定した（ただし、当該地に申出者は五人に留まる）。なお、土地区画整理法に規定のある住宅先行建設区についても検討したが、需要の変化に応じて範囲を見直すたびに事業計画変更手続きが必要であり、今回は任意の申出でその代替ができると考え、住宅先行建設区の導入は見送った。

こうした早期建設区画を集約する意向はまちづくりの側からの意向ということになるが、実は、これを裏返すと、当面利用計画のない土地もできる限り集約するということになり、そこは将来の宅地「予定」地として、現段階では積極的に造成に着手しないままにしておけば、実質的な事業の縮小が図れるようにも思われ、こうしたアイデアも議論されたことはある。しかしこの場合も、土地区画整理事業では民有地は使用収益できるかたちにして権利者に最終的には換地として戻すことが求められているため、こうした「予定」地は公有地としておく必要がある。実需の発生まで造成を行わず、意図的に事業を終了させずに延々と事業継続中にしたままにしておくことも考えられるが、無責任との批判は免れないだろう。

現状では嵩上げした中心部は、津波復興拠点事業と土地区画整理事業を組み合わせて用意した大小ブロックの市有宅地が賑わいを先導している。非嵩上げ部でも市有地で農地、産業用地としての利用が進みつつある。今後、固定資産税の減免措置がなくなる民有地でどれくらい建物建設が進むのか注目されるところである。

土地区画整理事業の今後の展開

換地手法で全域の移転を行うため、合意形成に相当の時間を要することが懸念されたこともあったが、換地計画上の不都合を事業計画へフィードバックして防災集団移転促進事業を導入したことや申出換地のルールを適切に定めることにより、全域の事業認可から一年半後の二〇一五年八月に最初の仮換地指定を行えた。当初八年間の予定だった事業期間は最終的には九年間となったが、最後の仮換地指定、引き渡しが二〇二〇年一二月に行われ、東日本大震災の被災地においては最大規模の復興区画整理事業もようやく完了した。

現状では嵩上げ部の未利用地が目立っており、過大な事業だったのではないかとの批判があることも承知している。程度の問題はさておくと、未利用地の存在自体がただちに負の遺産ということではなく、持続可能なまちを実現するためにはどのようなまちにも将来の変化に備えるためのリダンダンシーが必要であることを考えると、むしろまちの資源として捉えることも可能だろう。事業期間の長さから中心地での再建でなく、早期に中心地以外で自己再建された世帯が、次の建て替えの際に利便性に優れた中心部に戻ってくることがあるかもしれないし、コロナ禍にあって地方部への移住に対する関心が高まっていることから、今後はそうした需要もひょっとすると見込めるかもしれない。事業としての復興区画整理は終わっても、まちづくりが終わるわけではない。むしろ先にも述べたように、区画整理の本来の目的は宅地の整備であることを考えると、まちの再建は端緒についたばかりとも言える。とはいえ、未利用地が予想を超える程度となっているのも事実であり、この点は反省すべき点のひとつと言わざるを得ない。ただ、土地区画整理事業の評価にはもう少し時間が必要なようにも思う。

一方で、今回の復興を通じて、土地区画整理事業という現在の事業制度の限界が露呈したことも事実である。近い将来に想定されている南海トラフや首都直下などの地震災害からの復興時にも、やはり土地区画整理事業は復興の少なくとも主要な事業手法のひとつとなるに違いない。そのときに備え、今回の経験を踏まえて、今のうちに、より使いやすいものにできないか検討しておくことは非常に重要である。

所有者不明土地の問題や起工承諾（4章参照）については、震災からの復興時も考慮した改善の検討がすでに進んだが、他にも、換地照応の原則の下で可能な限り自由な飛び換地を行えないかどうか、かつてのまちの記憶を残すような細街路の設計がもう少し容易にできないかなど、検討すべき課題は少なくない。とりわけ重要な検討課題は、事業の縮小や見直しが比較的容易に可能となる手続き制度の再設計であろう。まだまだ漠然としたイメージだが、いわば「伸び縮み可能な」区画整理といってもいいかもしれない。新設の高台への移転を目的とした土地区画整理事業は、人口に比して宅地が過大となる宿命を有しており、事業のどこかで宅地を縮小することは事業論の観点からも合理的である。その一方で、個人の権利を操作する区画整理では、民主的な手続きも疎かにはできないので、状況に対応した柔軟性と適正な手続きのバランスをどのようにとるかはなかなか難しい課題である。事業計画の柔軟な変更が難しいとすれば、区域の伸び縮みを事実上吸収できるようなランドバンクの導入を考えることも一案ではないかと思う。いずれにせよ、人口減少時代の復興事業には、大きな将来イメージを共有しつつも、計画と事業が相互に呼応しあう新たな「計画／事業」制度が求められている。

Section 5

土地の未利用問題とその対応

永山 悟 前出

前節でも触れた土地の未利用問題は、市の最大課題のひとつである。それと同時に、事業のほぼ全額が国の復興予算で賄われている以上、全国民的な課題とも言えるため、この課題を整理しておくことは重要である。ここでは前節を補足するとともに、現在進めている課題解決に向けた取り組みも紹介する。

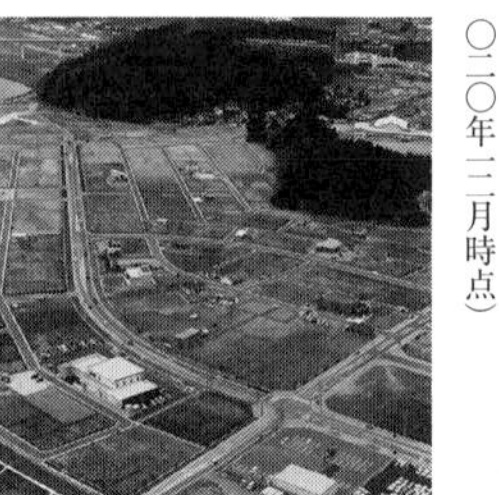
高田地区嵩上げ部西側の様子（二〇二〇年一二月時点）

土地利用の現状

土地区画整理事業における土地利用率の問題は、復興の目処がついてきた震災後一〇年前後からマスコミに取り上げられることも多く、東日本大震災からの復興における関心の高いトピックとなっている。陸前高田市における土地利用率と比較すると、表1のとおり二〇二〇年一二月時点で三七％であり、他自治体より低い状況となっている（なお、陸前高田市土地利活用促進会議（後述）で公表している土地利用率は嵩上げ部と平地部を対象としており、利用予定も含め四七％となっている）。

前節で述べられた土地未利用の要因は土地区画整理事業の観点からのものであり、おおまかには、①高台移転という選択肢を用意するため人口に比べて宅地が過大にならざるを得なかった、②照応の原則により利用未定地も嵩上げに換地する必要があった、③スピード最優先の中で大規模な土地

表1　県内の土地区画整理事業における土地活用状況（2020年12月末時点、出典:国土交通省・東日本大震災による津波被害からの市街地復興事業検証委員会第5回（2021年3月4日）参考資料をもとに筆者作成）

市町村名	宅地面積（ha）	土地活用済（ha）	割合
野田村	9.2	8.6	93%
宮古市	28.3	17.5	62%
山田町	31.3	17.5	56%
大槌町	33.0	22.4	68%
釜石市	70.3	42.0	60%
大船渡市	19.7	14.6	74%
陸前高田市	117.2	42.8	37%

表2　陸前高田市の再建世帯の内訳（単位:世帯、2022年1月末時点。出典:市資料をもとに筆者作成）

	区画整理事業	防災集団移転促進事業	公営住宅	がけ地近接等危険住宅移転事業	自力再建（市内）	市外再建	今後再建予定	計
世帯数	301	425	560	119	1,111	566	26	3,108
割合	10%	14%	18%	4%	36%	18%	1%	100%

表3　被災3市町の仮設商店街整備時点（第3段階）被災事業者の分散と集積（商工会議所、商工会の会員が対象。出典:長坂泰之、高橋誠司「復旧・復興の商業まちづくりに関する調査」（岩手県山田町、大船渡市、陸前高田市の三市町の被災事業者向け）2019年）

項目	山田町		大船渡市（大船渡地区）		陸前高田市（高田地区）		合計	
	事務所数	割合	事務所数	割合	事務所数	割合	事務所数	割合
被災市街地で店舗改修などをして営業	31	19.0%	0	0.0%	0	0.0%	31	6.0%
仮設商店街（集積）で営業	64	39.3%	46	29.3%	21	10.6%	131	25.2%
仮設商店街以外（非集積）で営業	31	19.0%	36	22.9%	128	64.3%	195	37.6%
休業中	15	9.2%	57	36.3%	10	5.0%	82	15.8%
被災市街地外で営業（復興済み）	22	13.5%	18	11.5%	39	19.6%	79	15.2%
震災後に途中廃業	0	0.0%	0	0.0%	1	0.5%	1	0.2%
合計	163	100.0%	157	100.0%	199	100.0%	519	100.0%

区画整理事業の見直しが困難だった、などに整理される。

区画整理以外の複数の要因

それらに加え、区画整理関連以外の要因として、例えば次の三点が挙げられる。

ひとつは、他の被災地と比べて自力再建世帯が多い点である。市内の再建世帯の内訳を見ると（表2）、区画整理事業での再建が一〇％なのに対し、自力での再建は三六％と、大きな割合となっている。もちろん自力再建世帯のすべてが土地区画整理事業の対象というわけではないが、一定数が土地区画整理事業を待たずに自力再建を選択したと考えてよいだろう。これは、陸前高田市の被災規模が大きく事業に長期間を要したこともあるが、住民の市外流失を避けるため、市が独自の補助金（例えば敷地造成支援事業補助金や道路工事費補助金など）により自主再建を促したことも大きいと考えられる。自主再建で区画整理事業区域外に住宅などを再建すると、当然、事業区域内に所有していた宅地はほとんどが利用されないまま残ってしまう。

二つめは、市街地へ戻らない選択をした事業所が多い点である。5章で述べるように、陸前高田市は他の被災地に比べて市街地以外に分散して仮設店舗・事業所を構えた事業者が多かった（表3）。そうした事業者は、業種にもよるとは思うが、新しくなった市街地付近に事業所を本設しないと事業上不利、というものでもない。したがって、比較的費用のかからない仮設施設をそのまま利用するという選択をした事業者が多く、それが土地の未利用につながっていると考えられる。

三つめは、そもそも犠牲になった方の割合が大きい点である。市の浸水域人口に対する犠牲者数の割合は一〇・六四％であり、これは被災地の中で最も高い（左図）。地権者が亡くなると、その権利は相続人に移るが、相続人が同居家族とは限らず、市内に住んでもいないこともあるため、利用されない割合は高くなってしまう。

このように複数の要因が重なった結果、未利用の土地が多い状況となっていると考えられる。

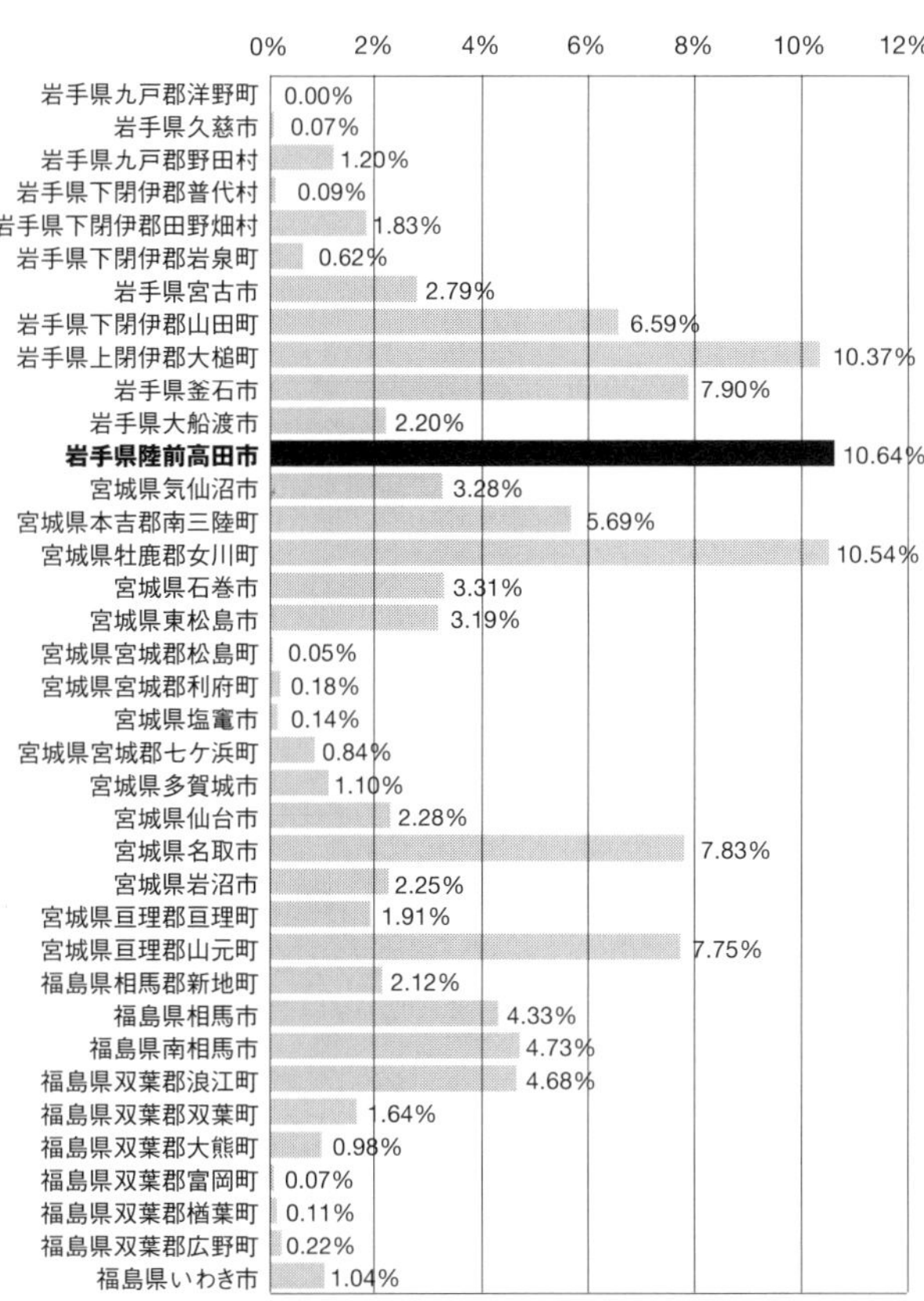

浸水域人口あたり死者・行方不明者数（「陸前高田市東日本大震災検証報告書」より）

空き地のデータベース化や働きかけ——土地利活用促進の取り組み

土地の利用率が低いのは事実だが、重要なのは、現状を悲観するのではなく、むしろ「今後利活用しうる安全な宅地が豊富に存在する」とポジティブに捉え、解決に向けた取り組みを続けていくことである。

市でまず取り組んだのは、空き地のデータベース化である。土地利用を進める基本は民民による土地取引を促すことだが、土地区画整理事業中は土地が仮換地の状態であるため、登記情報が法務局で確認できない。それを解決するため、行政版不動産（土地）情報サイトの「土地利活用促進バンク」を二〇一九年一月に開設した。さらに、二〇二一年秋には仲介する宅建業者と希望土地取引価格も掲載するようにし、より使い勝手のよいものとした。

また、土地バンクで整理した土地情報をもとに、地方での事業展開や移住に関心のある企業や人への働きかけを行った。これに関しては、やはりなかなかうまくはいかず、URにも協力してもらいながら全国や東北エリアの企業などにアプローチを行ったが、前向きな姿勢を示す企業は今のところほとんど出てきていない。ただし、市とつながりのある企業や、近隣自治体からの移住希望者などでマッチングがうまくいく例もあり、土地利活用の取り組みを始めた二〇一八年以降、計三六件、約一・八ヘクタールのマッチングが実現したところである。

一方、そうした直接的な取り組みと並行して市街地の魅力を高めることも重要である。「まちなか広場」では約月一回の頻度で「ほんまるまるしぇ」が開催され、商店街組合「高田まちなか会」では中心市街地の店舗の魅力を紹介するウェブサイトを開設している。

なお、以上のような取り組みを支える体制づくりも意識して行っている。市とUR、商工会、後述するまちづくり会社による定例会で情報共有・進捗確認を行うとともに、復興庁や国交省、県、金融機関なども交えた「土地利活用促進会議」を二〇一八年以降年一～二回開催し、関係機関で知恵を出し

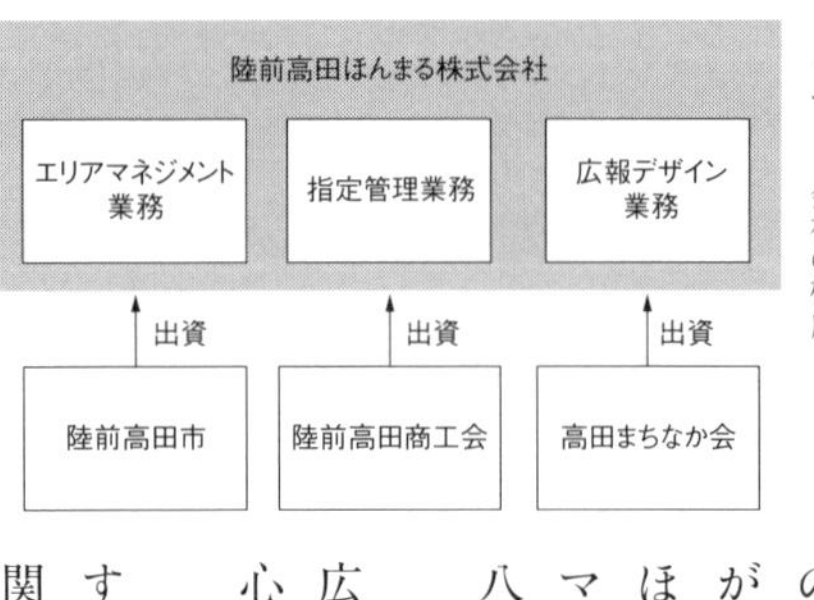

まちづくり会社の構成

合いながら課題に取り組んでいる。また、より実践的に土地利活用を進めるため、まちづくり会社として「陸前高田ほんまる株式会社」を、商工会、まちなか会、市が出資して二〇一九年六月に設立した。現在、土地の相談窓口や中心市街地のエリアマネジメントなど、まちづくりに不可欠な存在となっている。

ここで紹介した土地利活用促進の取り組みは、すぐに成果が出るものではない。ただ、より魅力的なまちにしていくには不可欠であり、今後も継続していくことが重要である。また、今後、別の災害復興においても、似たような土地に関する課題が生じることも予想されることから、復興事業の段階からこうした対策を想定しておくことも重要であろう。

Column

復興のシンボル「奇跡の一本松」

東日本大震災の大津波により、7万本と言われた高田松原の松林は、ほぼすべてが押し流された。唯一残った松は「希望の松」とも呼ばれ、民間団体により保護作業が続けられたが、2012年5月に枯死が確認された。

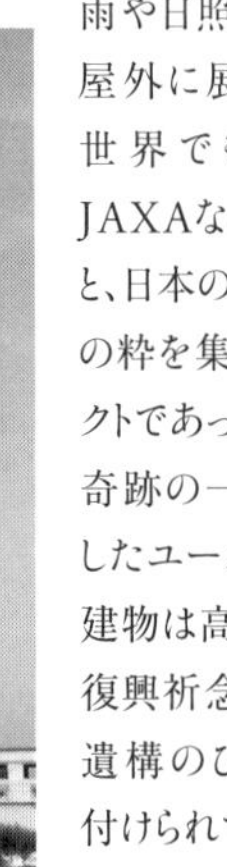

震災直後から陸前高田市の復旧・復興のシンボルとして認知されていた一本松を保存したいという市民の意向を受け、農林課から都市計画課に担当が移って、保存プロジェクトがスタートした。基本方針は、①税金を投入しない、②できるだけ元の姿で保存する、であり、①国内外からの募金を集め、②防腐加工などを行ってモニュメントとして保存するとの方法が選択され、2012年9月から国内のいくつもの専門業者の手により、加工作業が行われ、2013年6月に元の場所に設置された。

募金は、被災していない自治体に広報掲載を依頼。その結果幼稚園児からお年寄りまで、全国各地の個人・団体によって目標の1億5000万円が寄せられ、「アンパンマン」の作者やなせたかし先生やアメリカの俳優ジョン・トラボルタさんからも支援や応援のメッセージが寄せられた。

高さ27mもの自然木を加工したモニュメントを、風雨や日照にさらされる屋外に展示するのは世界でも例がなく、JAXAなどの協力のもと、日本の最先端技術の粋を集めたプロジェクトであった。

奇跡の一本松と被災したユースホステルの建物は高田松原津波復興祈念公園の震災遺構のひとつに位置付けられている。

2019年9月に復興祈念公園の一部が先行オープンした際には、高円宮妃久子殿下らにより後継樹が公園内に植樹された。

一方、震災から10年が経った2021年3月23日、名古屋市の東山動植物園に奇跡の一本松の後継樹（接ぎ木）が植樹された。この日は、10年前に名古屋市職員3人が初めて陸前高田市に入った日で、以降、名古屋市からは10年間で250人の応援職員が派遣されるなど復興に多大な支援を受け、民間も含めた交流が続いている。名古屋市では3月23日を「絆の日」としている。

［山田壮史］

Chapter 4
前例のない大規模工事

山を切り崩して高台を造成し、その土を利用して嵩上げ市街地を建設する。陸前高田の市街地再建を文章で書けばこれだけのことだが、これを前代未聞の規模で、しかも限られた時間で実行しなければならないとなると、話は大きく変わってくる。復興事業の中核である土地区画整理事業は高田地区、今泉地区あわせて300ヘクタール近く、総土工量は1200万立方メートルにも及ぶ。本章では、この土地区画整理事業を、計画決定から宅地の最終引渡しまでいかにして九年間でやり遂げることができたか、そのために考えられた事業、施工上の特筆すべき「工夫」を紹介する。

Section 1

事業期間短縮への努力

山田壮史 前出

市の復興計画のうち、土地区画整理事業で「換地方式」による高台移転を行う高田地区・今泉地区は、相対的に時間がかかることが想定されていた。実質与えられた期間は七年三か月。通常の手法では絶対に終わらないとされる中で採用されたのは、「段階的認可」と「高台の先行買取」だった。

造成工事の開始とスピードアップ

二〇一三年三月、復興土地区画整理事業による最初の工事である、高田地区・高台2の伐採工事が始まった。以後、二〇二〇年度まで八年間にわたる、高田地区・今泉地区の宅地整備（高台造成および嵩上げ工事）のスタートであった。

復興まちづくり事業の最優先事項は「スピード」であった。陸前高田市の旧市街地は壊滅的な被害を受けたため、プレハブの仮設住宅や仮設店舗の多くは旧市街地から離れた周辺地区に点在し、六〇〇〇人もの市民が不便な生活を強いられている状況であった。

高田地区・今泉地区以外の被災地区は、防災集団移転促進事業による高台造成地への住宅再建を目指したため、造成地、宅地とも「買取方式」で比較的早い住宅再建ができる見通しであったが、土地区

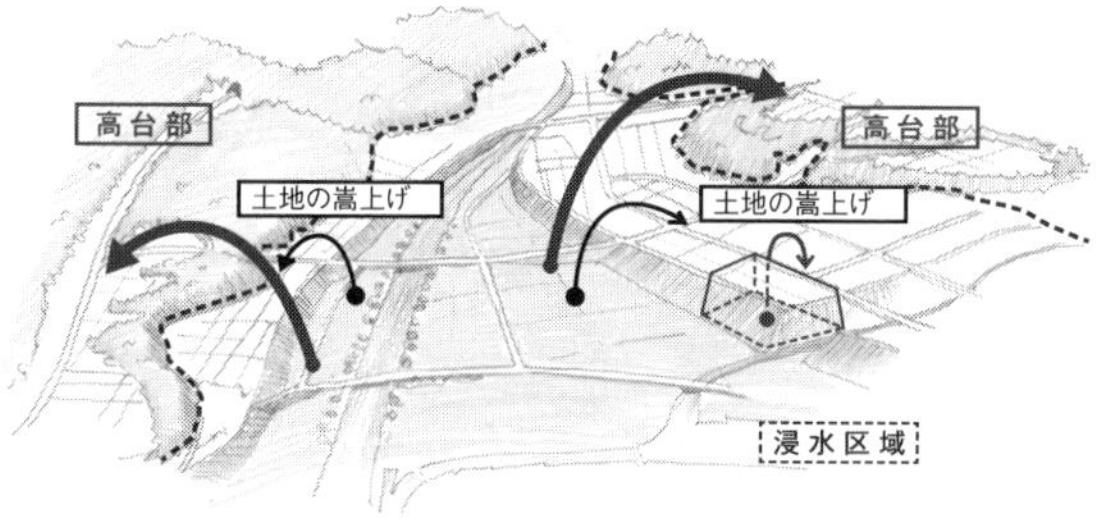

画整理事業で高台移転を行う高田地区・今泉地区は、「換地方式」で相対的に時間がかかることが想定されていた。市の復興計画は二〇一一年度から二〇一八年度までの八年間であったが、計画決定は二〇一一年一二月であり、実質与えられた期間は七年三か月。通常の土地区画整理事業の手法では絶対に終わらないスケジュールであり、期間を短縮する方法が急務であった。

そこで採られたのが、「段階的認可」と「高台の先行買取」であり、また、工事の施工にあたっても様々な工夫が行われた。

「飛び換地」のイメージ

「飛び換地」と高台造成工事

高田地区・今泉地区の土地区画整理事業の特徴のひとつに、被災した市街地から高台へ申し出による「飛び換地」を行ったことが挙げられる。「飛び換地」は概念としては新しいものではないが、平地と高台の間で、そしてこれだけの規模で行われたのはおそらく全国でも初めてではないだろうか。

陸前高田市の土地区画整理事業は、大まかに言って「高台造成で削った土砂で、被災市街地を嵩上げする」という仕組みであり、高台での住宅再建を希望する地権者も多かったことから、いかに高台の工事着手を早めるかがポイントであった。工事着手の前提として事業認可が必要であるため、区域全体の事業計画ができてから認可を取るのではなく、部分的に高台から認可を取り、被災した市街地（嵩上げ部と低地部）の区域は、後から追加して変更認可を取ることとした。同時に造成する高台の山林は、地権者に換地で戻すのではなく、市が買収して市有地にした上で、嵩上げ部や平地部に換地する方法を取った。これが「高台先行買取」の仕組みである。

土地開発公社と用地交渉

高台の先行買取の事務は、市の土地開発公社が担った。土地開発公社は、「公有地の拡大の推進に関する法律」に基づいて設立された特別法人で、公共事業等に供する用地を先行取得するために設立されるものである。多くの自治体では工業団地の造成などにこの手法が採られており、復興まちづくり事業でも活用された。

陸前高田市では、津波復興拠点整備事業で山林を造成して整備した高田北地区西区が公社による買取であり、土地区画整理事業よりも大幅に早く進められた。一方、土地区画整理事業では、換地により土地を再配置することから、用地の買取交渉の業務は基本的には発生しないが、陸前高田市の場合は、高台の土地の買取と立木の補償交渉、そして次節で述べる「起工承諾」のために、多くの用地担当職員を必要とした。

陸前高田市の土地開発公社は、専任の職員はおらず財政課職員が兼任していたが、こうした用地交渉などの事務を行うため、都市計画課（後に市街地整備課）職員が土地開発公社職員を兼任した。ここでも、もともとの陸前高田市職員はごく少数であり、岩手県や福岡市、神奈川県大和市などの他の自治体からの支援職員と県・市の任期付職員がほとんどであり、算定業務などを委託した民間コンサルタントと協力しながら、「時間との戦い」が求められる業務にあたった。

後に起工承諾の際にも行われたが、都市計画課（市街地整備課）内には高台の土地の区画が示された地図が貼られ、買取交渉が整うとその区画を塗りつぶして進捗がわかるようにした。買取交渉には近道はなく、地道に一人ひとり足を運んで説明し、高田・今泉地区合わせておよそ二四〇名の高台の地権者との交渉をまとめた。

ほとんどの地権者は買収に応じてもらえたが、中には先祖伝来の山林への愛着から応じてもらえず最終的に換地で合意したり、中には遠隔地の地権者もいたりと、用地担当職員の労苦と地権者の協力なしには、高台の先行買取は実現しなかったことは強調しておきたい。

高田地区高台3での埋蔵文化財調査

高台工事の進捗と埋蔵文化財調査

こうした経過を経て、高田地区では、二〇一二年九月に高台2および3、二〇一三年一〇月に高台4～7の事業認可を得たが、この流れの中で高台3、高台4については「埋蔵文化財調査」の問題に直面することとなった。事業を進める側としては、スピードが最優先である復興工事においては、こうした調査で造成工事に遅れが出ることは遺憾であるが、一方で地域の歴史や文化をないがしろにできないということももちろんだった。結果として「板挟み」状態の中で、一部の地区では工期の二年延長という苦渋の決断をせざるを得なかった。

いずれの高台も本調査が必要で、特に高台3は高田城跡地であり、ある程度は予想していたものの、調査箇所は地区の中心部で、工事行程に大きく影響することになった。高台3は中心市街地に近く希望者が多く、この地区の工期の延期は忸怩たるものがあった。

高田地区高台2（造成中。二〇一五年八月）

高田地区高台2（完成後。二〇一六年九月）

高田地区高台3（造成中）

高田地区高台3（完成後。二〇二二年三月）

今泉地区高台（造成中。二〇一六年九月）

今泉高台地区（完成後。二〇二一年四月）

こうした中でも、URをはじめとした工事担当者は地区を分割して造成・引き渡しを行う方法を考え、高台3は、文化財調査の進捗に合わせて、東側半分が二〇一六年九月に、西側半分が二〇一八年一月に引き渡しを行うことができた。

今泉地区の高台造成と三陸沿岸道路

今泉地区の高台住宅地の造成は、震災前から計画があった三陸沿岸道路の工事と一体として進められることになった。約六〇ヘクタールという大規模な切り土工事を迅速に進めるため、4節で述べるように今泉地区から高田地区へは巨大ベルトコンベアによる土砂運搬が行われたが、事前調査の想定を超える硬岩の出現による掘削工事の遅れは、そのまま三陸沿岸道路の開通の遅れにつながった。

今泉地区では、当初計画では、最も早い高台5、6、7で二〇一六年中ごろの引き渡しを予定したが、二〇一七年七月の引き渡しになり、また、道路用地部分の南三陸工事事務所への引き渡しは、二〇一七年一〇～一一月になった。三陸自動車道の陸前高田インターと長部インターの間（六・五キロメートル）には、気仙川大橋（延長四三八メートル）、今泉トンネル（七〇六メートル）といった構造物もあり、大規模な工事となったが、二〇一八年七月に開通した。

岩手県内で被災した公立学校としては最後の再建となった気仙小学校が二〇一九年一月に開校して、現在は住宅再建も進み、今泉地区の高台は、陸前高田市の復興まちづくり事業の中でも、最も大きく景色が変わった地区のひとつである。

Section 2

二〇〇〇人の起工承諾取得

山田壮史 前出

嵩上げ工事の早期着手が求められていた土地区画整理事業は、所有者の同意がなくとも工事が可能となる「仮換地指定」を待っているわけにはいかなかった。そこで、土地の使用や工事への地権者の同意（民事上の契約）である「起工承諾」という手法が採られ、膨大な地権者との交渉が始まった。

全員への「起工承諾」

高台住宅地の造成と並ぶ土地区画整理事業のもうひとつの柱は、新しい市街地整備のための嵩上げ工事であり、住宅のみならず店舗・事業所や公共施設の再建に直結するため、地権者はもちろん、市民の関心も非常に高かった。

二〇一二年一〇月に公表した土地利用計画では、高田地区においては海抜八〜一〇メートル程度、今泉地区では八メートル程度に嵩上げし、東日本大震災クラスであるレベル２の津波に対しても、ＴＰ一二・五メートルで整備する高田海岸防潮堤と合わせて、市街地が浸水しないような想定となっていた。

二〇一二〜二〇一三年度の二か年で、被災した旧市街地は、残存建物や地下埋設物の撤去が進められほぼ更地の状態になっていたが、それだけではまだ嵩上げ工事を始めることはできなかった。それは、一見、利活用できない土地であっても、ほとんどが民有地（私有財産）であり、地権者の承諾なく工事することはできなかったためである。

土地区画整理事業では、「仮換地指定」を行えば所有者の同意がなくても施行者が工事を行うことができるが、「仮換地指定」を行うには、従前・従後の評価が同一になるように、また、「照応の原則」などのルールに基づいた複雑な換地設計を行って、区画整理審議会の同意を得るという膨大な事務があり、原則でいけばこの事務が終わるまで工事ができないことになる。そうなれば、ただでさえ七年三か月という圧倒的に短い事業期間の中で、さらに工事に充てられる期間が短くなってしまう。そこで採られた手法が「起工承諾」であり、これは、土地区画整理法に基づく手続きではなく、土地の使用や工事に対する地権者の同意（民事上の契約）である。

しかし、すべての地権者から一括で承諾を得る手続きや、一定割合の地権者から承諾を得れば全体の使用が可能になるような手続きではなかったこと、言い換えれば全員から個別の承諾が必要であり、高田地区・今泉地区合わせて約二〇〇〇人に上る対象地権者一人ひとりから承諾を得る必要があった。

「試験盛土」と起工承諾の進捗

承諾を無秩序に虫食い的に得られても、面的にまとまっていなければ工事ができないことから、起工承諾の取得においては、「順番」という戦略が重要だった。

嵩上げ工事を始めるにあたっては、高田地区の盛土は、設計上は地盤強度などの問題はないものの、自重で沈下するため一定期間の沈下観測が必要であった。そこで、地権者の数や居住地等で同意の得やすさを見ながら、「試験盛土」として先行的に盛土を行う区域を数か所決め、この区域の「起工承諾」を優先して取ることとした。震災前から事業実施中であった「奈々切・大石地区土地区画整理事業」の区域も、地権者や土地のデータが最新であることから対象とした。

震災から一年九か月、嵩上げ部の土地区画整理事業認可に先立ち、二〇一二年一月には、被災市街地での最初の試験盛土（嵩上げ）工事が、現・下和野災害公営住宅用地で始まった。

次に嵩上げの優先順位が高かったのは、高田地区中心部の商業集積地（現在のアバッセたかたおよびその周辺）として整備しようとする約一九ヘクタールで、地権者約四〇〇人の承諾を得ることを目標とした。

その後二〇一三年八月および一一月に開催した高田地区・今泉地区の土地区画整理事業の事業計画などの説明会では、起工承諾についても改めて地権者へ協力を呼びかけ、約二〇〇〇人の地権者から、郵送および訪問により承諾を得る作業が本格化した。しかし、この時点での用地担当職員は六人で、九割方は郵送で承諾を得られたものの、遠くは九州へ訪問するなど、承諾作業はこの時期の業務の大きな比重を占めた。用地担当職員は、都市計画課の壁に対象区域の白地図を貼り、承諾を得た土地は色を塗り、進捗が見えるようにして士気を高めた。

仮換地指定に係る要望活動が一定の成果

二〇一三年度には、沿岸各地の被災市町村で復興事業が本格化していたが、事業進捗とともに用地取得問題が顕在化していた。用地交渉の難航や登記簿上の地権者が江戸時代の名前になっているなど、防災集団移転促進事業による移転先用地や防潮堤・水門などの公共事業用地の取得にも支障が出ていた。

陸前高田市の土地区画整理事業における起工承諾は、これとはやや趣を異にしていたが、沿岸市町村が足並みを揃えて、住民の署名を集め、国に対して土地法制の特例制度の要望活動などを行った。

下和野地区、盛土工事（二〇一三年三月）

この結果、二〇一三年一〇月に復興庁が用地取得加速化プログラムを公表して、収用手続きの短縮化を打ち出したが、工事のための土地の使用の特例は盛り込まれず、土地区画整理事業の迅速化にはつながらなかった。

そこで、陸前高田市では国会議員にも働きかけるなどして、復興事業に係る一時的な借地権の設定を国に要望したが、憲法に規定された財産権の保障との抵触を理由に、実現には至らなかった。

しかし、こうした要望活動が一定の効果を上げ、国土交通省から二〇一四年一月三〇日付けで都市局市街地整備課長通知「津波被災市街地における土地区画整理事業による嵩上げ等の工事の早期着手に向けた仮換地指定に係る特例的取扱いについて」が発出され、工事のための二段階の仮換地指定が認められた。これは、本来は換地計画・換地設計ができた後になされる仮換地指定を、第一段階は現位置で行って工事に入り、換地設計ができた時点で第二段階（本来）の仮換地指定を行ってよいとするものである。これにより、形式的に仮換地指定を行って工事の施工ができるという構図となっている。

しかし、「換地設計を行う前に工事ができる」という時間的なメリットはあっても、仮換地指定を行うにあたって土地区画整理審議会に諮問することや、第一段階（現位置で）の仮換地指定通知を対象地権者に送付するという手続きは省略できず、事務手続きが飛躍的に簡略化されることにはならなかった。

このように、市が当初要望したような制度は実現できなかったが、国土交通省通知は一定の成果を挙げたとは言える。

嵩上げ工事の進展

高田地区・今泉地区の地盤は、気仙川の河口に形成された砂地が多い地質であり、軟弱性の懸念が

中心市街地の造成工事（二〇一七年三月）

あったことから、綿密な地質調査とそれに基づく工法の検討が行われた。ボーリング調査はおよそ二〇〇メートル間隔で、高田地区五〇か所、今泉地区一八か所で行い、これに基づき、法面部分の地すべり対策の地盤改良（地盤強度の補強）工事を行った。

また、盛土工事はGPSを使った管理システムを用い、二〇トン振動ローラーで一か所当たり三往復するなど、最先端の技術や知見をもとに行い、工事の進捗状況については、市議会や地権者、マスコミへの見学会を行うなど、市民の安心感を醸成するための丁寧な説明を行った。

嵩上げ工事の対象地域は、現に居住している住民がいないという点はメリットだったが、そこより上の高台の住民の生活道路の確保や上下水道など社会インフラを確保しながらの複雑な工事展開を求められ、工事関係者の苦労と市民の不便の甘受のもとで、なんとか進展させることができた。

震災から六年が経った二〇一七年四月、嵩上げされた中心市街地の最初の建物である商業施設「アバッセたかた」のオープンは、復興の大きな節目であり、市民が待ち望んだ新しいまちのシンボルとして大きな喜びをもって迎えられた。そして、その年の八月七日、それまでの六年間、コースの制限を受けながら高田町内をめぐって来た「うごく七夕」一〇基は、アバッセ前の「七夕ロード」に集結を果たした。

Section 3

復興CM方式による新たな試み

村井 剛　独立行政法人都市再生機構（UR都市機構）

復興を取り巻く施工環境では、被災市町や地元建設業界の圧倒的な技術者不足、近隣復興事業との膨大な輻輳工事調整、日々の仮設物などの条件変更、そして労務資機材の逼迫、物価高騰などによる調達遅延が懸念された。また、被災者の意向変化で全体の事業計画がすぐに決定するとは考えられず、できるところから整備を進めることは必至であると想定できた。

復興CM方式の導入

施工上の様々な課題に対応するため、二〇一二年八月の陸前高田市議会全員協議会での説明を経て、復興CM方式導入の方向性が定まった。これは事業発注者（この場合UR）の業務の一部である建設プロジェクトのマネジメント部分を民間企業に委ねる方式で、いくつかのシステムを複合的に導入している。主なものを示すと以下のようになる。

①発注者側の技術者不足に対応するため、設計・工事施工に関する発注者側の工事間調整や設計協議など、URが担っていたマネジメント業務の一部、いわゆるCM業務を発注に含めることとした。

＊――工事において施工業者のコスト（外注費、材料費、労務費等）とフィー（報酬）をガラス張りで開示する支払い方式

＊＊――工事費用を施工業者に支払う過程において、支払金額とその対価の公正さを明らかにするため、施工業者が発注者にすべてのコストに関する情報を開示し、発注者または第三者が監査を行う方式

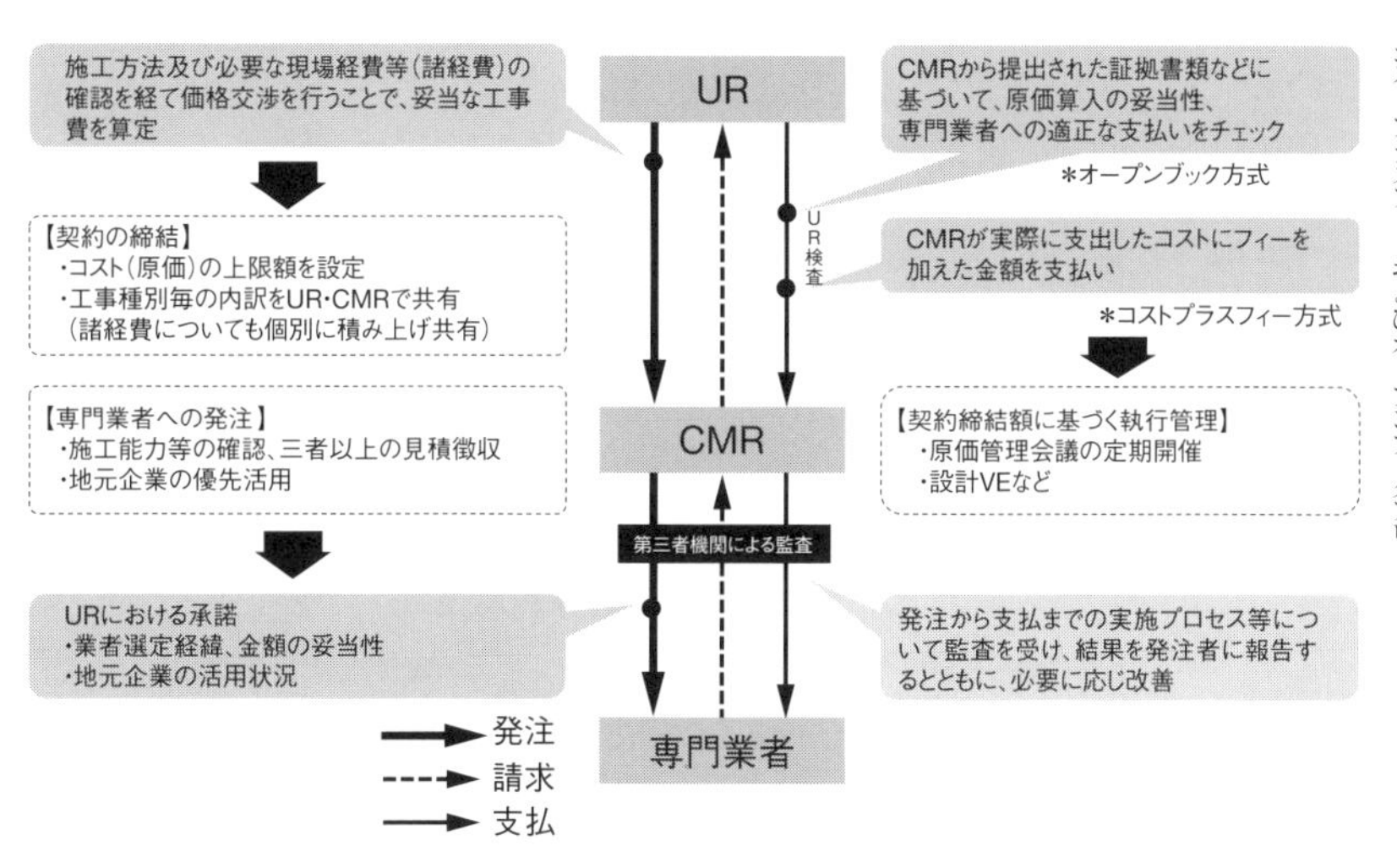

コストプラスフィーおよびオープンブックフロー

②物価高騰による労務資機材調達遅延の防止や多くの輻輳工事間調整などによる施工環境の変化へ対応するため、コストプラスフィー契約*を導入した。

③コストの適正さを確認するためにオープンブック方式**も併用している。これは支払いの証拠書類をすべてチェックするなどして専門業者への適正な支払い、経費を含めたコスト内容の適正さ、そして透明性を確保するためのものである。また初めての試みであることからより透明性を確保する目的で、第三者機関による監査実施も取り入れている（上図）。

④コンストラクション・マネージャー（CMR）が専門業者を選定する際の取り決めとして「専門業者選定に関する確認書」を締結し、地元企業の活用方法や選定基準、選定フローなどの詳細について取り決めている。②で述べた専門業者との契約に係るURの承諾行為も、この確認書で明記されている。

⑤調査・設計・施工を一体的に発注することで契約手続き期間の短縮を図るとともに、CMRのマネジメントにより調査・設計段階から民間技術力を最大限に引き出し、効率的な事業推進を期待したものである。

陸前高田市から事業を受託したURが総合調整などをしながら換地、測量、事業計画といった業務についてはURが自ら実施し、設計・工事に関連した業務については、URの総合調整のもとマネジメント業務の一部について

復興CM方式の実施体制

市町　事業主体

計画策定の受託、事業実施の受託

【工事実施体制】

【換地等施体制】

都市機構　現地復興支援事務所など

マネジメント契約、工事請負契約
（復興CM方式による契約）

CMR　コンサルタント・ゼネコンJV

CMRによる専門業者選定、都市機構の承諾

（調査・測量）　（設計）　（工事施工）

調査会社　測量会社　設計会社　設計会社　建設会社（地元活用）　建設会社（地元活用）　建設会社（地域外とのJV）　建設会社　建設会社

地元企業の優先活用

建設コンサルタントなどに
適宜発注

計画　換地　補償

選定プロセス（公募型プロポーザル方式）

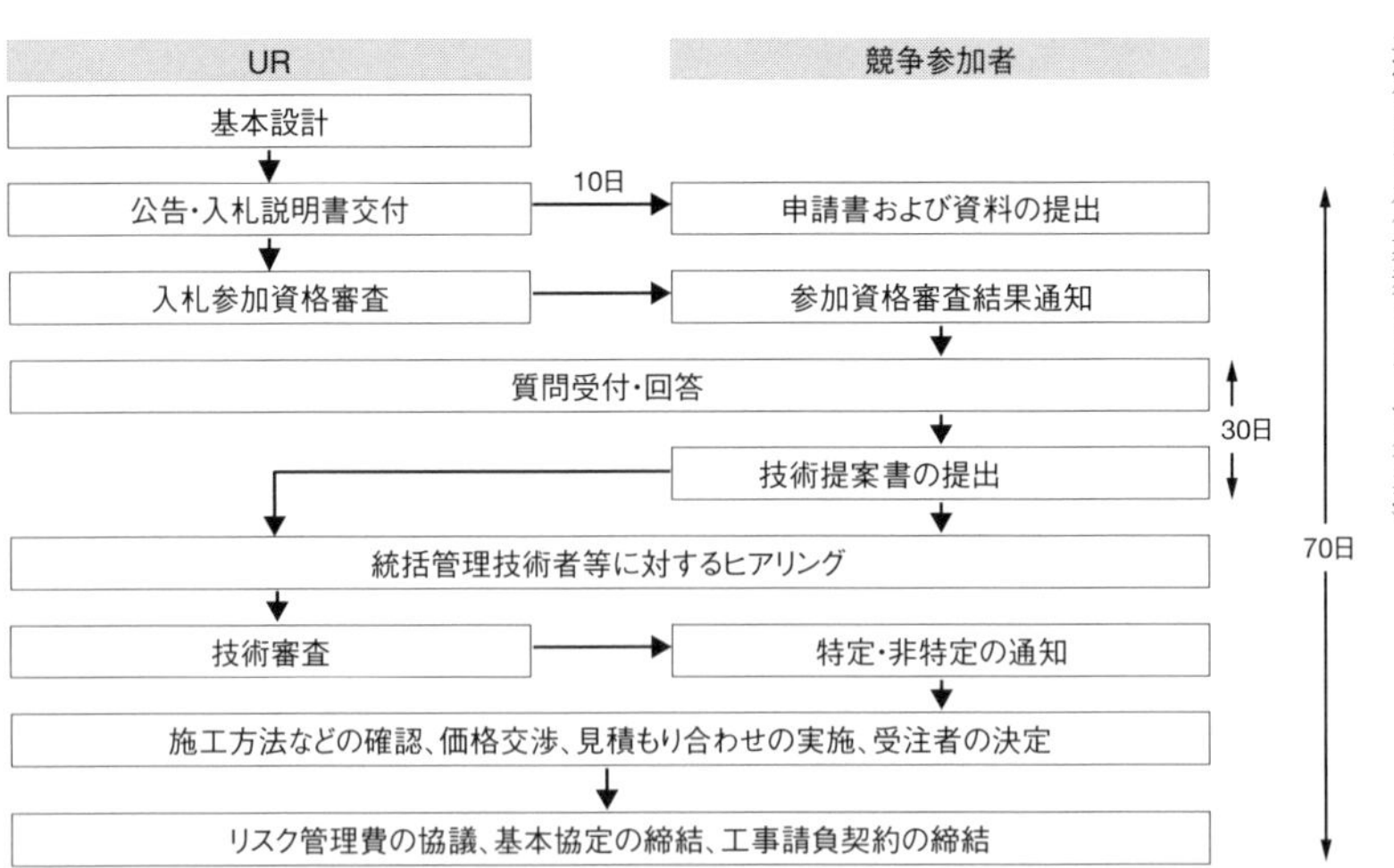

復興ＣＭ方式として発注するかたちとなっている。実施体制を図に示す。ＣＭＲの選定プロセスは図に示すとおりである。公募にあたっては公募型プロポーザル方式で行っており、ＣＭＲを統括する立場として配置予定の統括管理技術者へのヒアリングを含め、官報公告から約七〇日間を要し、二〇一二年一二月にＵＲと清水建設ＪＶとで契約を締結した。

効果と課題

・マネジメント業務の発注

発注者であるＵＲがマネジメント業務を発注したことで、何より発注者側の技術者不足をカバーすることができたとともに、民間企業のもつ技術力を生かして、調査・設計段階から工事展開に合わせた仮設道路、安全対策などの仮設設計や迂回路の設計など、少なくとも手戻りの回避につながった。また施工中においても、各種調整会議に参加することで調整内容を速やかに施工展開へ反映、輻輳工事間調整により頻繁に起こる工事条件の変化を臨機に施工へ反映し、工程ロスの少ない施工展開につながっている。

一方で、発注者側のマネジメント業務を担うことは、ＣＭＲにとってもそれまでの経験が少なく不慣れな業務であったことから、契約当初は決して円滑な業務状況だったとは言えず、軌道に乗るまでは発注者側の支援や指導が不可欠であった。

発注者側としては、今まで行っていたマネジメント業務をＣＭＲに委ねることへの不安から受注者を信用しきれない思いもあり、重複して業務を行うなど不効率な業務執行となる場面も多く見られたことは大きな課題である。またＣＭＲ内部に目を向ければ、ゼネコンとコンサルタントのＪＶであったことから、契約当初はコミュニケーション不足や考え方の違いなどで連携が不十分な場面も見られ、一体感をもって遂行するには時間を要したことも事実である。

こういったことからも、発注者側の意識改革とＣＭＲ側のマネジメント経験の積み重ねは大事である。

・コストプラスフィー契約の導入

想定したとおり、労務および資材の逼迫による物価高騰が生じた。筆者の経験で言えば、二〇一二年度を基準とすると二年後の二〇一四年度には約二割の物価高騰が生じた。この影響を受けて、契約額の観点で増額が目立ったものは、森林の伐木および処理費用、交通整理員の単価増や路盤材である砕石などである。さらには、コンクリートの出荷制限による工程見直しから生じた経費増や、二次製品を使用せざるを得なくなることによる単価増、逼迫に伴い遠隔地から調達することでの単価増などもあった。

また、同時並行で多くの復興事業が行われており、他事業者による輻輳工事との関係で、日々の状況変化を反映した工事用道路や安全対策などの変更も生じ、これらに伴う仮設費用の増額もあった。さらに、地元企業の活用推進を図るにも限界があり、全国からの専門業者手配が必至となる中では、作業員宿舎などの段階的増築や現場までの連絡車両増などによる工事費増も避けられなかった。

このような環境の中では、標準請負約款におけるスライド条項*や官積算**における率計算では対応に限界が生じていたと考えられ、コストプラスフィー契約にしたことでこれら復興環境にあった支払いが可能となり、調達遅延などの防止につながったものと考える。

・オープンブック方式の導入

ＣＭＲによる専門業者契約から人件費、宿舎、事務所関係、事務用品まで膨大な支払い項目があることから、その証拠書類も膨大なものとなった。ＣＭＲではその証拠書類を提出するために、企業の

＊——建設工事請負契約において、賃金や物価、資材価格の変動に伴って、請負金額を変更させることを記した条項

＊＊——官庁の積算基準に従って予定価格を割り出すこと

会計項目ではなく発注者が確認しやすい官積算項目ベースで整理をする必要があったため、作業も煩雑なものとなった。コストの透明性確保には効果があったものの、今後の活用に際しては業務の簡素化を図る必要があるだろう。

・専門業者選定に関する確認書

通常であればＣＭＲは協力会社などへ大括りで発注するなどしてきたが、地元企業の優先活用となると手続きが煩雑となり負担が大きくなる。また安全、品質面に目を向けると、日常的に付き合いのある協力会社であればＣＭＲが考えるレベルの管理体制や方法が共有されており、ＣＭＲにとっては安心感があったであろうが、復興ＣＭ方式では相当の理由がなければ資本関係がある会社などへの発注を不可としている。

こういった背景がありながらも、地元企業の活用を推進し工事を進めてきたことで、地元経済復興にも寄与できたのではないかと考える。

・調査・設計・工事施工の一体的発注

一体的に発注することで各々の業務を同時並行させながら進めることが可能となり、このことが早期工事着手に寄与することになった。次に何を段取りするかが見えるようになり、円滑なマネジメントにつながったと考える。

全般に、復興ＣＭ方式の効果は、工期短縮という観点で効果分析を行っている。ＵＲで実績のあるニュータウン事業の事例を用いて、これに大規模土工事による影響と施工環境による影響を加味し、一〇〇ヘクタールあたりの標準工期を算出した。陸前高田市今泉地区と高田地区を合わせた約三〇〇ヘクタールについては、標準の約二倍のスピードで完成に至っている結果となっている。

今後の活用にあたって

今回の復興ＣＭ方式は、東日本大震災の復興事業環境に合わせて構築されていることから、近年多発している豪雨災害やいつ起こり得るかわからない南海トラフ地震や日本海溝・千島海溝地震といった大規模災害が起こった場合に活用するためには、前述した課題改善とあわせて、仕組み単体もしくは組み合わせによる活用も含め、その事業環境に合致した改善が必要となってくる。さらに、仕組みの改善と合わせてその仕組みを十分に機能させるための発注者および受注者における人材育成や意識改革も不可欠と考える。

また、こういった災害対応だけでなく平時の活用も考えた場合、まだまだ一般的なものではないため、より活用しやすい改善が求められるとともに、公共調達方法のひとつとして広く認知されることが望まれる。

筆者は、発災年以降、継続してこの復興ＣＭ方式の制度設計や改善を含んで震災復興事業に取り組んできたが、陸前高田市をはじめ関係者の本方式に対する理解がなければ、二〇二一年三月の事業完了は成し得なかったのではと感じている。

Section 4 「希望のかけ橋」となったベルトコンベア

土山三智晴　独立行政法人都市再生機構（UR都市機構）

約三〇〇ヘクタールを整備する土地区画整理事業にあたっては、総土工量約二二〇〇万立方メートルのうち約五〇〇万立方メートルを盛土材として今泉地区から高田地区嵩上げ地へ運搬する必要があった。一〇トンダンプでは八年半かかるとされたこの膨大な土砂運搬を画期的に短縮させる技術として、ベルトコンベアを設置することが提案された。

大規模土工事とその課題

URが陸前高田市から受託した震災復興事業は、震災から一日も早い復旧・復興を目指した土地区画整理事業であり、気仙川を挟んだ今泉地区（右岸側）と高田地区（左岸側）あわせて約三〇〇ヘクタールを整備する事業である。総土工量は約二二〇〇万立方メートル（東京ドームおよそ一〇個分）、このうち約五〇〇万立方メートルを今泉地区から高田地区嵩上げ地へ盛土材として運搬することが見込まれた。当事業ではこの土砂運搬に要する期間短縮が大きな課題であった。

ダンプトラックによる土砂運搬では八年半の期間がかかる。さらに、交通渋滞や交通事故のリスクも高い。この解決策として二〇一一年の国の直轄調査の中でベルトコンベアの利用が検討されていた。それを踏まえ、二〇一三年四月清水建設・西松建設・青木あすなろ建設、オリエンタルコンサル

「希望のかけ橋」と呼ばれたベルトコンベア（右側）

タンツ・国際航業陸前高田市復興事業共同企業体（以下清水ＪＶ）から、ベルトコンベアによって土砂搬送期間を八年半から二年半に短縮、しかも交通問題まで解決できる具体的な技術提案が示された。ＵＲは工期、工事費、第三者への影響および環境負荷など多方面から検討を加えて、この技術提案を採用した。

震災復興への力強い新たな一歩

現場には気仙川を跨ぐ巨大な吊り橋と、幅一・八メートル、総延長約三キロメートルにおよぶベルトコンベアが徐々に姿を現し、二〇一四年三月には一部区間で試運転を開始、同年七月にはベルトコンベアが全線完成してフル稼働となった。これから一年半を掛けて一日二万立方メートル、合計約五〇〇万立方メートルの土砂を搬送する。震災復興への力強い新たな一歩が始まった。

ベルトコンベアが発する昼間の運転音は工事関係者に活力を与え、また闇に包まれていた夜間はライトアップされて市民を見守った。巨大な吊り橋は、地元小学生の提案によって「希望のかけ橋」と呼ばれ、震災復興のシンボルとして迎えられた。

現場で直面した難題への対応

・硬岩の出現と盛土材料への流用

今泉地区の切土開始後間もなく、硬岩が出現した。硬岩の出現は想

仮置き場から土砂を運搬する五五トン重ダンプトラック

定より早く、数量も計画を大きく上回っていたため工程遅延を防ぐ検討を早急に行った。その結果、一日最大五トンの火薬を用いた発破作業と大型ブレーカーによる二次破砕および固定式破砕機による三次破砕によって硬岩を最大粒径三〇センチメートル以下まで砕き、さらに土砂と混合することで盛土材料としての粒度分布を確保することとした。破砕岩と土砂との混合比率は、試験施工によって破砕岩四に対し土砂六の比率に決定した。

・搬送土砂の仮置き場

ベルトコンベアで搬送された土砂は重ダンプトラックで高田地区嵩上げ地へ運搬する。このため、搬送された土砂をいったん置いておく広大な仮置き場が必要であった。これには地元農家の方の厚意によって、約三〇ヘクタールの農地が工事前半は無償で貸与され、工事進捗の大きな支えとなった。

・ベルトコンベアの管理とメンテナンス

ベルトコンベアは二万立方メートルの土砂を毎日搬送するため、一度不具合を起こすと復興工程に大きな影響が生じる。土砂搬送中は中央操作室が設けられ、約五〇台のカメラモニターと監視スタッフによる厳しい管理体制が整えられた。また一日の土砂搬送終了後は、翌日の作業に向けたメンテナンスが朝まで続いた。ベルトコンベアの活躍は、日々の厳しい管理と昼夜を通したメンテナンスによって支えられた。

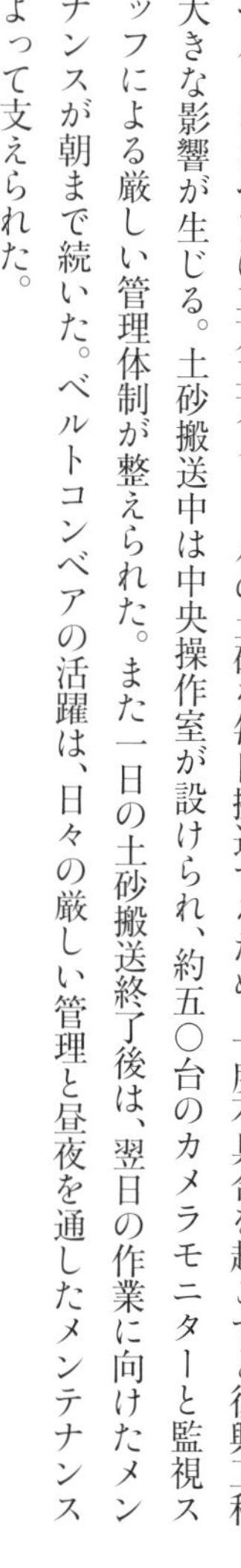

・効率的作業と高精度品質を確保した最先端技術

工事最盛期には一〇〇〇人を超える工事関係者が全国から集まり、一丸となって現場を支えた。また五五トン級重ダンプトラック、一〇〇台を超える一〇トンダンプトラック、大型ブルドーザ、〇・

六〜一二立方メートル級バックホウ、地盤改良機など多種多様な大型重機が数多く投入された。このように多くの人と重機とが輻輳する現場であったため、ＩＣＴ土工、運航車両ＧＰＳシステム管理、自立飛行型航空写真測量（後にドローンに変更）など多くの最先端技術を駆使した現場管理によって、効率的作業と高精度品質および安全施工が確保された。

破砕機

・近隣住民の協力

大量の土砂を扱う大型造成工事は、騒音・振動、粉塵など近隣住民に多くの迷惑をかけることとなり、特に土埃は散水や清掃だけでは防ぎきれないものがあった。しかし、住民説明会や戸別訪問などの際には、「多少のことは我慢するから、工事を早く進めてくれ」との言葉をかけられるなど、工事を中断することなく進捗させることができた。

土砂搬送の終了そして宅地引渡し

二〇一五年九月、ベルトコンベアは予定どおり約五〇〇〇万立方メートルの土砂搬送を終えて停止し、地元住民や工事関係者が見守る中で撤去作業が開始された。今、「希望のかけ橋」を支えた橋脚基礎は陸前高田市の震災復興の証として、現地にその姿を留めている。

工事は地元関係者、陸前高田市役所、清水ＪＶなどの協力のもと、幾度の困難な状況に直面しながらも大きく遅れることなく進捗し、二〇一五年一二月、小雪が舞う中、高田地区高台部において最初の宅地引渡し説明会を迎えることができた。そのときの住民の喜びの声と工事関係者への感謝の言葉は忘れることができない。

［座談会］前例なき大規模工事、その舞台裏

二〇二二年七月五日
於市役所

人材不足と組織立ち上げの苦労

小田島永和（ＵＲ）　前例のないと言われる大規模な土地区画整理事業とそれに伴う大規模工事を振り返りたいと思います。私は土地区画整理事業が認可された当時、陸前高田復興支援事務所長を務めていましたが、それぞれ皆さんは、復興事業にそれぞれの立場でどんな苦労をし、それをどのような工夫で乗り越え、目的を達成したのでしょうか。

山田壮史（岩手県）　二〇一一年度から陸前高田市へ出向し、都市計画課長、都市整備局長を務めました。当時、なんと言ってもこの事業の最優先項目は「スピード」なので、すべての手段、手続きを、スピードを念頭に進めてきました。その中での苦労としては、役所側ではまず人材、職員の不足でした。多くの職員が亡くなられていたので、全庁的に不足していましたが、復興関係の部署については、県内外の自治体からの応援をいただき、ＵＲや清水ＪＶなど専門知識がある方々の力を借りました。

内部での努力と、権利者の皆さんへの積極的な情報提供によって、皆で同じゴールを目指して、スケジュールの情報共有を心がけながら進めていました。そのため、週一回の定例打ち合わせで、大きなスケジュールと細分化したスケジュールの情報共有をしました。スケジュール通りに進まなかった地区もありましたが、それぞれの時点では最善を尽くしながら進めてきました。

村井 剛（ＵＲ）　私は現地には張り付いていませんが、日本の公共工事では今回初めて採用されたＣＭ方式の制度設計を担当していました。国土交通省は二〇〇二年度にガイドラインをつくっていますが、そこでは実施するための詳細な事項はなかったので、それを実際につくり上げました。

左から高橋、山田、小田島、村井、峯澤

東日本大震災の復興事業では、施行者である自治体も事業を受託するURも発注者側として圧倒的に人が足りないということがわかっていました。また、住民の意向や様々な状況変化に応じて計画が変わっていくだろうから、請負者が手を挙げてこないことが懸念されました。このためまずは、通常は発注者側が行う公共施設管理者との設計協議、施工に関する調査設計業務の管理、ライフライン施設整備企業等や近接する他事業との調整など、マネジメント部分を外にお願いするようにしました。また、状況の変化に対応するなら仮設費もかさんで大きな赤字になるだろうと考えて、コストプラスフィー契約というかたちで復興CM方式の仕組みをつくりました。

清水JVもこのマネジメント部分をやったことがなかったので、最初はぎこちなく、お互いが仕事を任せ合いのような状態でうまく進まなかったのは、制度設計に携わった者としてはもどかしかったです。発注側は「できるから請けたんだろ」と思ってしまうし、受注側は「やり方をもっと指南してくれてもいいのに」と思う。最初はそのようにギクシャクする感じがあって、うまくいってなかったことが印象に残っています。波に乗ってからは役割が明確になってきて、その結果が短期間で工事が完成した今の成果になったのだと思います。

峯澤孝永（清水建設）　工事ＪＶ（共同事業体）の統括管理技術者として、現地入りしましたが、当初は現地入りしても、施工範囲はわかっているのに権利者の同意ができていないので土地に立ち入れないという状況には苦労しました。同意が取れるまで待っていなければならない。やることがない人が何人か出てしまいました。その後、コンサルタントの人、現場の人、調査の人などが集まってきましたが、これまで同じ部屋で仕事をしたことがない人が集まると、考え方が全然違う。その状況で皆のモチベーションを保ってもらうのは非常に苦労しました。

ついたち会

手詰まりのためにその人の能力に見合った働きができていない人の分を含めて給与を全部請求せざるをえないのは長としては辛いので、皆が動けるようにするにはどうするかをつねに考えていました。

どう工夫したかというと、そんな中でも皆で和気藹々とやろうよ、ということで食堂で月一回「ついたち会」といって皆で集まって懇親会をやったり、宿舎ができたら近隣の方や、市、ＵＲさん、協力業者も呼んで懇親会をしてコミュニケーションをとったりしました。日ごろ無茶なことを言って申し訳ないな、と声をかけ合うことによって少しずつほぐれていきました。私が去る時点ではうちのＪＶは一枚岩になっていたと私は自負しています。

吊り橋計画の発端

峯澤　施工に関しては限られた時間の中でスピードを上げ、工事をうまく進めるため当時の山田課長に進言しに行くときは、こういうことがしたいとの考えが自分の中でまとまり五〇％以上の自信があれば行っていました。九〇〜一〇〇％になって動いていたのでは遅いのです。

就任してすぐ、地域の中で重要な存在の漁協に対して、工事の理解を求めに行きました。そこでは「今年は漁を諦めているが、来年は泥水を出したら許さないよ」と言われました。実はそれが気仙川に橋脚を設置しないで済む吊り橋の計画につながっています。かつて他事業で泥水を流して工事が止められた経験があったんです。そのあたりも工夫かと思います。費用面でも下流側の工事の関係で解体まで含めると桁橋よりも吊橋の方が経済的という検討結果になったと記憶しています。吊橋はまさに復興の象徴でした。当時の駐日米国大使のケネディさんも、一本松ではなく橋の方を見ていましたね。

新潟の別の工事でベルトコンベアを使って三年かかったのと同量の土砂一二〇〇万トンを、ここでは一年半で運びきりました。新潟は冬場の五か月間は工事ができないという条件があったからですが、それにはメリットもあって、冬場にメンテナンスができた。でもここでは年中稼働だったので、メンテナンスはずっと夜勤で行いました。毎朝五時ごろ、携帯にメンテナンスが「無事終わった」と報告がきていました。「いつ寝ているの」と言われるくらい神経をすり減らしていた時期でした。

高台計画と掘削量

高橋宏紀（陸前高田市）　被災直後から完了まで土地区画整理事業に携わってきました。当時は、被災して半年くらいたったころに、区画整理事業をやるという話が出てきて、昔、区画整理をやった経験をもとにどうやって進めるかなと考えていました。なかなか範囲が決まらなかったのがもどかしく、今の復興祈念公園周辺まで含めて最大五〇〇ヘクタールくらいまで施行範囲が広がりかけましたが、最終的には三〇〇ヘクタールくらいに収まりました。

工夫したのは、権利者から高台の土地を先行して取得したことですね。どこから着手するかという中、まずは権利者同意が取れないと開発できないということで、理解を得られるかなと思われるエリアから順に声をかけていきました。幸い高田の高台は権利者が意外と少なかったのですが、協議が難航した方がいたり、埋蔵文化財の調査が必要だったりしたエリアもありました。今泉は高台の権利者は意外に土地の売却意向の方が多かった。換地の考え方を理解してもらえない方は買収に切り替えて進めたのが、最初の都市計画決定をした二〇一一年度の終わりごろでした。

今泉では需要に応じて高台の面積を縮小するため、幹線道路の勾配を五％から六％に変更しました。これで地盤の計画高さが三〜四メートル上がり、地山の掘削量も一〇％以上減りました。今泉でも高田でもエリアを絞ったり、実際どの範囲まで事業をやるのかを検討したりするのが最も大変だったと思います。

峯澤　今泉の掘削の最後の方は硬岩が出たので、稼働を終了する間際、破砕機の破損がひどく、ぎりぎりの状態でした。掘削量を減らす計画にしてもらって実は助かりました。

高橋　高田での権利者への宅地の引き渡しや中心市街地のま

ちびらきが事業の要所でした。宅地を引き渡して家が建っているのを見ると、達成感というかほっとして、引き続き頑張ろうと思えます。JVさんにはお金の面からスケジュールの面から毎週毎週なんとかお願いして、苦労をおかけしましたが、津波から一〇年、一一年で終わったことに、達成感を感じます。

地元の方、事業者を集めての懇親会

任期や経費の問題

山田　市への応援職員は基本一年間です。長いと二年、三年いた方もいますが、地理感や地元の状況や事業の進捗などを覚えて、仕事が回るようになると任期終了になってしまうような場合もありました。峯澤さんの話を聞くと市以上にJVさんも大変だったのかもしれませんね。同時期に、岩手、宮城などで復興事業が行われていましたからね。

峯澤　陸前高田はCMRでは三番目の早い時期だったので、先に協力業者を押さえられましたが、最後の方になった地域は大変で、関西から呼んだりもしたそうです。

村井　今回業者の選定で苦労されたと思うのは、JVと資本関係にある企業は明確な理由がないと選べないというルールだったことです。コストプラスフィー契約、オープンブック方式でやるので、透明性確保のためでした。

峯澤　そのため、今までいちばん信頼できると考えていた協力業者と契約して仕事をするということができませんでした。ただし、専門性の高いベルトコンベアと大型重機土工だけは、地元に対応できる業者がなく、計画の初期段階から全国規模の専門業者に参画してもらい交渉できました。

コストプラスフィーの「フィー」は一〇%と設定されていましたが、そこから経費を差し引いたら利益が五%以下になり、普段の半分くらいしかないことをかなり社内で責められました。私は上司に、「この工事は利益を出す工事じゃなく、地域に貢献するのが目標でしょう」と言い切りました。また、オープンブックで利益は増えないので、マスコミがベルトコンベアの取材に来るときはテレビを通じて我々が昼夜頑張っている姿をもっとアピールしてくださいねとお願いしていました。そうした二次的なことでイメージアップになることを考えるしかないだろうと。

村井　官積算を根拠としておおむね一〇%とするしかありませんでした。

峯澤　オープンブックはＵＲのチェックを受けます。あるとき、盛岡駅からＵＲの岩手本部までのコンサルが利用したタクシー代にチェックが入りました。でも、コンサルの職員は高齢な方が多かったですし、数百億円のうちの一〇〇〇円の議論をＵＲとすることに意味があるのか、と思っていました。このような指摘があり、細かい内容を説明するために当初は担当を一〇人も連れて会議に行っていましたが、勘所がわかると四、五人でよくなりました。

村井　鉛筆一本まで確認するような指摘事項を整理した資料が何枚もあったのが徐々に減っていきましたね。今考えると例えば経費のうち一割は自由に使えるようにした方がよかったのかもしれません。そうするとオープンブックの事務も大きく軽減されるので。

小田島　地元出身の渉外担当の方はどのような役割をされていたのですか。

峯澤　全国から社員を集めた中に地元出身者が含まれていて助かりました。岩手の方言を理解して、権利者や住民の皆さんの気持ちやニュアンスなどを我々に明確に伝えてくれたのです。権利者から工事着手の了解をいただく起工承諾の取得作業は契約外だったのですが、それをしないと工事が動かないという状況になり、前向きに全部やることにして、その担当者として白羽の矢が立ったのが地元出身の社員でした。

小田島　高田沖農地への土砂の仮置きについて、なかなか使用の承諾が得られなかった方に対して主体的に動いてくれたのはどこでしたか。

高橋　市の農林課ですね。土砂の仮置きが終わった後に県が圃場整備事業をやることになっていて、同意を取らないとそれも動かないので、県と市で権利者の同意を取っていきました。自分も権利者交渉で関東まで同行しましたが、行ったら行ったで受け入れてくれたのは助かりました。

現行の法規内で行う「有事」の事業

小田島　もっとこうすればよかったなということ、また、皆さんが携わった復興事業を通じて得た教訓や仮に同様なことが起こった際に復興に携わる人に伝えたいことがあれば教えてください。

山田　今回の事業では起工承諾を取り付ける交渉が大きなウェイトを占めていました。最初受けなかった人が六〇人ほどはいました。そうしたところは、スピード優先の事業の中で、想定しきれないところでした。市長がマスコミや国に対しておっしゃっていたように、権利者の承諾がなくても工事ができるような自治体の定期借地権のようなことを一定期間だけでもやらないと、市長はよく「首都直下だと同じことをやれるのか」と国などに投げかけていました。次への提言としては、起工承諾をしないで済むような方策が必要かと思います。

高橋　それには憲法改正が必要ということで、実現しませんでしたが、それがあると早いですね。

峯澤　今回、私は「有事」と思って入ってきましたが、有事だけど現行法の中でしか動けない、というのを理解するのが遅れたのですね。市長と何回か話す機会があって、有事だから特措法を考えてほしいということをテレビでも発言されていたので、もしかしたらそうなるのかなという期待もありましたが、結局変わらずに起工承諾などをやらざるを得なかった。それに気づくのに遅れたので、我々からそこを「やりましょうか」という提案も遅れました。災害が起こっても法律を変えることはできないということを最初から認識しておくべきでしたね。

また、人には得手不得手あるので、得意なことをやってもらえるように振り分ければもっと効率的に動けたかと思います。

元請けから下請けへの発注はうまくいって、やればほとんど手戻りなく進められました。ただ、上流の流れにもっと気を回して、はじめに決めたURとJVの分担を超えるようなことでもお手伝いできることを積極的に提案すればよかったとは思います。初期段階では工事ではないかもしれませんがコンサルタントのするような業務ならばきっと何かあったはずです。私も工事を受注するときに市、UR、JVの三者で課題を解決する場を設けると提案していたのにできていませんでした。形式的にはありましたが、発生した問題の責任追及みたいな場になってしまって。

高橋　事業の後半の時期には設計に携わっていたコンサルタントの人がJVに移り、施工班やマネジメント班と市、URとの間に入ってコミュニケーションがうまく取れるようになったのは良かったです。

山田　先程、週一回の定例会の話をしましたが、もう少しざっくばらんにやれるとよかったかもしれませんね。

峯澤　大人数すぎると難しいですね。通常時は発注者の設計や指示に基づいて、図面どおり、言われたとおりに工事をするという請負工事の甲と乙の関係はよいのですが、お互い一緒にやろうというときに、垣根があるままだと難しいです。

村井　CM方式の初期段階でもっとコミュニケーションをとれるようにしておけばよかった、と思ったりします。また、URが悪かったところは、職員への浸透が不十分なまま

CM方式を導入してしまったので、通常の請負工事の発注者の姿勢が抜けきれていませんでした。異動時にでももっと勉強させてから着任させればよかったと思っています。

山田　震災一〇年でマスコミの取材を何件か受けましたが、ここ数年は嵩上げ部の未利用地の話が出てくるので、二年目、三年目のころに未然に打てる策があったのかな、と考えることはあります。しかし、計画を見直したとしても、そこで手続きに時間がかかる。今回の場合は、皆さん仮設住宅に三年、四年と暮らしている中で、計画見直しによって宅地の引き渡しが遅れるわけにはいかない。

私が課長、局長として意識したのは、工事の技術的な内容を、権利者や議会にわかりやすく伝えるスポークスマン、説明役としての役割でした。嵩上げ工事も、議会や商業者の方に現地説明もやって、盛土に安心感をもってもらうなど、情報発信はかなり気を遣ったので後悔はないですが、未利用地の話は残ってしまったなあと頭にあります。

高橋　今の知識が当時あればよかったと思います(笑)。小さな市町村で区画整理事業はなかなかやることはなく、自治体職員の立場で知識を蓄積して進めるのは難しいので、応援職員の皆さんに助けてもらいました。当初は区画整理事業を本当にやるかやらないかという議論がありました。市内部で他の事業手法の検討もしてみたりしたのですが、例えば防災集団移転促進事業を採用していたら嵩上げが扱えず、区画整理よりも時間がかかる可能性もありました。いずれにしても検討は当時難しかったですね。

峯澤　有事のときは話がまとまらないので、平常時に「こういう災害が来たらこうしよう」などと住民投票で決めておいて、有事に起工承諾を取らずにやれるようにしておける仕組みをつくるべきだと思いますね。

山田　「事前復興」は重要ですね。

当時はまったく想像できなかった姿が、実現

山田　改めて、当時は全国の力を集めて高田の復興を進めてくれたんだということ、URやJVのご苦労を知ることができました。発災一、二年目のころに、今のまちの姿はまったく想像できなかった。一〇年かけてつくり上げて、これから持続可能なまちに向けて、震災を契機とした全国のつながりを活かしつつ、交流人口拡大などを進めていってほしい。改めて、復興事業に関わったすべての方に感謝したいと、思いを新たにしました。

村井　事業規模三〇〇ヘクタールくらいでURが開発してきた一般的なニュータウンと比べて、陸前高田の事業を検証す

ると倍以上のスピードで、二〇年かかるものを八年くらいで進めました。こうした事業を進めてきたこれまでの経験を継承していくのが重要かと思います。URも事業のフィールドが少なくなってきていますが、今後は事前復興等に活動の場を広げて行き、技術を継承していく必要を感じます。

市もこれから発展していくという状況かと思います。未利用地が問題視されていますが、あまり急がず、長い目で見ていくべきです。URが関わった現場では、二〇年、三〇年先のまちの姿の例があり、発展しているところもあれば、新陳代謝せずに老朽化しているところなど、よい例悪い例があり、ノウハウもあるので、ぜひ今後のために見に来て参考にしてほしいです。

峯澤　先日、熱海の土砂崩れの報道（二〇二一年七月に発生した静岡県熱海市伊豆山での土石流）がありましたが、過去の造成の盛土が壊れたのが原因と言われています。陸前高田の場合は、直径三〇センチ大の岩と土を混ぜて壊れないように計画していますが、それでも安易に盛ってはいけない方法や場所があり、自然の理にかなわないものはダメだと改めて実感した次第です。

二〇二〇年一一月、盛土工事がほぼ終わったときに来た際は、正直に言って建物が少なすぎて本当に人は戻ってくるのだろうかと心配になりましたが、それからわずか半年余りで今回やってきたところ、市役所の移転やコンビニエンスストアなど、商店がたくさん開業していて道に迷うほどでした。

次に市に来るときには、盛土範囲がわからなくなるくらい自然なかたちでまちが形成されていれば、嬉しい限りです。

高橋　震災当時は周辺を見て絶望していましたが、一〇年が経って、今こうして新しい市庁舎にいることを考えると、皆さんのおかげと改めて感謝したいです。批判もありますが、今後もまちづくりに取り組んでいきますので、引き続き陸前高田をよろしくお願いします。

小田島　本当によくこの期間内でできたな、陸前高田の復興事業に携われてよかった……というのが今回集まった皆さんの共通の結論ということだと思います。ありがとうございました。

Column

ベルトコンベアが運んだ、土砂と迫力と記憶

幅1.8m、大人ひとりの身長以上もある大きなベルトの上を、1時間に5,500トン（ダンプトラック550台分）の土砂が、秒速4mという猛スピードで転がり抜けていく。土砂というより、大きな石、もはや岩のような大きさの塊がそのスピードで振り飛ばされることなく、一直線に延々と運ばれていく。すさまじい迫力である。ダンプカーが同じことをしたら、6秒で1台ずつ、通過していく量だという。想像を遙かに超えるスケールであることがわかる。

大規模造成工事にあたって、清水JVの提案により採用された土砂運搬用ベルトコンベア。市の西側の愛宕山から掘削した土砂を、気仙川を越えて対岸の仮置き場へ運び出す。その作業を、10年はかかると見積もられたダンプトラックに代わり、長さ3kmにわたるベルトコンベアとそれを支える仮設橋に担わせる。そうした構想は、圧倒的な工期短縮や環境負荷低減などの利点を汲んで採用された。稼働する2年ほどの間、新聞、テレビのマスコミは連日こぞってその迫力と膨大な作業をレポートし、取り上げる。そのすべてを切り抜いたりして保管している峯澤孝永（清水建設）にあらためて当時のことを聞くと、そのスケールの大きさ、スピードのことはもちろん、機械の調子や能力、メンテナンス作業の早朝の報告が気がかりで仕方なく、寝る暇もなく対応していた様子を話してくれた。

ベルトコンベアのその迫力は、大量の土砂と、そして稼働する音や工事の圧倒的存在でもって復興が進んでいるという空気を運んでいた。しかしすべては仮設の設備であるから、工事が終わると、橋脚基礎だけを「復興遺構」として残し、解体された。嵩上げされた造成地や、その上に築かれる建物やまちとして残るものだけではなく、そんな「希望のかけ橋」もあったな、と後に振り返られる建設の仕事もある。［編］

ベルトコンベア上を運ばれていく土砂

気仙川右岸（今泉地区）から左岸（高田地区）を望むベルトコンベアの姿

Chapter 5

商業者の被災と初動、復興の動き

本章からは視点を商業者に移す。津波で平野部の都市機能をすべて失った陸前高田市は、同時に多くの商業者を失った。さらに被災の甚大さから、被災市街地での仮設店舗の整備を選択しなかった結果、仮設店舗は小規模かつ広域に分散することになった。このような状況下でも、祭りなどでつながっていた商業者同士の糸が切れることはなかった。本章では、津波で散り散りとなった商業者が、復興に向けて再びつながりはじめ、そしてそのつながりを広げていく姿を商工会の活動とともに紹介する。

Section 1

生死を分けた商業者の行動と初動

長坂泰之 流通科学大学(当時独立行政法人中小企業基盤整備機構)*

仮設商店街のリーダーや商工会の復興検討組織のメンバーとなる商業者の震災直後の動きをつぶさに追いかけると、ほとんどの商業者が仕事を再開する気持ちなど毛頭もなく、被災した市民のために奔走していたことがわかる。その後、徐々にいくつかのきっかけから復興に向けての機運が醸成され始めていく。それは偶然のように見えるがきっと必然だったのであろう。

震災前の中心市街地

震災前の陸前高田市の中心市街地は、他の地方都市と同様に、郊外の国道四五号沿いに立ち並ぶロードサイド店、さらには、ネット販売や通信販売などに客を奪われ、お世辞にも賑やかであるとは言えず、むしろシャッター街に近かった。小笠原修(婦人服店「ファッションロペ」)は、震災前は駅通り商店街で商売をしていた。駅通り商店街振興組合の理事長は現在の商工会長の伊東孝の弟の伊東進であった。小笠原は「伊東からまちづくりに関して多くのことを教えてもらい、ありがたかった」と言う。ただ、様々なイベントをしたが、「近年は、手間暇はかかるが効果はあまりないというのが実態であったように思う」と振り返る。そんな状況下で東日本大震災が起きた。駅通り商店街は、津波で伊東進を含む商店街の役員の多くを失った。

*――独立行政法人中小企業基盤整備機構は国の中小企業の総合実施機関。東日本大震災の際には、仮設施設整備事業(仮設商店街などの産業用仮設施設の整備)、復興時の施設・設備に対する無利子融資、まちなか再生計画策定や事業者の復興のための震災復興支援アドバイザーの派遣などを行った

震災前の中心市街地（駅通り商店街、二〇一〇年五月、渡辺雅史氏撮影）

事業者の被災状況

陸前高田市の商業者は東日本大震災の津波などにより壊滅的な被害を受けた。陸前高田商工会（以下、商工会）によれば、商工会の会員六九九人のうち、事業主の犠牲者は一三八人（比率一九・七％）に及んだ。また、役員二〇人のうち犠牲者は五人（比率二五・〇％）、青年部二三人のうち犠牲者は七人（比率三〇・四％）、女性部会員数二〇七人のうち犠牲者は四〇人（比率一九・三％）と、巨大な津波は多くの会員の命を奪った。

被災事業者の震災直後の動き

復旧時点で仮設商店街のリーダーや、その後商工会の復興検討組織のメンバーとなる商業者の震災直後の動きは以下のとおりであった。熊谷栄規（居酒屋「車屋酒場」）は、震災前から消防団の団員だった。震災当日も消防団として事業者たちに避難指示を出していた。当時のことを、「高田の中心商店街は住居兼店舗が多く、震災直後、商店主は店舗や自宅にいた家族や近所の人を逃がして、それから店の片付けや帳簿を取りに戻った。そのときに津波にやられてしまったと思う」と振り返る。地元銀行の支店長も震災直後は行員とともに店内の後片付けをしていたが、熊谷ら消防団の「津波が来るから逃げろ」の声で我に返り、九死に一生を得たと言う。佐々木浩（居酒屋「陸丸」）は、当時のことを「震災直後にいちばん活躍した商業者は消防団の連中だった。仲間や家族を失う中での彼らの活動には本当に頭が下がった」と振り返る。ただ、熊谷自身は、「実は自分も本当に巨大な津波が来るのか疑心暗鬼だったが、消防団としての使命感から避難指示を出していた」と言う。生死の差は一瞬の判断の差であったか、それとも運の差であったか。一方、佐々木は、「震災直後は仕事を再開するなどはまったく頭にもなかった。自分のできることは限られていたが、ひたすら仲間の安否確認をしていた」と言う。

駅前商店街の菅野修（スポーツ用品店「ササキスポーツ」）も津波で店舗も商品もすべて失った。菅野は震災直後から市内山苗代地区の農免道*沿いにある室内ドーム「サンビレッジ」の避難所のリーダーを務めていた。この避難所は、衛生問題を解決するために沢水を引っ張ってきてシャワーをつくったり、プライバシーを確保するためにドーム内にテントを張ったりと、他の避難所よりも快適な環境が整っていた。それが実現できたのは、「菅野のもつスポーツ関係の幅広いネットワークと決断力があったからだ」と中井力（当時商工会事務局長）が振り返る。

後に仮設商店街「陸前高田元気会」のリーダーとなる齋藤政英（貸し会議室・イベントホール「海浜館」）も、震災で事務所や工場、「海浜館」が全壊した。齋藤は地震発生時、工場内の厨房に立っていた。避難マニュアルでは、社用車をいったん高台に移動させてから避難することになっていたが、揺れの大きさから即座に避難を優先することを決断した。「財産はすべて失ったが、全社員一八人の命は守ることができたことが何より一番だった」と振り返る。

一方、後に仮設商店街「高田大隅つどいの丘商店街」のリーダーとなる太田明成（飲食店「カフェフードバーわいわい」）は、震災の約一年四か月前に市街地に「カフェフードバーわいわい」をオープンしたが、津波により店は流され、借金だけが残った。途方に暮れながらも、「家族が無事だったので、震災直後でも自分に何ができるかを考えることができた」と言う。太田は震災から約一〇日後からある行動に出る。「食料や衣類などの物資は配られているが、移動に必要な靴がなくて困っている」という声を聞いた太田は、ブログとツイッターを使って、震災から約一か月半の四月末までに全国から二万足を超える靴を集めて避難所などに配った。

このように、震災直後は、ほとんどの被災商業者が仕事を再開する気持ちなど毛頭もなく、被災した市民のために奔走していた。

*——農林漁業用揮発油税財源身替農道のこと。陸前高田市の場合、この農免道が通行止めとなった国道四五号の迂回路となった

商業者の気持ちの変化とやる気の連鎖

震災から一〇日余り経った三月二〇日ごろに、佐々木は、熊谷（栄規）らに「津波横丁構想」を語っていた。当時のことを「確かに私が言い出した。バラックでも何でもよいから、とにかく何か洒落っぽい話をしないと気持ちが萎えてしまい、やってられないという気持ちだった。また、個々の店主がそれぞれ土地を借りるのは大変だけど、横丁であればみんなで一緒に借りられるからいいなぁと思った」と言う。その後、佐々木は飲食業組合の陸前高田支部長になるのだが、佐々木は、「飲食業組合は正副支部長が津波で亡くなった。先輩の『俺っ家』の熊谷浩昭も盛岡で営業をすることとなり、引き受ける人材がおらず自分が支部長になっただけ」と謙虚に話す。

四月二〇日ごろに、熊谷が市内鳴石地区にプレハブの仮設店舗で店を再開した伊東孝（書籍文具「伊東文具店」、当時・商工会副会長）にお祝いの言葉を伝えに行った。震災からまだ四〇日ほどで店を再開した伊東に対して、熊谷はまだ商売を再開することは考えていなかった。熊谷は、当時は高田第一中学校につくられた仮設住宅の代表をしており、商売のことは何も考えられなかったというほうが正しいのかもしれない。「（再開が）早いですね」と言ったところ、伊東から「小学校の入学式もあり、子どもたちは鉛筆やランドセルも何もない。そんな子どもたちのためにたくさんのメーカーさんも後押ししてくれている。今までこのまちで商売を長年続けてこられたのは、このまちの人たちから必要とされた店だったからと思う。だから再開を決めたんだ。『車屋酒場』もこのまちで八年間愛されてきた店だ。今後の復興で車屋酒場を必要とする人がいるんだ。だからまた車屋酒場をやれ（再開しろ）」と強く言われた。熊谷は「その言葉で再開するという気持ちに火が点いた」と言う。

その後、かなり古いが営業できそうな物件が見つかった。五月には仮営業できそうだった。仕入先の酒屋は震災で亡くなってしまったので、磐井正篤（酒・雑貨店「いわ井」）に酒の配達を頼みに行った。磐井と震災前に取引はなかったが、祭りでつながりがあった。数日後に磐井から「酒なら何でも揃えるぞ」という返事が来た。結局、中古物件での営業はできなかったが、「これでまたやる気にスイッチが入った」と言う。このことを磐井に聞くと、「最初に佐々木から、酒の配達をお願いしたいと話があり、その次に熊谷から話があった。すぐに返事ができなかったのは、自分自身に再開するか迷いがあったからだ。彼らから話がなければ再開はもっと遅かった。逆に彼らに火を点けてもらった」と言う。佐々木も「配達をお願いに行ったとき、磐井からは商売を再開する気をまったく感じなかった」と言う。その後リーダーとなる商業者同士が実はお互いにやる気のスイッチを押し合っていたということになる。

鳴石地区「伊東文具店」の仮設店舗（二〇一一年四月）

イベントを通じてさらに復興の意欲が高まる

その後、磐井らは、橋詰真司（食料品小売・卸「橋勝商店」）から「五月の大型連休に、陸前高田ドライビングスクールの敷地内に大きなテントを張って、そこで土・日曜日に市日（朝市）のようなことをするので一緒にやらないか」と声を掛けられた。盛り上げるためには飲食も必要ということで佐々木や熊谷らも参加して一緒に盛り上げた。佐々木は「朝市のことは今でもよく覚えている。あれが復興の最初の一歩だったのかもしれない」と言う。

また、八月に陸前高田市復興プロジェクト「きてけらっせぁ陸前高田」が高田小学校の校庭で開催された。陸前高田市復興街づくりイベント実行委員会が主催し、実行委員長は渡邉美樹（陸前高田市参与、現ワタミ代表取締役会長兼社長）であった。八月二七日、二八日の二日間開催され、出店者は地元の商店が七五店、全国のグルメ店二五店など総勢一〇九店舗が出店した。二日間で延べ一万七五〇〇人が来場し大いに賑わった。[*] 磐井は「飲食店を分散して配置したことで絶妙な回遊性が生まれていた。何よりも商店街を歩き回ることの楽しさを思い出した。そして市民の笑顔にも大きく勇気づけられた。このイベントで、店を再建してやっていけるんじゃないかと思った」と振り返る。

＊――陸前高田市復興街づくりイベント「きてけらっせぁ陸前高田・街おこし・夢おこし二〇一一・夏」実施報告書、二〇一一年九月五日、http://takata-machizukuri.jp/event2011/images/event-report.pdf

**――「岩手日報」二〇一一年八月二八日付け

及川雄一（蕎麦店「やぶ屋」）も当時を振り返り、「行列をつくって待ってくれているお客さんがいてとてもうれしかった」と言う。熊谷成樹（「中華食堂熊谷」）も「お客さんから声を掛けられてやりがいがあったし、とても期待されていると感じた」と話す。[**] また、前述の熊谷栄規も、「市民も商店主も笑顔で復興に向かってのギアが上がったし、みんなでまちがつくれるんじゃないかと思えたイベントだった」と振り返る。二つのイベントの成功が、確実に商業者の復興の後押しになった。なお、渡邉の支援は、商業者が復興の事業計画をつくる勉強会も行うなど、イベントの支援だけに終わらなかった。

一方で、菅野秀一郎（洋菓子店「菅久菓子店」）は他の商業者と異なっていた。それは家族（弟）が行方不明であったことである。だが菅野は消防団として（震災直後、三五歳という異例の若さで陸前高田市消防団高田分団第三部長となる）は、遺体安置所を回るなどの活動を続けたその後、大型連休や八月のイベ

仮設店舗のローソン（二〇一一年四月）

ゴールデンウィークの市日

同上

仮設店舗の「マイヤ」（二〇一一年四月）

中小機構の仮設の前の商工会仮設

「きてけらっせぁ陸前高田」(二〇一一年八月)

ントでは甘食やマドレーヌなどの甘味をつくり販売していたが、その時点でもまだ弟は見つかっていなかった。「当時はまったく復興のことは考えられなかった」という。彼が復興に前向きに考えられるようになったのは、弟の遺体の一部が見つかった一一月を過ぎてからだった。このように、商業者の復興への機運の醸成は一様ではなかった。そして一方で、様々な理由から復興が実現できなかった商業者も多数存在したことを、私たちは忘れてはならない。

被災事業者を支える商工会の動き

一方、市内の商工業者を支える商工会事務局長(当時)の中井は、当時のことを次のように語った。「地震直後に事務所の商工会館で職員たちと別れ、自宅に戻って母と妻を連れて高台に避難して、間一髪で津波から逃れて生き延びることができた。直後は当然のことながら移動手段もなく連絡手段もなく、商工会職員の安否はまったくわからなかった」。

中井は震災直後から高田第一中学校にあった避難所の代表を務めていたことから、何度かテレビに出る機会があった。震災から一〇日ほどして、テレビで中井を見た職員の松田裕光(震災後に病気で亡くなる)と吉田康洋が避難所に訪ねて来てくれた。商工会館は津波で跡形もなかったので、彼らは隣町の住田町商工会の一

室を確保してくれていた。中井は市内での商工会業務の再開にこだわったが、市街地は全滅し、使える土地も建物もまったくなかった。そこで中井は、高台の鳴石地区にあった県住宅公社の土地を、正式な了解を取る前の三月中には商工会再開の予定地として確保した。一方、建物については、岩手県商工会連合会（以下、県連）にお願いをして、秋田県内からプレハブ二棟を手配した。中井は当時のことを「とにかく早く商工会を再開したかった。土地は正式に了解を取るまで待っている余裕はなかった」と振り返る。

当初は、津波で親族を亡くした事業者からの相続に関する相談、津波で流された家や土地に関する相談、それとちょうど時期であったので、決算や確定申告に関する相談が多かった。例年五月に開催していた総会はとても開ける状況になかったが、県連は開催が必須だと言う。結局八月にようやく開催できた。そしてそのころ、商工会は、中心市街地の復興の推進母体となる第一回陸前高田商工会商工業復興ビジョン検討委員会を開催することとなる。

Section 2

郊外に点在した仮設店舗や仮設商店街

長坂泰之 前出

仮設店舗での営業の道のりは、他の被災地とはやや異なっていた。ひとつは、国の仮設店舗の整備を待たずに、多数の事業者が様々なルートで仮設施設を手に入れて営業を再開していたこと。また仮設店舗が郊外に分散整備されたことである。商業者にとっては不利な立地での営業を強いられたかたちだが、多くの証言から、津波被害が甚大であった陸前高田市では、被災市街地に仮設店舗を整備することを商業者の多くも望まなかった。

事業用仮設は国が整備する仕組みへ

国（独立行政法人 中小企業基盤整備機構、以下、中小機構）が産業用仮設施設を整備する仕組み（仮設施設整備事業）は、東日本大震災で初めて導入されたものである。阪神淡路大震災の際は、被災事業者が組織する事業協同組合が仮設施設を整備する場合に限り、その資金の一部を無利子融資で支援する仕組みしかなかった。これは支援対象がきわめて限定的であった上に、仮設（復旧）に要する費用と、本設（復興）に要する費用の両方を返済する必要が生じた。いわゆる二重ローン問題である。復興のための返済はともかく、数年で解体撤去してしまう仮設のための返済の負担は重く、当時はそのことが問題となっていた。その教訓から、阪神淡路大震災よりもより経営環境が厳しい三陸沿岸の津波被災地では、仮設施設の整備については、被災事業者に負担をかけずに、国自らが整備することとなったのである。*

*――長坂泰之「東日本大震災の復旧・復興期における商業集積支援策に関する研究」『日本都市計画学会論文集』五三－三、二〇一二年による

国による仮設施設整備事業の立ち上がり

国としての仮設施設整備構想は震災直後から検討が開始されていた。震災から四日後の三月一五日には、早くも中小機構内部では「震災対策工場・オフィス・商業施設の整備を中小機構が無償で整備をして地方自治体へ移管する」という案が出ていた。三月一八日に、中小機構から中小企業庁に対して、中小機構が実施し得る震災対策一四事業を提案、そのうちのひとつが仮設施設整備事業であった。翌四月一日には、中小機構の被災地調査に急遽、中小企業庁次長が同行し、宮城県下（石巻～塩竈の沿岸地域）の被災状況、現地確認および地元商工会議所、商工会の緊急対策として必要な事項の現地ヒアリングを行った。仮設施設整備に係る予算の成立は五月二日になるが、それ以前の四月一一日から、中小機構は仮設店舗、仮設工場などの制度について被災市町村への説明をスタートさせている。*陸前高田市では、五月二日に陸前高田ドライビングスクールで説明会を開催したところ、多くの被災事業者が参加した。

このように仮設施設整備の制度設計は、国側から見れば迅速に整備されたが、陸前高田市で最も早くオープンした商業用の仮設は九月に米崎地区に整備された仮設商店街「陸前高田元気会」であった。震災から半年後ということになる。ではその半年間、被災事業者はどのように営業活動を再開していたのであろうか。

まずは自前で仮設を整備する

個別の事業者の動きは追わないが、陸前高田市の場合は、まずは自前で仮設を整備するなどして営

業を再開した事業者が一定の割合で存在した。震災から約三か月後の二〇一一年六月（まだ、どの被災事業者も国の仮設施設に入居できていない時点）の高田地区の被災した商工会員の営業状況を見ると、その実態がおおよそわかる。

震災直後に継続意向のあった一九九者のうち、六月時点で事業を再開できずに休業していた事業者が、約半数にあたる一〇〇者存在した（五〇・三％）。一方で、残りの九九者は、国の仮設施設を利用せずに事業を再開していたことになる。その内訳は、陸前高田市内のどこかで再開した事業者が八六者（四三・二％）、市外のどこかで再開した事業者が八者（四・〇％）であった。このことから、被災事業者のうち九四者（四五・二％）が国の仮設施設の整備を待たずに仮の営業を再開していたことになる。たった三か月で半数近くの事業者が営業をしていたことは、高田の事業者の力強さを感じる一方で、半数強の事業者は何らかの事情で営業を再開することができていなかった。

なお、市外に転出して店舗を改装するなどして本格的に再開した事業者はわずか五者（二・五％）であった。多くの被災事業者は高田での事業再開を望んでいたことになる。

国の仮設施設で営業を続ける

陸前高田市における国の仮設施設整備事業の活用実績は、総面積三万一四五二平方メートル、三一八事業者、三七五区画（二〇一七年三月時点）であった。陸前高田市の仮設施設整備が他の地域と大きく異なるのは大きくは以下の二点である。一点目は、被災した市街地での仮設店舗の整備について市が自粛するよう要請し、また多くの事業がそれを望まなかったことである。その結果、郊外の狭隘な土地しか確保できなかった。それにより、二点目は、仮設店舗を大規模に集約しようとする動きが他地域よりも弱かったことである。そのことで、制度要件の下限のいわゆるニコイチ（二事業者で一つの施設）が他地域と比較して数多く出現した。小規模に分散したことは商業者の自立心を高めたとも言わ

復興中心市街地と仮設商店街の位置（出典：http://map.yahoo.co.jp/（二〇一五年一〇月検索を元図とし、仮設商店街の位置は、中小機構「仮設施設整備事業施設全集」（二〇一三年、中小機構）、まちなか再生区域は、「陸前高田市まちなか再生計画」（二〇一六年一月認定予定、陸前高田市）を参考に筆者作成）

れたが、結果として、中心市街地には戻らずに、そのまま郊外で本設の店舗を整備して営業する事業者も一定の割合で存在した。

仮設商店街が構想からオープンに至るまで

陸前高田市は、前述したように津波で甚大な被害に遭った市街地に建築制限をかけたことから、仮設店舗整備のための土地は郊外や高台で探さざるを得なかった。しかしながら、郊外に一定規模の土地を確保することは難しく、多くの事業者は土地探しに難航した。同じ津波被災地の女川町や気仙沼市では一定の土地を確保して被災地で最大規模の五〇店舗が集積する仮設商店街が出現したが、陸前高田市はそうはならなかった。以下では、陸前高田市で代表的な四つの仮設商店街について紹介する。そのいずれの商店街も国の仮設施設整備事業を一部、または全部活用して整備されている。

津波被災地の中でも早期にオープンした「陸前高田元気会」

仮設商店街「陸前高田元気会」は、東日本大震災の被災地の中でもかなり早い段階で整備された。その最大の要因は土地の確保と仲間集めの迅速性にある。特に土地の確保ができてからの仲間集めについては、まだ車も使えない時期からスタートしていた。

仮設商店街「陸前高田元気会」（以下、元気会）となった市内米崎地区にある国道沿いの土地は、もともと、自動車の整備関係の工場、小さな産直市場、焼

陸前高田未来商店街

所在地	竹駒町字相川地区
区画数	13区画(7事業所)
延床面積	618.92㎡
供用開始	2013年2月7日

(数字は中小機構仮設部分のみ)

陸前高田元気会

所在地	米崎町字松峰地区
区画数	10区画(8事業所)
延床面積	1,040.58㎡
供用開始	2011年10月5日

栃ケ沢ベース

所在地	高田町大石地区
区画数	8区画(7事業所)
延床面積	500㎡
供用開始	2012年3月6日

高田大隅つどいの丘商店街

所在地	高田町大隅地区
区画数	15区画(13事業所)
延床面積	1,122㎡
供用開始	2012年6月2日

き肉店そして地元のホテルの当時の支配人の自宅などが立ち並んでいたが、大津波でこれらの建物は全部流されていた。立地的には、浸水区域ではあるが中心市街地ではなく、郊外の通行量の多い国道四五号に面した好地で、後に代表となる齊藤政英は、「仮設施設の場所はここしかない」と考えた。齊藤はもともと国道四五号の海岸側で商売をしていたので、この周辺の地理に明るく、また仲間もいた。地権者に相談すると「津波で流されたところでよければどうぞ使ってください」という返事だったので、その足で市役所に行った。震災から一か月ちょっとしか経っていない四月二〇日前後には土地が確保できていたことになる。

それが結果的には、陸前高田だけでなく東日本大震災の被災地域の中でも、元気会が仮設施設を早期に整備できた最大の要因であった。齊藤は当初は単独での仮設施設を念頭に置いていたが、中小機構の説明会で「仮設施設整備事業は複数の被災者が入居する必要がある」ことがわかり、最初にササキスポーツの菅野修に、その後は菅野と相談しながら一人ひとり一本釣りで声を掛けていった。このような背景から、元気会に出店したメンバーは昔からの仲間が多い。菅野は、「当時は、誰が生きているのか、生きていたにしてもどこの避難所にいるのかもわからない。車もない時期だったので、出店の声掛けをしたい店主を捜すために避難所を中心にかなり歩き回った」と言う。

早急に復旧するために必要最低限の業種を集める

元気会の場合、早急に復旧するためには、大きな集積を目指した大きな商店街をつくるのではなく、必要最低限の業種を集めることを念頭に仲間集めをスタートする方法を選んだ。最終的には一〇区画から構成される商業集積となった。コンビニや飲食店があったので、当時は津波で流された高田松原の道の駅の替わりに利用される側面もあった。なお、陸前高田市は、用地に関しては、元気会と同様にほぼすべての産業用仮設施設が、民間の用地を確保・活用しているのが特徴である。

土地を造成した「高田大隅つどいの丘商店街」

被災地で唯一「高田大隅つどいの丘商店街」は、手前に駐車場があり、それからメインストリート、その両側に店舗が並び、さらに奥に広場がある「東京ディズニーランド」をイメージしてつくられた仮設商店街である。業種は、物販・飲食だけでなく、サービス系やＮＰＯなどの事務所も入る多目的な来街者が来る、他の仮設商店街とは異なる特徴の商店街であった。

後に高田大隅つどいの丘商店街の事務局長となる太田明成は、「震災から間もないころ、何事も思い立ったらすぐに行動に起こさないと出遅れてしまう。土地の確保も行動力が勝負」と思っていた。その土地は竹駒地区から山側を大船渡方面に抜ける街道である農免道沿いにあり、津波被害を受けておらず、津波で通行止めになっている海沿いの国道の迂回路として交通量もそれなりにあった。

震災から約一か月半後の五月二日に行われた中小機構の仮設施設整備事業の説明会の後に太田はすぐに行動を起こし、目星をつけていた土地の地権者に借地の了解をもらった。当初ここは太田自身の仮設店舗を整備するために探した土地だったが、それなりの広さを確保できそうだったため、商店街ができるのではないかと思い飲食店組合に相談し、いったんは飲食店の集積として仮設商店街のエントリーシートを市に提出した。一方で、「市内の飲食店がここだけに集まってしまったら、他の地区は飲食店のない地区になってしまう。それはそれでよくない」とも思っていた。そのことを飲食店仲間に相談した結果、飲食店がここ一か所に集中する方向には向かわなかった。

太田はその後、飲食店以外の様々な事業者にも「ここで一緒にやらないか」と声をかけていった。その際に考えていたのは、「店舗だけでなく、事務所系もあったほうがいいのではないか。複合的な機能が集約された商店街のほうが、市民にとって使い勝手のよい商店街になるのではないか」ということであった。結果として、商店街の名称のように様々な業種、事業所が一か所に集まることで、様々な目的の市民が「集う」商店街が高台の「丘」に整備されることになった。

整備する際の最も大きな問題は、確保した土地が平坦でなく造成を必要とすることであった。その額は約一〇〇〇万円。二〇店舗が集積しても各店舗の負担は五〇万円。被災事業者にとって五〇万円の負担は重く、出店を諦める事業者も存在した。中小機構や市役所に期待したが、仮設施設の土地の造成費用までは出せないという。様々な調達方法を考える中で、ある支援団体が寄付をしてくれるという話となった。「この寄付がなかったら恐らくこの仮設商店街は存在していなかったと思う」と太田は当時を振り返る。

集積や回遊性、動線を意識する

商店街内の広場はコミュニティ空間として、加えて回遊性や動線を意識しながら整備されている。一定の商業集積を形成できたことについて、太田は、「自分の商売ひとつとっても商店街という集積にいることのメリットは大きかった」と言う。「多目的な商業集積になったことで結果的にいろんな用事の人が来てくれた。隣町の大船渡や気仙沼にあった屋台村にも屋台村の魅力があるし、店主の魅力でお客さんを引っ張ってくるという方法もあるが、つどいの丘はそうではなく、いろんな人が気軽に商店街に来てついでに寄って買い物をしてくれる。そんな商店街ができたのではないか」と太田は振り返る。

被災地ではすでにほとんどの仮設商店街がその役割を終えて撤去されたが、この「つどいの丘」は、現在では一般社団法人たまご村（太田が「村長」）が、地域のコミュニティを生み出す「場」として再利用されている。

幹線沿いに目を付ける――小粒だが集客力のあった「栃ケ沢ベース」

「栃ケ沢ベース」は幹線道路沿いの好立地につくられ、小規模ではあったが、その立地と人気店が揃った業種構成で、毎日多くの客が訪れる仮設商店街であった。その一方で、栃ケ沢ベースの時代から、水面下で本設の「まちなかテラス」(247ページ参照)への動きが進んでいた。

メンバーのひとりの木村昌之の縁戚が、栃ケ沢ベースの店舗前の駐車場部分の地主のひとりだった。後に栃ケ沢ベースのリーダーとなる磐井正篤に、「親戚が土地を貸してくれると言うので、一緒に仮設店舗で商売をやらないか」と木村から話があった。これが栃ケ沢ベースのできるきっかけであった。敷地のある辺りは、被災前は中心市街地のはずれであった。斜面地で使い勝手は決してよくないが、市内の高田地区から竹駒地区に抜ける幹線沿いにあり、とにかく土地がない陸前高田で、土地を貸してもらえるというのはとてもありがたい話だった。裏手が山なので津波から逃げやすいところでもあったので安心感もあった。

「いわ井」で行われたまちゼミ

規模を追求しない

栃ケ沢ベースは仮設商店街の規模としては小規模の八区画である。敷地の制約もあったことから、最終的には七人のメンバーで仮設商店街計画を進めることになった。一方で、やぶ屋(蕎麦店)、いわ井(酒・雑貨店)、木村屋(洋菓子店)の三店舗は、被災前はそれぞれが市内では集客力のある店だったが、店舗は離れていたので集客効果が分散していた。磐井には、仮設でこれらの集客力のある店が集まれば相乗効果が生まれるのではないかという目論見があった。その集客力が現実となったことから、駐車場は、店前の八台に加えて、道路の向かいに一六台、裏に従業員用を含めて三十数台の駐車場を整備するなどし、合計約七〇台以上を確保した。

一方で、ソフト面では、商業者は、自分の商売を見つめ直す取り組みである「陸前高田まちゼミ」を、本設を待たずに仮設商店街時代から開始し、「いわ井」でもまちゼミを実施した（256ページ参照）。磐井らは、栃ケ沢ベースで集客力のある店が集まれば相乗効果が期待できると考え、実際に集積による相乗効果を実感できた。この経験が、本格復興でもこのメンバーでやろうということにつながっていった。商業集積は単に店が集まるということだけでも一定の効果は期待できるが、そこに「魅力」という要素を明確に認識して集積させることにより、消費者の期待する集積に近づいていく。

被災地の中でも最も遅くオープンした「陸前高田未来商店街」

「陸前高田未来商店街」は、被災地の中でも最も遅くオープンした仮設商店街である。中小機構の仮設商店街としては後発組であるが、二〇一一年一〇月には組織をつくり、その後コンテナハウスでの仮設店舗をスタートさせている。「陸前高田未来商店街」の特色のひとつがコミュニティ空間で、多目的ホールおよびステージが整備され、そこに全国各地から支援者が集い、様々なイベントが開催された。

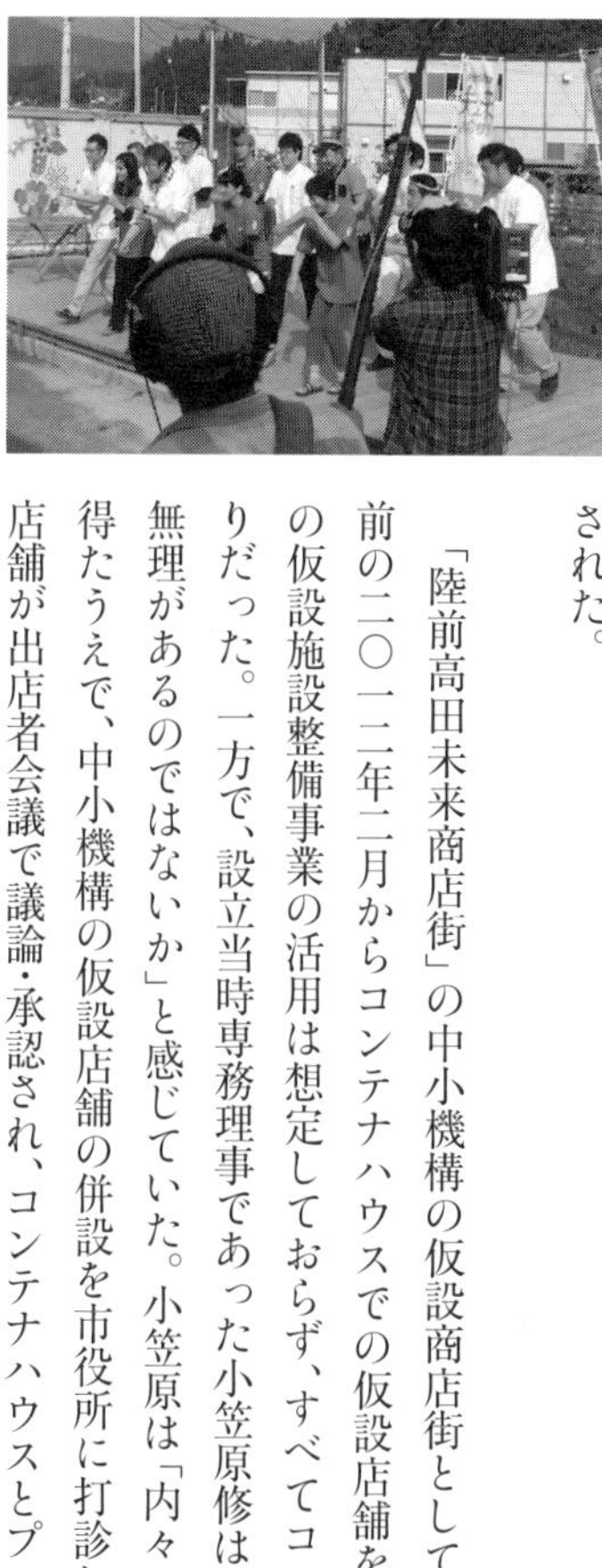

中小機構の仮設商店街支援事業「恋するフォーチュンクッキーを踊ろう」で踊る未来商店街の皆さん（二〇一四年八月）

「陸前高田未来商店街」の中小機構の仮設商店街としての完成は二〇一二年二月であるが、それ以前の二〇一一年一二月からコンテナハウスでの仮設店舗をスタートさせた。その時点では、中小機構の仮設施設整備事業の活用は想定しておらず、すべてコンテナハウスで仮設商店街を構成するつもりだった。一方で、設立当時専務理事であった小笠原修は「コンテナハウス構想での全店舗展開には、無理があるのではないか」と感じていた。小笠原は「内々に理事長の橋詰真司にその旨を話し内諾を得たうえで、中小機構の仮設店舗の併設を市役所に打診していた」という。その後、中小機構の仮設店舗が出店者会議で議論・承認され、コンテナハウスとプレハブ併設型の最終形になった。

業種構成は、甚大な被害を受けた商店主や、被災者だけでなく、Uターンして起業を目指す若者たちに出店の機会を提供し、「けせん朝市」とともに商店街化し、中小機構は被災事業者を入居の条件としたが、コンテナハウスがあったので柔軟な入居者募集が可能であった。

「陸前高田未来商店街」の特色のひとつがコミュニティ空間である。設立時のコンセプトとして、「コミュニケーションを図れる空間をつくり、多くの市民や来訪者が滞在し、遊び、憩い、癒し、笑顔になれる回遊型商店街を目指す」としており、そのコンセプトどおり、多目的ホールおよびステージが整備され、全国各地から支援者が集い様々なイベントが開催された。

以上のように、仮設商店街をはじめとする産業用の仮設施設は、被災市街地の嵩上げを待つまでの踊り場として、商業者や市民の生活のために機能した。この仮設で営業をしながら商業者のキーマンたちは、復興に向けての具体的な行動を始めることとなる。

商業者主体の復興ビジョンと実践

「民」主体の「中心市街地企画委員会（商工会）」

長坂泰之　前出

陸前高田市の被災事業者が復興に向かう道のりは様々であったが、特に嵩上げ中心市街地への再建については、陸前高田商工会が「民」のパワーを結集するために、必要な時期に必要な組織をつくりながら進めていった。しかし、それは当初から計画されたものではなく、その時々に試行錯誤の中で進められた。
商業者は商工会に任せきりにするのではなく、被災事業者が主体的に復興に対する強い意思を示すことで、最終的には「官民連携の『オールたかた』で復興した」と関係者が口を揃えて言える関係性が構築できたことが、高田のまちづくりの最大の成果ではないかと思う。

商工会独自のまちづくり計画を

今回の東日本大震災からの被災事業者の復興は陸前高田商工会（以下、商工会）の存在なしには語れない。

商工会で被災事業者の復興を牽引したキーマンのひとりが事務局長（当時）の中井力である。中井は、市役所を定年退職し、震災の前年の二〇一〇年四月から陸前高田商工会の事務局長となっていた。中井は、復興まちづくりは、「市役所も多くの職員を津波で失っており、市役所に頼っていてもだめだ。商工会も独自に復興まちづくりの計画を策定する必要がある」と思っていた。商工会の復興まちづくりに向けての動きが組織としてかたちになったのは、震災から四か月を過ぎた二〇一一年七月であった。中井は商工会長の阿部勝也らに相談した上で理事会を招集して、七月一四日に陸前高田商工会商工業復興ビジョン検討合同委員会を開催した。委員会で議論した内容は以下の四点であった。

一点目は委員会で検討すべき事項およびスケジュール、二点目は震災復興に関する先進事例、三点目は岩手県の東日本大震災津波復興計画と中小企業対策、四点目が各市町村における復興計画策定に向けた取り組みの状況共有であった。その一か月後の八月二三日に第一回陸前高田商工会商工業復興ビジョン検討委員会（以下、検討委員会）が開かれた。委員は、商工会長の阿部勝也、副会長の伊東孝（現在の商工会長）をはじめとした理事、市役所商工観光課の熊谷完士、中小企業診断士の小山剛令、岩手県大船渡地域振興センター、岩手県立大学総合政策学部の研究者などで構成されていた。

検討委員会は、合計四回の議論を経て一一月三〇日、復興まちづくりのガイドラインである陸前高田商工会商工業復興ビジョン（以下、ビジョン）を完成させた。

中心市街地の商業ゾーンの復旧・復興に関して示されたビジョンの大きな方向性は「コンパクトシティ」であった。商業機能を含めた都市機能が集積したコンパクトなまちづくり、住商近接のまちづくりを目指すことなどが示された。

ビジョンの検討から推進へ

商工会は、このビジョンを具体化するために、検討委員会を発展的に解消して、二〇一二年八月に商工業復興ビジョン推進委員会（以下、推進委員会）を立ち上げた。委員長には商工会副会長の伊東が就任した。検討委員会で大きなビジョンができたので、これを推進するためのメンバーは、商工会の役員ではなく、今後、陸前高田市の商工業のリーダーとなるべき人材を集めることとなった。また、市役所には毎回の参加を求め、熊谷に加え、都市計画課の阿部勝も参加するようになった。市役所に毎回参加を求めたのには、「この復興まちづくりの事業は、官民が連携しないと実現は不可能だ。官民が一堂に会して議論すれば、民間の悩みと行政の悩みを共有できる」という中井の目論見があった。それに市役所の阿部も乗った。中井と阿部は都市計画課時代の上司と部下であった。

第一回の推進委員会は八月三日に開催され、設置要綱が定められた。推進委員会の目的は「商工業の復興を図るために、これからの地域商工業のあり方について具体的な検討を行うため」であった。このときに委員も発表された。前述のとおり検討委員会のメンバーから大きく入れ替わり、一五名のうち一三名が商業者となり、より中心市街地の復興の色合いが強くなった。また、検討委員会のときは委員だけで構成していたが、推進委員会では外部専門家などをアドバイザーと位置づけ、委員会に招集しやすいかたちに変更した。早速、検討委員会では、市長・議長に対する要望事項が検討され、九月一一日に開催された第四回推進委員会では、ビジョンをもとに市長・議長に対する要望書（案）が示された。その内容は、以下の三点であった。

① コンパクトシティの必要性（商業機能と公共機能が隣接している必要性）、併せて、新市庁舎の避難機能の付与
② 商業機能のいち早い再建に向けて、中心部の嵩上げ工事の先行着工
③ 中心商店街に公設民営による共同店舗の整備

この要望書は九月一四日に市長・議長に提出された。なお、推進委員会は二〇一三年三月末までの八か月間に平均して月に二回開催された。

商工業復興ビジョン推進委員会のアドバイザーとして受け入れられる

推進委員会の委員長の伊東は、このころのことを、「震災後からこれまで、学識経験者や民間のコンサルタントから商工会に対して、復興まちづくりに関して複数の提案がされたが、いずれも現実的ではなく受け入れられるものはなかった。身の丈に合った背伸びをしない復興ができればと考えていた」と言う。そんな中で、二〇一二年一一月八日に開催された第七回推進委員会の「陸前高田市高田地区商業復興勉強会」において、筆者から、阪神・淡路大震災の復興業務や各地の中心市街地再生の経験を踏まえて復興まちづくりの考え方について話をした。筆者は震災の翌月の二〇一一年四月に中小機構の高度化資金の貸付先である高田松原商業開発協同組合（ショッピングセンター「リプル」の運営母体）の被災状況を確認するために組合の理事長の伊東孝と会っていた。伊東とは、一年七か月ぶりの再会であった。

委員のひとりである熊谷栄規（居酒屋「車屋酒場」）はこのときの話を鮮明に記憶している。「たくさんのアドバイザーが夢のようなプランをもってきたが、どれも現実的ではなかった。長坂の話は経営者の選択肢は『仮設、本設、そして辞めることもあってよい』という話だった。マーケット規模の話を含めて、決して夢のある話ばかりではなかったが、現実的な話を初めて聞いた」と振り返る。伊東とも思いが一致し、その後、筆者は中小機構の職員でありながら推進委員会のアドバイザーの立場で、中小機構の震災復興支援アドバイザーで一級建築士の久場清弘とともに隔週で陸前高田市に通うことになり、そのときに併せて推進委員会が開催されるようになった。

なお、このころ市役所からは阿部が毎回委員会にオブザーバー参加していたものの、市役所の上層部と意見交換をする機会はなく、筆者自身は官民の距離感を感じていた。そこで、この距離感を埋めるべく、密かに時間を見つけては久保田崇副市長（現静岡県掛川市長）の元に通い、商工会の熱量を高さを伝える中で本格的な官民連携を模索していた。

宮崎県日向市と陸前高田市の官民連携メンバーでの記念写真（二〇一三年二月四日）

震災後初めての県外視察となった宮崎県日向市中心市街地の視察（二〇一三年二月四日）

宮崎県日向市へ——官民連携のまちづくりを肌で感じる

一一月八日の勉強会の際に、筆者が官民連携のまちづくりの事例で希有な成功例と考える宮崎県日向市の中心市街地再生の取り組みについて話をしていた。テナントミックスの考え方を取り入れて土地区画整理事業を導入して大胆にまちなかを改造した日向市が、陸前高田市のまちなか再生の参考になると考えたからである。筆者は一一月二二日に陸前高田市の復興の参考になる視察先を探していた商工会の松田裕光（故人）に日向市への視察を提案した。推進委員会はその提案に乗り、翌二〇一三年二月三～五日の日程で推進委員会のメンバーに事務局の商工会、市役所が加わり、宮崎県宮崎市、延岡市、そして日向市を訪問した。自分たちの目の前に広がる日向市の市役所、商工会議所、商業者の三位一体による官民連携のまちづくりは、その後の陸前高田市の復興まちづくりの考え方の礎のひとつとなった。地元主催の夜の懇親会は久しぶりに息の抜けるひとときだった。二次会はスナックだったが、震災後初めてスナックで酒を飲んだメンバーもいた。震災から約二年が経過しようとしていた。

官民が同じ土俵に

推進委員会ではその後、中心市街地の商業集積全体の配置、公共施設の配置および、「道の駅」の配置などを中心とした中心市街地のゾーニングの検討に入った。この計画づくりにも都市計画課の阿部は毎回参加し、市役所内での検討状況を可能な限り伝えるとともに、市役所側にも民間の検討状況を伝えた。二月二六日の午前中には推進委員会としての意見を踏まえて商工会の素案を取りまとめた。

同日午後、市が策定した中心市街地計画と商工会が策定した商工業復興計画との調整、検討を行うことを目的として設置された陸前高田市中心市街地検討会（以下、検討会）の第一回目の会合が市内鳴

後に「まちなかテラス」でも導入された、日向市の路地を設けて回遊性の向上を図る取り組み(二〇一三年二月四日)

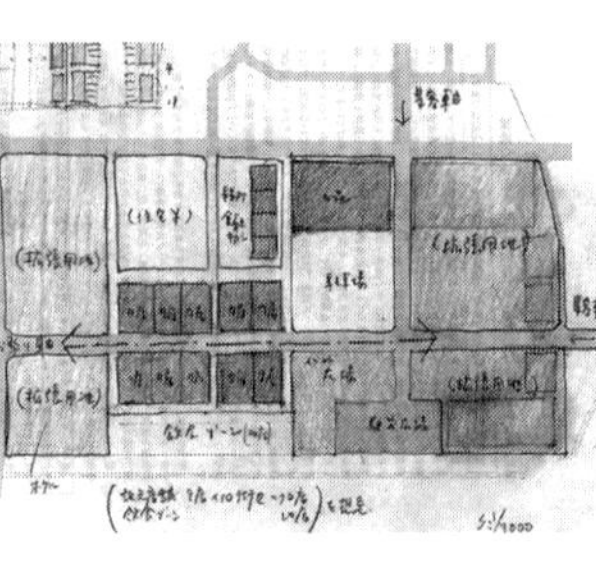
二〇一三年二月の中心市街地検討会で中小機構が提示した中心市街地配置素案

石地区の仮設の陸前高田市役所で開かれた。商工会は、副会長の伊東とともに磐井正篤、木村昌之、菅野修、事務局長の中井、アドバイザーとして筆者などが、また市役所は企画部長、建設部長をはじめ担当課長などが出席、市役所側の有識者として東京工業大学教授の中井検裕、東京大学教授の羽藤英二が出席した。官民が本格的に同じ土俵に立った瞬間だった(6章1節参照)。商工会側から現時点での検討状況を中小機構(案)というかたちで報告し、市役所と意見交換を行った。以降、合計四回の検討会が開催されることとなったが、震災前の官民の関係は「民」が「官」に「陳情」するという関係であったが、そうではなく「連携」という関係が形成されたことは陸前高田市としては画期的なことであった。その場で商工会が市に伝えた検討内容は以下の六点であった。

① 商業地区の広さは八ヘクタールにこだわらないが拡張性は残して欲しい
② 商業地区の位置は全体として南幹線にまたぐかたちでも構わない(ただし、南幹線から奥まったエリアの集客、視認性が心配される)
③ 商業の核店舗は地元商業者が中心となったショッピングセンター「リプル」(後の「アバッセたかた」)の再生を念頭に置いている
④ 単独店舗群は六〇店舗以上確保して欲しい
⑤ 駅前周辺に祭りやイベントを開催するための広場を整備して欲しい
⑥ 一定の割合で高田地区に宅地をもちたい住民がいることから市民のニーズに合った規模の宅地を整備して欲しい

中心市街地への出店勉強会(仮称)の開催

二〇一三年七月に商工会は、会員の復旧・復興状況を取りまとめた。震災前の会員六九九者に対して被災会員数六〇四者で被災比率が八六・四％に達したこと、また、被災会員の状況は、営業継続・再開を果たした会員三三七者（五五・八％）、営業未再開の会員二九者（四・八％）、廃業した会員二〇〇者（三三・一％）、市外に転出した会員二七者（四・五％）であることが報告された。報告後に商工会事務局から、「中心市街地への出店に向けて本格的に商業者の勉強会を開催しよう」との提案があった。今後、高田地区の中心性、拠点性を強く推進するために、積極的に高田地区の商業活性化に向けて様々な仕掛けをしていく必要があった。復興に向けての本格的な勉強会であることから、これからのまちのコアとなると思われる事業者には必ず参加してもらうこととした。コアメンバーは、推進委員会の委員のほか、商工会商業部会、大型店、旧商店会メンバーの合計二一名にのぼった。

翌八月、筆者は、「まちづくり」が「みせづくり」につながる全国各地の取り組み事例を話した。また都市計画課の阿部から土地問題の現状と情報の共有を行った。九月二四日には同年二月に訪問した宮崎県日向市から、当時の市役所の市街地開発課の黒木正一、日向商工会議所の松本龍太、そして商業者の再生計画の作成を支援した地元のコンサルタントの三堀俊之が陸前高田に来て、日向市の中心市街地再生について詳しく話をしてくれた。同じ九月には、陸前高田市長の戸羽太と商工会との懇談会も実現するなど官民の距離感はさらに縮まっていった。

中心市街地への出店意向調査から出店者ヒアリングへ

二〇一三年一一月の推進委員会では、商工会から商工会員の中心市街地への出店意向調査の結果報告があった。そこで大きく四点が明らかになった。一点目は、本設店舗の整備を希望する場所についてである。内訳は、「新しい市街地」が八九者、「中心市街地以外」が一三二者、「わからない」が六四者の合計二八五者であった。二点目は、店舗および駐車場の必要面積についてである。店舗などの必要面積は合計三〇六三四平方メートル（九二八三坪）、客用駐車場の必要面積は合計三一八三〇平方

陸前高田商工会商工業復興ビジョン推進委員会（二〇一三年八月二〇日）

メートル（一〇六一台、一台当たり三〇平方メートル換算）であった。また、従業員用駐車場の必要面積は合計一二二一〇平方メートル（四〇七台、一台当たり三〇平方メートル換算）であった。三点目は中心市街地に出店意向の八九者の本設店舗の出店方法の意向である。合計八九者のうち、「共同店舗にテナントとして出店を希望する」が二三者、「店舗兼住宅を建設する」が二〇者、「店舗だけを建設する」が三九者、「その他」七者であった。四点目は、中心市街地以外に本設する理由についてである。「嵩上げをするのが津波浸水区域だから」が一四者、「嵩上げまで時間が遅すぎるから」が一四者、「その他」が一五七者であった。

この調査結果を受けて、商工会は翌二〇一四年一月から新しい市街地への出店を希望している八九者に対してヒアリングを実施した。ヒアリング項目は、土地（換地、借地など）、店舗形態（所有、賃貸など）、店舗面積（店舗、駐車場）、グループ補助金の活用の有無、借り入れ状況、売り上げ状況まで詳細に

陸前高田商工会商工業復興ビジョン推進委員会（二〇一三年一二月一日）

わたった。このデータは市役所としても被災事業者が中心市街地にどの程度の土地を必要としているのかを具体的に知るためにも必要なものであった。ヒアリングは、前出の三堀を中小機構の震災復興支援アドバイザーとして招聘して行われた。その後、二月から三月にかけて合計四回にわたり、出店希望者に対して中心市街地出店に向けた勉強会を実施した。

商工業復興ジビョン推進委員会から中心市街地企画委員会へ

中心市街地への出店希望者が明らかになってきたこの段階で今後の商工会として進めていかなければならないのが、市役所とともに、本格的に中心市街地の将来像を検討し、あわせて中心市街地のゾーニングおよびゾーンごとの規模を検討することであった。そのためにはより中心市街地に特化した組織で議論をする必要があった。そのため二〇一四年三月に推進委員会の下部組織として、中心市街地企画小委員会が設置された（その後、中心市街地企画委員会（以下、企画委員会）に名称変更）。今後は、企画委員会が必要な事項を検討し、検討結果を推進委員会に報告することとした。企画委員会の委員長には磐井（現商工会副会長）が就いた。企画委員会には二〇一四年四月に都市計画課長に昇任した阿部のほかに商工観光課長に昇任した村上幸司、ＵＲ都市機構の犬童伸広、そして筆者ら中小機構などがつねに参加することとなった。

第一回の企画委員会は二〇一四年三月一九日に開催された。一方、五月一四日には津波・原子力災害被災地域雇用創出企業立地補助金（津波立地補助金、243ページ参照）現地説明会が開催された。ショッピングセンター「リプル」の再生（再生後は「アバッセたかた」）は最終的にはこの補助金を活用することになるのだが、運営する高田松原商業開発協同組合の理事長でもある伊東から計画づくりの相談を受けた筆者は、全国各地の中心市街地再生にともに取り組んだ旧知のジオ・アカマツの加茂忠秀を伊東に紹介する。以降、加茂が加わり企画委員会などへの専門家の支援体制が確立した。

福岡市からの出向者の送別会の風景。官民連携の醸成は昼夜問わず

継続は力なり

二〇一四年度以降、商工会では、推進委員会、企画委員会および中心市街地出店に向けた勉強会の継続的な開催を通じて、中心市街地への出店の機運を高めていった。そこで議論、話題提供された内容は、グループ補助金（後述）や中心市街地の形成方針（ゾーニング）に留まらず、中心市街地の道路・公園などのデザイン、中心市街地借地料などの考え方、嵩上げ市街地の建築可能時期の情報提供など多岐にわたった。そこには、商工会、市役所の双方に、「官民連携によるまちづくりが信頼関係を醸成し、その関係性が陸前高田市の中心市街地の復興、さらには持続可能なまちづくりには必要不可欠だ」という強い共通認識があった。

二〇一四年度以降の取り組みは、6章で語られている取り組みそのものであり、それらは基本的にすべてこの推進委員会や企画委員会で議論された。その後、企画委員会は二〇一七年三月まで開催され、嵩上げした中心市街地への本設店舗の整備が進む中で、その役割をグループ補助金の受け皿である「陸前高田まちなか未来プロジェクトグループ」や「高田まちなか会」に引き継いでいった。最終的に推進委員会の開催は八回、企画委員会の開催は七八回にのぼった。

Section 4

市による商業支援策

村上幸司 前出

震災により高田地区の中心市街地と国道四五号沿いに多く立地していた店舗等がすべて被災し、市内の商業は機能をほぼ失った。ここでは、商業を中心とした様々な事業の、再開に向けた市の支援策について時間を追いながら記述する。

被災中小企業事業再開補助金で迅速な支援

震災前の市による商業支援は、商店街の空き店舗解消のための補助や活性化イベントなどの開催支援が主なものであった。

震災により、市は多くの仲間を失い、残された職員も避難所や被災者支援にあたるなど、震災直後は商業者の事業再開支援を行える状態ではなかったが、まずは仮設店舗の建設支援から動き出し、二〇一一年五月一日付けの人事異動により企画部商工観光課・企業立地雇用対策室が五名体制となった中で、商業者への説明会開催から始めた。

一方で、国(中小機構)による仮設店舗の建設(5章3節参照)については、建設場所の選定や共同事業者の組み合わせなどに時間がかかることから、市として早急に支援策を検討した。その結果、まずは事業者に営業を再開してもらうきっかけとして、何にでも使ってもらえる補助金制度「被災中小企業再開補助金」を八月一日に創設した。その内容は、施設や設備などの整備、購入や修繕などに要する経費に対し、補助率一〇分の一〇で、五〇万円を限度として補助するものである。せっかく命は助かったが、「これからどうすればいいのか……」「再開か、廃業か……」と悩む事業者の背中を少しでも押すことができれば、という考えだった。制度を創設すると、事業者の申請は殺到し、初年度の八か月で二三六件、約一億一七〇〇万円の実績となった。申請内容を見ると、プレハブや車両の購入、什器・設備の購入、パソコンなど備品の購入など多岐にわたり、失った事業資産の調達と事業再開に大いに役に立ったものと考えている。被災事業者のひとりからは、「レジ台や陳列棚の購入費に充てた。手持ち資金があまりなかったので大変助かった」という声ももらえた。

この制度は、遡っての申請を可として、翌年度以降も継続したことから、制度廃止の二〇一八年度末までで、最終的には三四五件、約一億七二〇〇万円の実績となった。

中小企業被災資産修繕事業費補助金で修繕に対応

岩手県においては、二〇一一年六月から、東日本大震災により被害を受けた中小企業者の事業再開支援と、就業機会の確保を図るため、中小企業者が建物およびその附属設備、構築物、機械および装置などの修繕に要する費用に対し市町村が補助する場合に、その費用に対して二分の一補助する「中小企業被災資産修繕事業費補助金」を創設した。

それを受けて市では七月に、「陸前高田市中小企業被災資産修繕事業費補助金」制度を創設した。内容としては、修繕に要する費用に対する補助率二分の一（市が四分の一、県が四分の一）、補助限度額は、卸売業、サービス業、小売業にあっては二〇〇万円、宿泊業、製造業、建設業、運輸業その他の業種にあっては二〇〇〇万円というものである。

しかし、この補助制度は、あくまで修繕に対する補助であったため、陸前高田市のように津波被害の大きかった地域においては、対象となる案件は多くなく、二〇一二年度における実績は、一八件、約七〇〇〇万円であった。

中小企業被災資産復旧事業費補助金で修繕によらない復旧に対応

前述の修繕事業費補助金が半壊などの修繕復旧のみが対象であり、全壊した中小企業者にとっては使いにくい補助であったため、市では市内中小企業者の被害状況などを県に伝えながら、修繕によらない復旧にかかる補助制度の創設を訴えていた。

それを受けるかたちで岩手県は二〇一三年三月に、建物の新築や機械・装置の購入など取得に要する経費についても対象とする「中小企業被災資産復旧事業費補助金」制度を創設し、それを受けて市では四月から、建物およびその附属設備、構築物、機械および装置などの取得・修繕に要する費用に対し補助率二分の一で、補助限度額は、被災資産を取得する場合にあっては二〇〇〇万円、被災資産を修繕する場合は卸売業、サービス業（宿泊業を除く）、小売業にあっては二〇〇万円、その他の業種にあっては二〇〇〇万円とする「陸前高田市中小企業被災資産復旧事業費補助金」制度を創設した。ただし、二〇一三年度についてはグループ補助金（251ページ節参照）と重複しての受給はできないこととされていたが、二〇一三年度からは改正により併給が可能となった。

この制度により、事業再開場所にかかわらず、また被災資産の代替資産を新たに取得する場合も補助金の活用が可能となったことから、中心市街地以外に場所を移して本設した事業者や、被災市街地復興土地区画整理事業により嵩上げした市街地に本設した事業者の事業再開を大きく後押しした。

二〇一二年度から二〇二〇年度までにおける実績は六三件で、約三億一六〇〇万円となった。

歌手による被災中小企業復興支援補助金(コンプレックス補助金)

歌手の吉川晃司さんと布袋寅泰さんの音楽ユニット「COMPLEX(コンプレックス)」が被災地復興支援のために行った東京ドーム公演の収益から、イベント運営会社のディスクガレージを通じて受けた寄付金により、被災中小企業の再開を支援するため、二〇一三年三月に「陸前高田市被災中小企業復興支援基金条例」を公布するとともに、同基金を創設した。

翌四月には、「陸前高田市被災中小企業復興支援補助金」、通称「コンプレックス補助金」制度を創設し、被災した中小企業者の市内での本設による事業再建を支援することとした。

この制度は、補助率は一〇分の一〇で、限度額は国・県の他の補助金の交付決定を受けている場合は、宿泊業二〇〇万円、その他の業種五〇万円、また、国・県の他の補助金の交付決定を受けていない事業者が、建物の本設に係る建築経費に充てる場合は、宿泊業二〇〇万円、その他の業種一五〇万円とし、市単独の「陸前高田市被災中小企業事業再開支援補助金」と併せた活用は可としている。

なお、宿泊業においては、国・県の他の補助金の交付決定を受けている場合でも補助が受けられたことからこの補助金を活用した事業者は多かった。また、補助率が一〇分の一〇であり、申請も簡易だったこともあり、前述の被災資産復旧事業費補助金を活用せず、この補助金を活用した事例も多かったと感じている。

二〇一三年度から二〇二〇年度までにおける実績は一五一件で、約一億四八〇〇万円となった。

テナント事業者本設店舗建設補助金でテナント事業者にも支援

前述までの各種補助金制度は、あくまで自己の建物をもっていた事業者が自身で建物などを再建する場合に限られ、震災時にテナントで営業していた事業者は、大家が建物を再建する場合に限ってしか補助金を活用することができなかったことから、市では二〇一七年三月、「陸前高田市テナント事業者本設店舗建設補助金」制度を創設した。

この補助金は、東日本大震災により被害を受けた市内テナント事業者の本設による事業再開のために、必要な施設・設備、機械装置などの取得に要する経費に対して補助するもので、補助率は三分の一、限度額は五〇〇万円である。再開する事業者からすると自己負担が三分の二以上発生することとなるが、他の市町村でも過去においてこのようなテナント向けの制度は例がなく、被災事業者からは、「建物の建設に補助してもらい有り難い」、「この補助のおかげで再建できてよかった」などの声が寄せられたほか、他の市町村からの問い合わせも多かった。

二〇一七年度から二〇二〇年度までにおける実績は七件で、約三〇〇〇万円となっている。

中小企業復興店舗等整備補助金は「ノーマライゼーション」実現のため

市においては、東日本大震災からの復興にあたり、子どもから高齢者まで、市民みんなが生き生きと笑顔で過ごせる「ノーマライゼーションという言葉のいらないまちづくり」を基本としてきた。このことから、新たなまちづくりにあたって、高齢者や障がい者などが使いやすい店舗などの整備を推進するため、二〇一七年三月、「陸前高田市中小企業復興店舗等整備補助金」制度を創設した。

この補助金は、市内の中小企業者および特定非営利活動法人がユニバーサルデザインに合致した施設・設備などの整備に要する経費に対し補助するもので、補助率は一〇分の一〇で、限度額は店舗などの面積に応じ、面積が一〇〇平方メートル未満の場合は三〇万円、面積が一〇〇平方メートル以上の場合は五〇万円である。

被災した中小企業などに限らず、新規事業者も対象としていることから、中心市街地での再建や新規開業などの事業者を対象とした結果、二〇一七年度から二〇二〇年度までの実績は、小売業から飲食業、サービス業など多岐にわたっており、二四件で約八〇〇万円となっている。

新規起業者支援事業費補助金は創業・起業、第二創業などを支援

震災後において新たに起業する者に対する支援が不足していたことから、二〇一八年一一月、「陸前高田市新規起業者支援事業費補助金」制度を創設した。

この補助金は、市内での新規起業者、ならびにすでに事業を営んでいる者、または事業を継承した後継者が異なる分野の事業を市内で新たに開始する場合（いわゆる第二創業）に対し補助するもので、施設設備取得事業、商品開発等事業、チャレンジショップ入居事業の三事業に区分し、支援した。この制度創設に加え、市では事業活動へ参入しやすい環境を整備し、新規事業者の育成を目指すとともに中心市街地の活性化にも資するため、二〇一九年七月にチャレンジショップを整備、オープンした。

この施設は、事務所三区画、店舗九区画（小売業、サービス業向け…五区画、飲食向け…四区画）で、仮設店舗や市外で事業を行っていた者が中心市街地で独立開業を目指す個人または法人、団体を入居者として公募した。震災により、既存の店舗などをすべて失ったため、商店街の空き店舗もなかったことからそれを補完する役割ももたせた。

補助対象経費と補助率、補助限度額は、施設整備取得事業については、建物および附属設備、構築物、または機械および装置の取得に要する経費を対象とし、補助率三分の二、限度額一〇〇万円（第二創業者にあっては、五〇万円）、商品開発等事業については、原材料費、検査費、市場調査費、展示会出展費等の商品開発に要する経費を対象とし、補助率二分の一、限度額三〇万円、チャレンジショップ入居事業については、チャレンジショップの入居に要する経費（使用料、利用料は除く）を対象とし、補助率一〇分の一〇、限度額二〇万円である。

二〇一八年度から二〇二〇年度までの新規起業者支援事業費補助金の実績は四八件で、約四一〇〇万円となっている。

以上のように、様々な制度により復興の事業再開の支援を行ったが、被災した事業者に寄り添いな

がら事業者の声（要望）を聞き、周辺環境やステージに応じた支援を行うことが、何よりも大切なことであると振り返って思う。

千葉 達　陸前高田市子ども未来課（当時商工観光課）

「嵩上げ地は、津波に対して本当に安全なのか」。

嵩上げした中心市街地に商業集積を行いコンパクトシティを目指すと定めた本市の復興計画に基づき、嵩上げ地の市借地を希望する商業者に説明会を開催したところ、商業者から返ってきた言葉です。

二重ローンに苦しむ人、仮設店舗の払い下げを望む人、グループ補助金のメンバーを探している人、従前テナントであった人、嵩上げ地自体に不安を感じる人など、個々の悩みは異なっていました。そのため本設店舗が建設できる時期となっても、なかなか次の一歩が踏み出せずにいる事業者が多かったことを覚えています。

次の一手が市の復興にとって重要と思い、市の借地の借上げ料を固定資産税相当額まで下げたり、メインとなる大規模商業施設「アバッセたかた」を図書館と隣接して建設することで集客できることを、再度説明しました。聞き取りを行う中で、テナントで営業していた事業者が、貸し出してくれる建物がないため再建できないでいることを知り、そうした人が本設で自分の店舗をもつ場合に使える補助金を創設し、それを使って出店してくれた事業者がいたことが本当に嬉しかったです。

商工会と市の二人三脚で進めてきた復興が、かたちになった瞬間（とき）でした。

Section 5

商業者の被災から復興への動き

長坂泰之 前出

ここまで震災直後から復興までの商業者の動きを追いかけてきた。最後に、陸前高田商工会員事業者の、震災前、震災直後、復旧時（仮設店舗）、そして復興時（本設）の推移を見ながら被災事業者の大きな動きを俯瞰していきたい。震災前に市街地で事業を営んでいたすべての事業者がいったん市街地から撤退、市内外に分散し、その後、徐々に市街地に戻る姿が見て取れる。

被災事業者の段階別移転の数的推移

第一段階の東日本大震災（二〇一一年三月）の前後を見ると、商工会員は、震災前は全三四六事業者が中心市街地で事業を営んでいたが、そのうち一四七事業者が震災時点で廃業となっており、継続の意思をもった事業所は一九九事業者であった。ただし、壊滅的な被害を受けた市街地はほぼすべての建物を失い、そこに留まる事業者は誰ひとりとしていなかった。

第二段階の仮設商店街整備前段階（二〇一一年六月）でも、その後被災市街地に建築制限がかかることもあり、市街地に仮設施設を整備する動きはなく、継続意向の一九九事業者のうち約半数の九四事業者が、それぞれ郊外の空き家を活用したり、プレハブを自己調達するなどして営業を再開している（図1「復旧・非集積」）。それらはそれぞれが点在し、商業集積と言えるものは存在しない。

＊――長坂泰之、高橋誠司「復旧・復興の商業まちづくりに関する調査」（岩手県山田町、大船渡市、陸前高田市の三市町の被災事業者向け）二〇一九年による

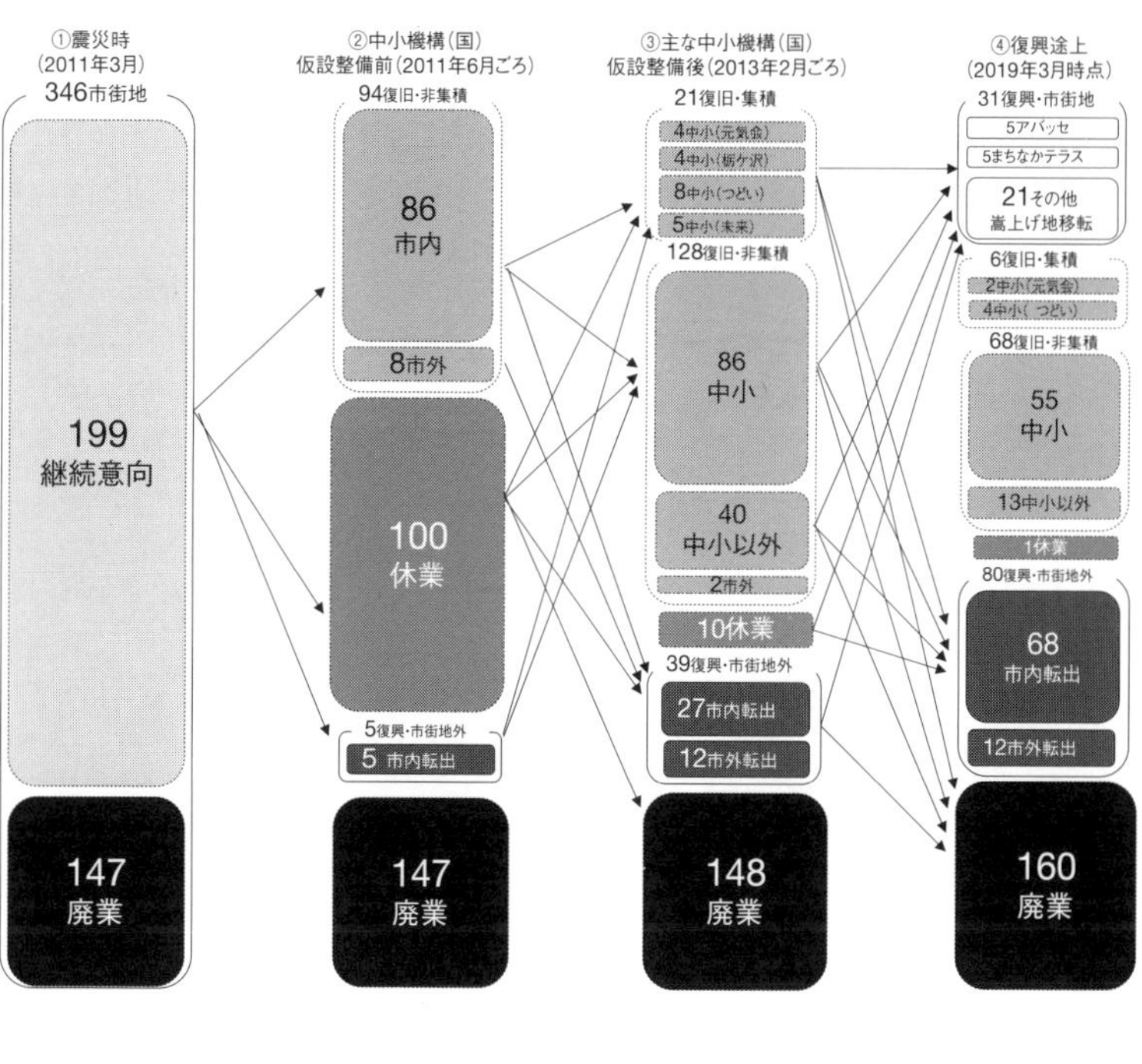

図1　陸前高田市（高田地区）の被災事業者の段階別移転の推移（図1〜7すべて出典：長坂泰之「東日本大震災の津波被災市街地における商業集積の復興プロセスに関する研究」横浜市立大学大学院博士論文、二〇二一年）

第三段階の仮設商店街整備完了段階（二〇一三年二月）の時点では、四つの仮設商店街に商業の集積が形成されていたが（同「復旧・集積」）、隣接する大船渡市や気仙沼市が比較的隣接して仮設商店街が形成されたのに対して、陸前高田市の場合はそれぞれの仮設商店街の立地はバラバラであり、また、国の仮設施設へ入居した事業者数、入居率ともに比較した岩手県山田町、大船渡市、陸前高田市（以下、「三市町」）の中では最も少なかった。*

第四段階の復興途上段階（二〇一九年三月）の時点では、復興中心市街地に三一事業者が集積を形成している（復興・市街地）。この時点で仮設施設に入居している事業所が七四事業者存在し（同「復旧・集積」「復旧・非集積」の合計）、三市町の中では最も多い（同「復興・市街地」）。多くの津波被災地が整備を終える中で、この時点で陸前高田市（高田地区）は未だに復興途上の段階であった。一方で、陸前高田市内には立地しているものの市街地以外に移転した事業者が六八事業者あり、事業者の流出も見受けられた（市外転出は一二事業者）。

被災事業者の段階的移転の空間的推移

図2は震災時の陸前高田市（高田地区）の事業所の分布状況である。大町、荒町、陸前高田駅周辺に店舗が集中する一

図2 第一段階 震災時（二〇一一年三月）

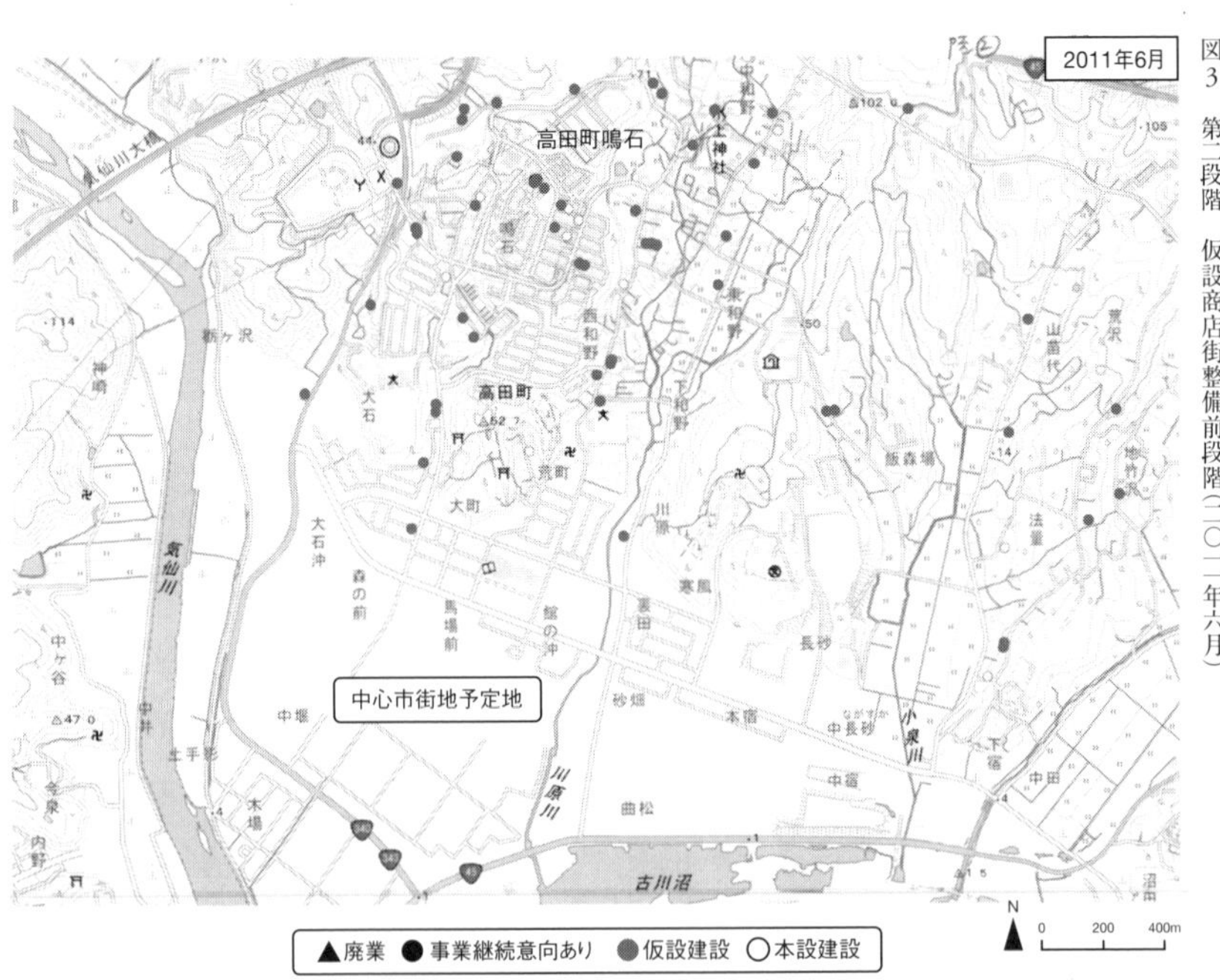

図3 第二段階 仮設商店街整備前段階（二〇一一年六月）

方で、国道四五号バイパス沿いなどにも一定の事業所が存在していた。▲は震災で廃業となった事業所、●は震災時に廃業をしていない事業者（ここでは事業継続ありと記載）である。当然のことながらこの時点では、仮設や本設の事業所は存在しない。東日本大震災の津波被害などにより、震災時点で三四六事業所のうち一四七事業所が廃業に追い込まれた。

図3は、震災から三か月後の二〇一一年六月の事業所の分布状況である。この時点では、一部の事業者が仮設での営業を再開している。また若干であるが市街地に戻らずに高台などに移転して本格的に営業を再開した事業者もあった。東日本大震災では、国（中小機構）によって産業用仮設施設を整備する仕組みが新たに制度化された。しかしながら、この時期は陸前高田市も他の津波被災地と同様に、まだ国が市役所を通じて仮設施設整備の要望を聞いている段階であった。従って、営業を再開していた事業所は、自前でプレハブを用意したり、空き家などを活用していた。なお、津波被害が甚大な陸前高田市（高田地区）では、被災市街地に仮設施設を整備する事業者はほとんど存在せず、ほぼすべての事業者は高台などに分散して仮営業をスタートさせていた。

図4は震災から約二年が経過した二〇一三年二月時点の事業所の分布状況である。陸前高田市（高田地区）の場合、最も早く整備された仮設商店街（前記の国の制度によって整備されたもの）は二〇一一年七月に市内米崎地区に整備された陸前高田元気会である。一方で、最も遅い仮設商店街は、二〇一三年二月に市内竹駒地区でグランドオープンした陸前高田未来商店街であった。このオープン時期の相違の最大の要因は、建設用地が迅速に確保できたか否かであると考えられる。陸前高田市の場合、他の多くの被災自治体とは異なり、被災市街地に建築制限をかけたことから、被災市街地で仮設施設を建設できず、多くの被災事業者は土地の確保に奔走することになった。そのことを被災事業者に聞くと、多くの事業者は「あの被災状況を見たら、とても被災市街地で仮の営業をしようとは思わなかったし、復興の工事に支障を来してはいけないと思った」と口を揃えて言う。それほど陸前高田市

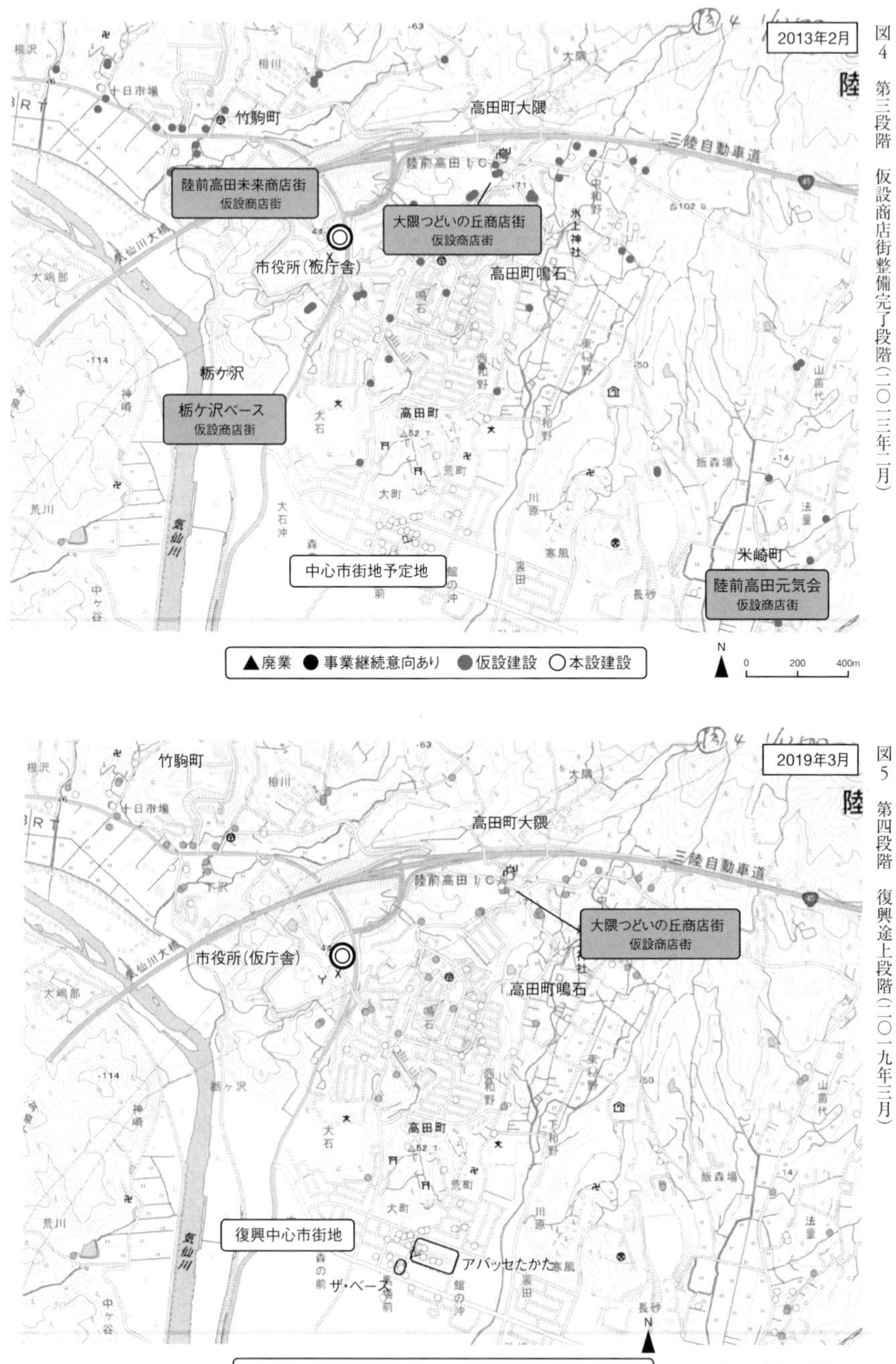

図4　第三段階　仮設商店街整備完了段階（二〇一三年二月）

図5　第四段階　復興途上段階（二〇一九年三月）

の被害が甚大であったと言えるのではないだろうか。

このように陸前高田市は、土地の確保に困難を来したこともあり、仮設店舗申請の最低店舗数の二店舗のみの仮設店舗が数多く出現した。仮設店舗が小規模かつ分散したことから、他の被災地と比較すると、事業者にとっては集客に、市民にとっては買い物に不便を生じることになった。なお、仮設商店街のうち、高田大隅つどいの丘商店街は、谷地の一部を埋め立てて整備した他に例のない商店街であった。

図5は震災から八年が経過した二〇一九年三月時点の事業所の分布状況である。市立図書館が併設された商業施設「アバッセたかた」が整備され、また、「ザ・ベース」（まちなかテラス）も整備されている。またその周辺にも本設の店舗が整備され、事業者が戻ってきていることがわかる。このようにまちの軸となる部分に商業の集積が形成されている一方で、中心市街地に戻らずに高台などの中心市街地以外で本設の店舗を整備して営業をしている事業者や、この時点でもなお仮設で営業している事業者もある。甚大な被害が土地区画整理事業を遅らせ、その結果、震災から一〇年が経ってようやく新市街地で本格営業ができた事業者があった。

被災から復興までの段階別の事業者の軌跡

図6は、二〇一一年三月（震災時点）から同年六月（国の仮設商店街整備前）の軌跡である。被災事業者は被災市街地に仮設施設を整備することはなく、市内の竹駒町や高田町鳴石地区などに分散していることがわかる。

図7は二〇一一年三月（震災時点）から二〇一三年二月（国の仮設商店街整備後）の軌跡である。二〇一三年に入ると、一定の規模の集積である仮設商店街に加えて、小規模の仮設施設もかなり整備されている。陸前高田市の場合、被災市街地に仮設施設を整備することが制限されていたために、市内の

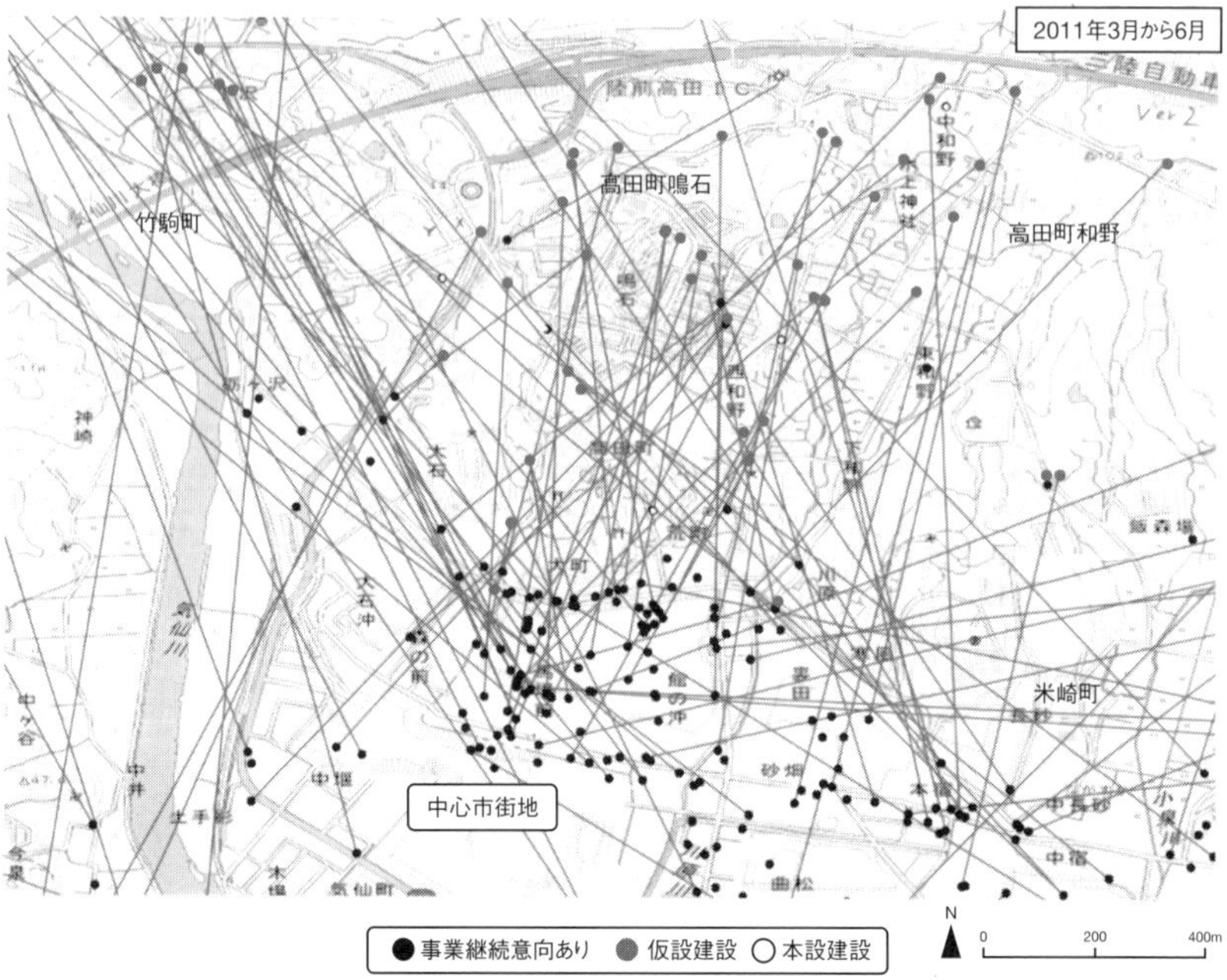

2011年3月から6月

●事業継続意向あり ●仮設建設 ○本設建設

図6 被災から復興までの段階別の事業者の軌跡①→②

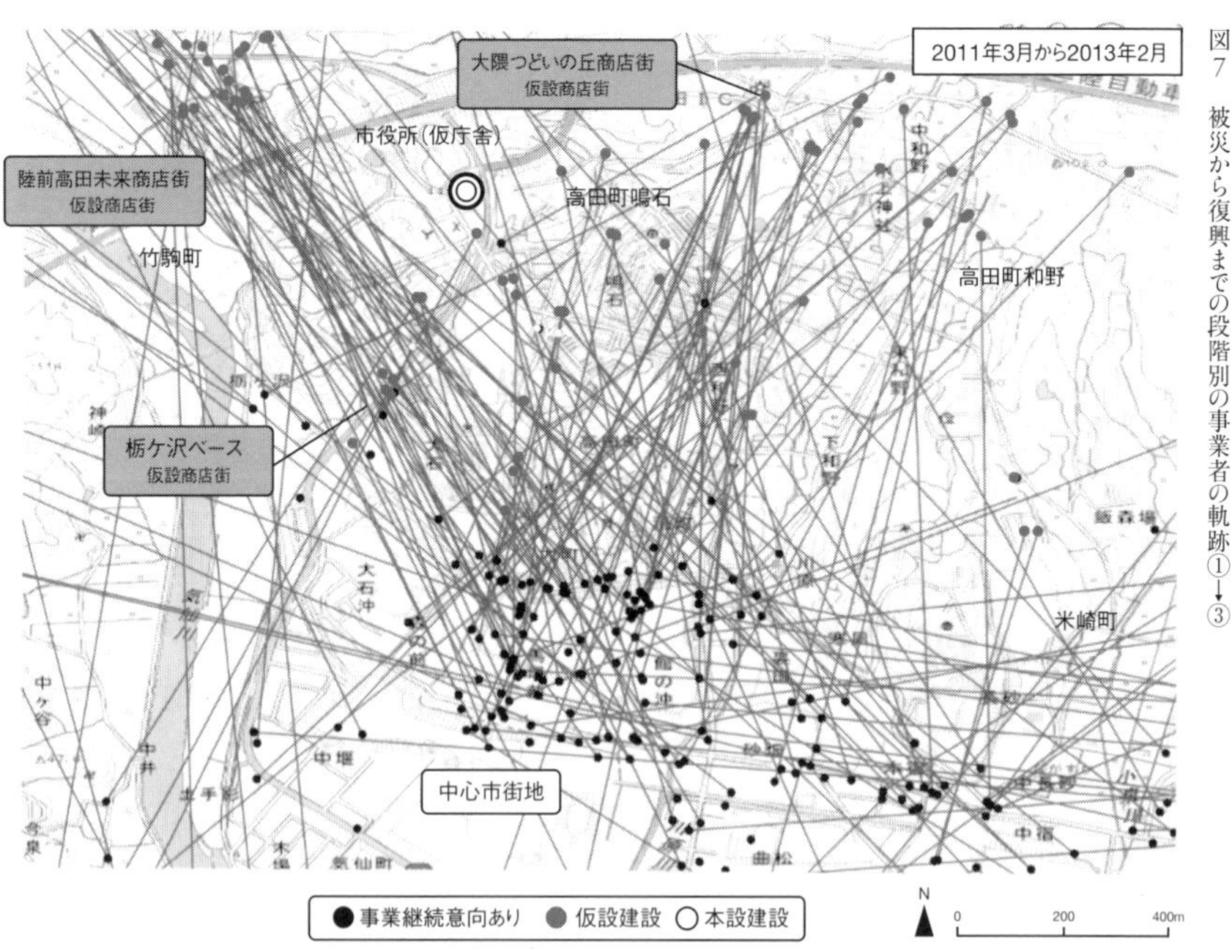

図7 被災から復興までの段階別の事業者の軌跡①→③

郊外各所に分散して立地している様子がわかる。二〇一一年六月の段階では、市内の竹駒町や鳴石地区への移転が多かったが、この時期になるとこれらの地区に加えて、高田町和野地区、米崎町方面で営業をしている事業者も多数存在している。

以上のように、陸前高田市は、甚大な被害がゆえに、復旧(仮設)段階では事業所は雲散霧消の状態になり、仮設商店街という集積で営業できた事業者は一部に過ぎなかった。このように多くの被災事業者が分散して事業を再開した状況は、大きなハンデとなったと言えるが、この状態から、嵩上げする市街地の商業機能を含む都市機能の再生の議論がスタートした。陸前高田市に限らず、いったん分散し、郊外化した商業機能を再び集約し集積させることは容易なことではない。いや前例のない取り組みである。市と商工会を中心とした官民連携体制によって、震災後約一〇年を掛けて取り組んできた道のりは、一言で言えば商業者の「オールたかた」という誰も仲間はずれにしないまちづくり」であった。「オールたかた」のまちづくりは今でも健在だ。次章以降では現在に至るまでの「オールたかた」のまちづくりを詳しく紹介していきたい。

Column

うごく七夕まつり

毎年8月7日に開催される高田町の「うごく七夕まつり」と気仙町今泉地区の「けんか七夕まつり」は、陸前高田市を代表する祭りである。

私が住んでいた高田町の「うごく七夕まつり」は、色鮮やかに染められた「あざふ」でつくられた御簾により飾られた山車を、勇壮な太鼓や笛の囃子と、「ヨーイヨイ」の掛け声に合わせて、住民が総出で引きながら練り歩く祭りである。太い角材で組まれた山車は、高さ約4メートル、重さ6トンにもなる。震災前にはうごく七夕祭りには、12の祭組が参加していた。地元の人間は小さいころから太鼓や笛を練習し、山車に乗ることに憧れて育つ。地元を離れた者も、お盆でなく七夕の日程に合わせて帰省することも多い。

2016年8月7日の七夕まつり。背後は災害公営住宅である下和野団地

七夕の作業は、毎年5月ごろに始まる。祭組ごとに、その年の山車のデザインを決めて、あざふを顔料で色付け作業を行う。ひとつの山車に使われる御簾の数は約600本、一台の山車に24,600枚のあざふが使われる。色付けしたあざふは乾かされ、一枚ごとに分けられる。次の作業は「御簾巻き」。設計図に基づきみんなで長い竹ひごにあざふを巻きつけていく。最も多くの人出が必要な作業だ。

山車には20メートル前後の杉丸太が梶棒として使われる。その梶棒と山車を固定させるのは、藤の木である。7月下旬、「藤伐」と言って、男たちは山に藤を伐りに行く。藤は掛矢(大型の木槌)でたたき柔らかくしてから、土台と梶棒を接合させる。これを「藤巻き」と呼ぶ。こうした人手のかかる様々な作業の中で、住民はお互いに顔を覚え、世間話をし、酒を飲みながら町内会のコミュニティが形成されていく。

震災の年は、被災を免れた3台の山車だけで七夕を行ったが、翌年からは、支援によりつくられた各祭組の山車ががれきを脇によけた道路を練り歩いた。住んでいる仮設住宅はバラバラだったが、離れた作業場に集まり、山車づくりや囃子の練習を行った。復興の工事現場は、8月7日だけは作業を休止してもらった。毎年、運行できる道路は限られたが、どの祭組も歩ける場所を探しながら山車を懸命に引いて歩いた。

もともと同じ地域に住む者同士が、祭りを通じてコミュニティを育んできたが、震災後は、住む場所が離れ離れとなってしまった。日常のコミュニティと祭りのコミュニティが一致しないのだ。震災前の地域の絆を大切にしたい気持ちで頑張ってきたが、製作作業の参加者やお花(寄付金)も年々少なくなってきている。祭りに携わる者たちは、皆、「いつまでも続けていくことはできない」ことを知りながら、毎年ギリギリの状態の中で祭りに取り組んできた。そこにコロナ禍が追い打ちをかけた。

復興事業は完了し、道路網も整備されたが、今年の8月7日には、いくつの山車がこの新しい道を歩くことができるのだろうか。

［阿部 勝］

Chapter 6

まちづくりと商業再生

東日本大震災では、津波復興拠点整備事業の創設により、まちなかエリアを市が取得することで白いキャンバスに新しいまちの絵を描ける仕組みができた。津波被災地の描く絵は一様ではなく、陸前高田が選んだのは、市民の使い勝手を最も重視しつつ、商業者や地権者の意向も踏まえた誰も仲間はずれをつくらない絵であった。本章では、その実現に向けて、市と商工会がどのように連携しながら進めていったか、そしてさらに信頼の輪を広げていく「オールたかた」のまちづくりを紹介する。

Section 1

商業者の声をまちづくりに
復興のあり方を左右する自治体の姿勢

阿部 勝 前出

震災前の陸前高田市は、地域経済の衰退が顕著だった。高田地区の商業エリアは、かつて栄えた大町、荒町、駅通りの各商店街と、国道四五号のバイパス沿いに二極化し、各商店街はほとんどシャッターが閉められていた。そうしたまちを、限られた復興期間内で、震災前よりもいいまちにつくっていくためには、地元の人間の力だけでは明らかに不可能であり、できるだけ多くの優れた技術や知見をまちづくりに生かす必要があった。

「対立」ではなく「協働」へ

二〇一二年四月からまちづくり担当に配属された筆者は、商工会の事務局長中井力の声掛けを受け、同年八月に「第一回商工業復興ビジョン推進委員会」に初めて出席した。

震災前は六九九人の商工業者が加盟していた商工会は、震災により約二割が亡くなっていた。商工会では、二〇一一年一一月に市に対して「商工業復興ビジョン」を提出していた。提出された商工業復興ビジョンは商業者が再建していく上での希望をまとめたものだが、制度や財源の裏付けのない要望は現実的でないものも多く、対応した市側の職員の受け止めは冷ややかであった。そうした雰囲気を感じ、ここで市と商業者が対立するのではなく、商業者の声を大切にしながら協働の力で復興事業を進めなければとならないと考えた。新しい中心市街地も、そこで再生しようとする商業者が「自分たちのまち」として受け入れ、育んでいくまちでなければ意味がなく、また、そうしなければ持続可能なまちづくりはできない。それは阪神淡路大震災と、市の歴史からの教訓であった。

阪神淡路大震災では、行政が住民合意を十分得ないままに市街地再開発事業を進めた結果、もともと商売をしてきた住民がそこに住めなくなり、その上あらたに整備した商業ビルは、オープン時からシャッターが閉まったままの区画も存在していたという。復興後の陸前高田市をそうしたまちにするわけにはいかなかった。また、1章で述べたように、かつて陸前高田市にも行政が住民同意のないまま開発事業を進めようとして、住民の大きな批判を受けた歴史があった。

地元出身職員としての自覚と思い

震災で多くの職員が亡くなり、都市計画課の計画担当でも地元出身の職員は筆者だけだった。他自治体からの応援職員やUR、コンサルタントや学識者も陸前高田市のために頑張ってくれていることはよく理解していたが、その内容が住民に受け入れられるかどうかを判断できるのは、やはり地元の人間にしかできない。地元で生まれ育ったひとりの住民としての感覚や経験を復興事業に生かさなくてはならないと思った。

加えて新しいまちづくりの作業は、これから一〇〇年以上も先のまちの土台をつくる重要な仕事である。筆者は専門的な知識もない一般事務職員だったから、市、UR、土木コンサルタント、学識者、商業者、中小機構、商業コンサルタントなど、高田の復興まちづくりに関わる人たちの知見と熱意を結集させるとともに、それと住民を結び付ける役割を果たしたいと考えた。

商工業者の再建支援は商工観光課の担当ではあったが、復興まちづくりを担う都市計画課に所属する筆者も、商工業者の動きにも積極的に対応し、商工会が開催する会議や会合にも可能な限り出席するようにした。小さいまちということもあり、震災前から商店名や経営者の顔は知っていたものの、それ以上の深い関わりはなかったが、とにかく相手の懐に入り込む必要性を感じていた。

まちづくりと商業再生の連携に向けて

商工会は、二〇一一年一一月の商工業復興ビジョンの提出、翌二〇一二年八月の第一回ビジョン推進委員会の開催以降、議論を重ねた。こうした会議は二〇一二年度に一五回、二〇一三年度も八回開催されたが、基本的にすべて参加した。商業者の意見は時間とともに変わっていくため、生の声を直接聞くことがどうしても必要であったし、商工会も積極的に筆者らを招いてくれた。商工会事務局長の中井が、市役所のかつての上司だったことも幸いした。

二〇一二年の夏、商業者の間ではイオンの出店が大きな話題となっていた。このころ被災事業者はようやく仮設店舗での営業を再開していた。商工会の方針は、震災前に高田町で営業していた事業所をできるだけ多く新しい中心市街地に集め、活気を取り戻すというものだったが、その場所の嵩上げ工事はまだまだ終わらないことは皆が承知していた。そこにイオンの出店計画である。出店予定地は、嵩上げ工事をしない中心市街地から離れた米崎地区であった。

もともと小さい商圏である市にイオンができることは、消費者側である市民は歓迎したかもしれないが、これから再建しようとしている被災事業者にとっては大きな脅威だった。イオンはそれまで比較的大きな自治体で店舗を展開していたが、当時のマスコミは、この出店が小規模自治体で事業展開できるかの「実験」であると報じた。この報道に、「被災したまちを実験台にするのか」と、怒りを覚えたことを思い出す。地元スーパーの代表が、イオンの出店をやめさせるよう市役所に怒鳴り込んできたが、当時の制度では、出店を市が規制することはできなかった。

中心市街地検討会の様子（二〇一三年二月～）

二〇一二年九月に、商工会は市に対して「市役所などの公共施設は中心市街地へ」という要望書を

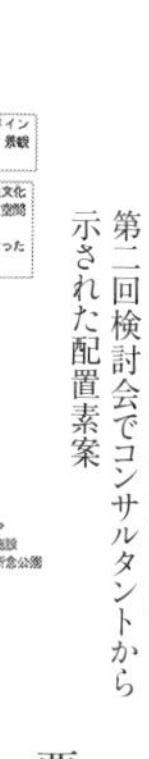

第一回検討会で商工会側から示された配置案と市側の案を踏まえ、第二回検討会でコンサルタントから示された配置素案

提出した。また、年が明けた二〇一三年二月に商工会から「全体のグランドデザインを共有してほしい」との相談を受けた。市とURの間ではグランドデザインの検討は行われていたが、当然ながら商業者は、どんな計画がどのように進んでいるかなど知る由もなかったわけで、筆者らは新しいまちのゾーニング案の検討を急いだ。

二〇一三年二月、商業者の支援で関わっていた中小機構の長坂泰之の提案で、商工会が、官民連携のまちづくりの先進事例先である宮崎県日向市などを視察した。この視察には筆者も同行させてもらった。日向市のまちづくりを学び、「イオンに負けない、そして隣の市とも違うまちづくりを進めよう」と皆で決意を固め合った。

それを実現するためには、商工会での議論と市で進めている復興事業を一体的なものとする必要があった。そこで筆者は、行政側と商工会側それぞれの関係者が一堂に会した会議を行うこととした。それが中心市街地検討会であった。

二〇一三年二月に開いた第一回検討会には、商工会役員や市の関係部課長だけでなく、有識者、復興庁、UR、コンサルタントも同席して話し合いを行った（5章3節参照）。この検討会は二〇一三年四月まで計四回開催したが、市と商工会双方の考えが共有され、まちづくりと商業再生の連携の非常に重要なきっかけとなった。また、ここで現在の中心市街地の大まかな骨格が整えられた。

また、二〇一三年九月には市長と商工会員の意見交換会を、翌二〇一四年七月にも市長と商工会員との懇談会を開催した。このように市役所担当レベルだけでなく、商業者が直接市長と話し合う場も意識的に設け、より強固な連携体制づくりを目指した。

積極的な情報共有と信頼関係

二〇一四年三月からは、具体的な商業エリアの検討に向け、商工会による「中心市街地企画委員会」

二〇一四年七月の商工会と市長の懇談会の様子

二〇一四年三月の都市計画説明会で示された中心市街地イメージ

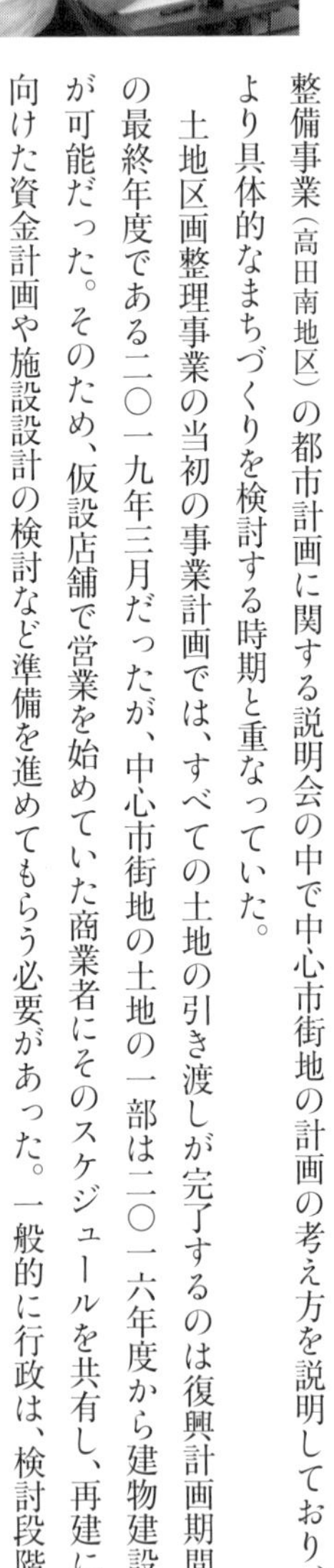

での議論が始まった。市は「中心市街地検討会」での議論を踏まえ、二〇一四年三月に津波復興拠点整備事業（高田南地区）の都市計画に関する説明会の中で中心市街地の計画の考え方を説明しており、より具体的なまちづくりを検討する時期と重なっていた。

　土地区画整理事業の当初の事業計画では、すべての土地の引き渡しが完了するのは復興計画期間の最終年度である二〇一九年三月だったが、中心市街地の土地の一部は二〇一六年度から建物建設が可能だった。そのため、仮設店舗で営業を始めていた商業者にそのスケジュールを共有し、再建に向けた資金計画や施設設計の検討など準備を進めてもらう必要があった。一般的に行政は、検討段階の計画等は庁外に情報を漏らさないものである。しかし、震災から復興に向かっていくためには、商業者に再建のモチベーションを保ってもらい、いい意味でのプレッシャーを感じてもらうことが必要と考え、中心市街地企画委員会でも、可能な限り検討中のプランやスケジュールを伝えた。

　その一方で、商業者が本設再建するための基礎となる、将来のまちの景観、公共施設や店舗の配置、換地や借地のバランス、建物のデザインガイドライン、高さや色などの規制内容、道路や歩道、舗装面の仕上げなどについては、できるだけ早く最良のプランをつくりあげ、その内容を事業者と議論し具体的に進めていくよう努めた。

　何もない「ゼロからのまちづくり」は、大きな方針や構想から、具体的な設計内容や資材にいたるまですべてを決めていかなければならない。様々な検討は、基本的に次のような流れで進められた。

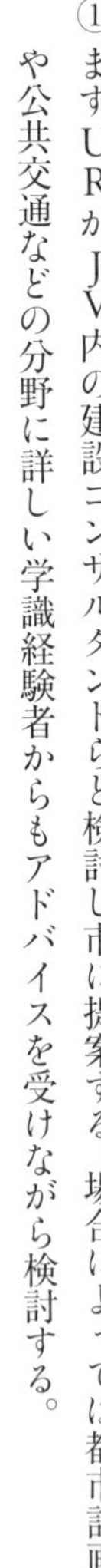

①まずURがJV内の建設コンサルタントらと検討し市に提案する。場合によっては都市計画や公共交通などの分野に詳しい学識経験者からもアドバイスを受けながら検討する。

②市はURからの提案をもとに検討を行う（①のURの提案は市にとってよかれと思っているとは感じたが、中には現実的には受け入れがたいものもあり、この協議には当然ながら労力を要した）。

同説明会で示された本丸公園通りのイメージ

③URとの協議と並行して、商工会や中小機構、商業コンサルタントの意見を聞き、さらに検討を加える。
④検討内容は、国の復興事業の仕組みの中で実施することから、国との調整も並行して行う。
⑤庁内の関係する部署や上司と協議する。特に重要な案件は市長協議を行い、合意を得る。これらの打ち合わせは個別に行う場合も集団で行う場合もある。
⑥決められた方針は、定期的に議会への報告や復興ニュースなどにより市民に周知する。

中心市街地企画委員会は、二〇一七年三月まで計七八回開催され、その中では例えば、小さな取付道路を一本つくるかどうかも商業者の意見を聞いた。市とURの施行者側と商業者の意見が食い違い、同意が得られない場合には、可能な限り商業者の意見を優先させた。そうしたことを積み重ねることによって、商業者から「市やURは自分たちのために最良の努力をしてくれている」という信頼を得ることにつながっていったのだと思う。

「チームたかた」をつくる

このようにまちづくりに携わる関係者で互いに「チームたかた」と呼び合うような人間関係ができ上がっていき、毎日忙しさの中にもやりがいを感じながら仕事を進めてきた。たまに行う交流会（飲み会）も、大いに盛り上がったものだった。こうした官民一体の体制が形成されてきた背景に、地方自治体の役割があるとすれば以下のようなものである。

市は、UR、コンサルタント、ときには学識経験者といった立場の異なる様々な関係者の専門的な知見を受け入れ、関係する人たちと、よく議論し検討を重ね、最良の事業プランのたたき台をつくり上げる努力を重ねてきた。ときには激しい議論を交わしながら、納得のいくまで話し合う姿勢を貫いてきた。行政がこうした姿勢に立って対応してきたことは重要であったと考える。

また、市は商業者との信頼関係を構築し、商業者自身がまちづくりの主人公となるような復興事業を進めてきた。被災した事業者は商店や事業所の再建だけでなく、自らの家も再建しなければならない。そうした厳しい状況にある彼らはつねに真剣で、ときには自己中心的な態度をとったりもする。元のまちを一〇メートル以上嵩上げした新しいまちを、自分たちのまちとして受け入れ、これからもともに歩んでいかなくてはならない。そうした彼らの意見や考えをしっかり受け止めることが必要だった。できる限り市側は彼らに寄り添いながら、同意を得ながらまちづくりを進めるよう努めた。

「これほど商業者がまちづくりに参加したところはない」

通常、商業者は売上を得るために人が集まる場所に出店する。しかし、被災した住民のほとんどは高台に住宅を再建するため、嵩上げ地には当分の間住む人がいないことは誰にでも予想できた。そのような状況でも、商業者たちは造成工事中の土埃の舞う時期に、将来どれだけ人が戻ってくるかもわからない中心市街地で、多額の借金をしながら本設再建をしようと努力していた。商店街をつくるのではなく、まさに「まち」をつくるために大きなリスクを抱えながらチャレンジしたのだ。二〇一四年一一月に商工会が開催した再建のための説明会で、伊東孝会長は集まった会員に対して「オールたかたで頑張ろう」と呼びかけた。商業者が一致団結してまちをつくろうとする熱い気持ちに、思わず涙が流れた。

いいまちにするために互いに妥協せず、真剣に考え話し合ってきた。本当に自分たちのまちとなっているかどうかはこれからの評価に委ねるところだが、商業者支援に尽力し、複数の被災市街地も見ていたジオ・アカマツの加茂忠秀から「被災地でこれほど商業者がまちづくりに参加したところはないと思う」と言ってもらえたことは、自治体職員冥利に尽きる言葉であったと思う。

Section 2

まちなかの形成方針と商業者勉強会

加茂忠秀　まちづくり戦略開発考房、当時ジオ・アカマツ（現・野村コマース）

被災前、シャッター通りであった市街地の復興は容易なことではないが、ゼロからだからできたこともあった。誰も経験したことのないまちづくりに、商業者や行政はどのように挑んだのか、その実態を明らかにする。

ゼロからだからできること

地方都市のまちづくりにおいて、コンパクトシティが提唱されて久しい。概念的には正しい方向性であるが実現するためには多くのハードルがある。これまで既成中心市街地や商店街の活性化に取り組んできたなかで、難しい課題に何度も悩まされてきた。もう一度まちをつくるにあたって同じ課題を抱えるまちをつくってはならない。他の被災地も見てきたが、多くは時間を最優先しそこまで手が回っていないように思われた。陸前高田市に初めて訪れたのは二〇一四年七月。筆者は、中小機構・長坂泰之の紹介により、中心市街地の核となる大型商業施設（後の「アバッセたかた」）の再生と、周辺商業エリア再生のアドバイザーとして、商業復興の検討に参画することとなった。大規模な嵩上げに時間がかかっていた市では施設の配置計画がまだ決まっていなかったため、コンパクトなまちづ

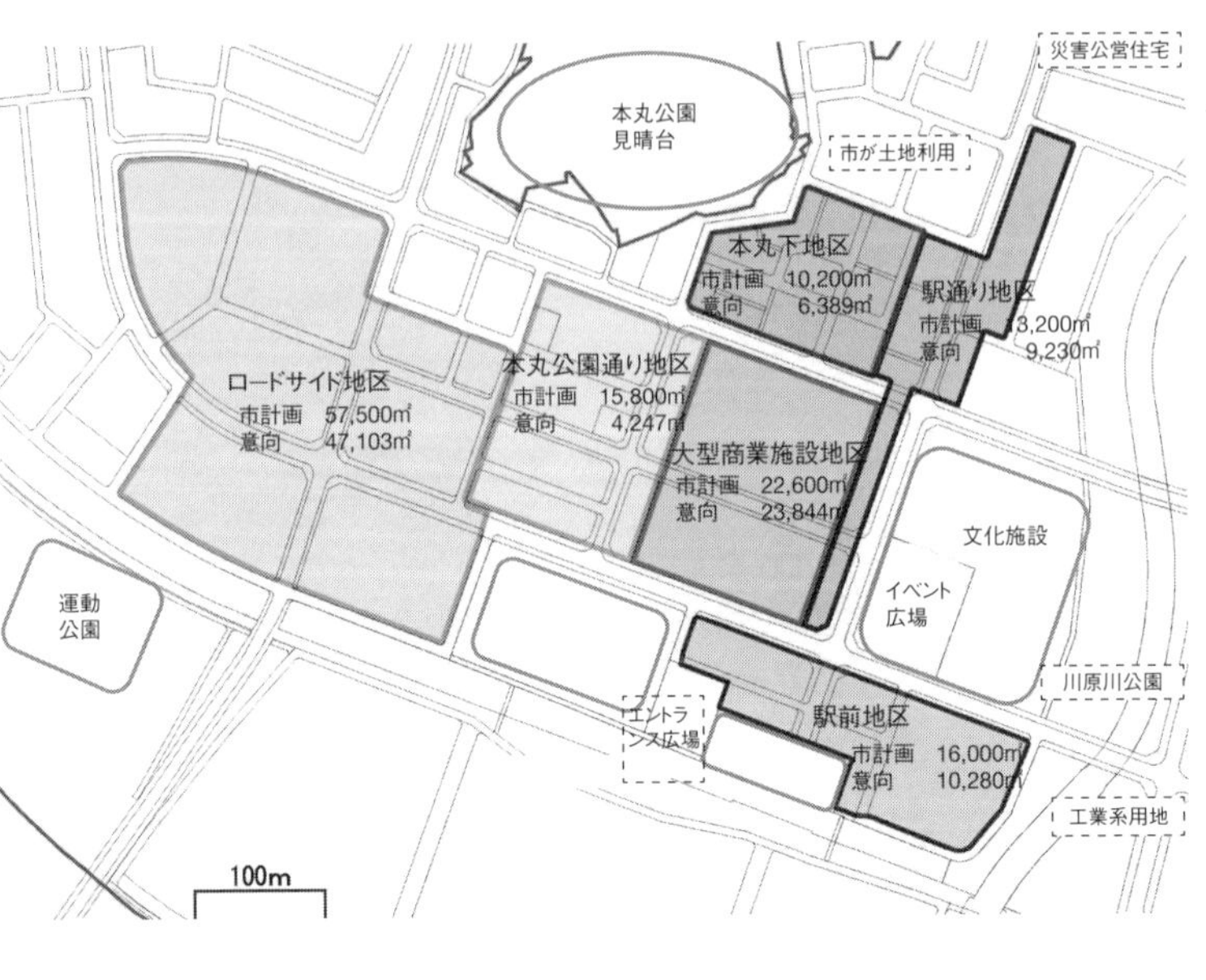

中心市街地のゾーニングと出店意向調査の結果。市の計画面積は事業再開希望者の量より大きかった(二〇一四年九月、陸前高田商工会商工業復興ビジョン推進委員会勉強会資料を元に作成)

くりを固めるまで、まだ間に合う可能性があるのではないか、それが第一印象だった。辛い思いをしている被災者への言葉は見つからないが、ゼロからだからこそできることをやっていこうと話し合った。

地方の中心市街地の多くが衰退しシャッター通りとなっている。被災前の陸前高田市の中心市街地が例外ではないことは容易に想像できた。第一に中心市街地のスポンジ化だ。スカスカのまちとなって中心性がなくなる悪循環、車社会の利便性に対応できていないことや、核となる大型店や商業施設、加えて商業以外の集客施設も郊外立地が加速していた。そして、土地や建物の権利関係もあり、既存の中心市街地をコンパクトに集約することは、現状の法制度や政策などのなかで現実的には極めてハードルが高く、長い期間を要する。陸前高田市では、白いキャンバスにコンパクトで持続可能な絵がかける可能性がある。そして当地区は居住可能でもある。土地区画整理事業の換地にかかる課題とその解決や、人々が戻るのに時間はかかるかもしれないが、一方で人が住み暮らすコンパクトなまちとしての復興へ向けて、そのチャンスと捉えることができた。

被災商業者の不安と希望

二〇一四年九月五日に開催された中心市街地出店に向けた勉強会にて、中心市街地出店意向調査の結果が報告された。中心市街地での事業再開希望者は一一八件あったが、「中心市街地の計画イメージがわからない」という意見も多かった。多くの商業者は再建を目指しながらも、同時に本当に中心市街地の復興再生ができるのか、店舗や事業の再建にあたって補助制度はあるものの少なからず投資が伴うなかで、そこに戻って自分たちの事業が本当に成り立つのか、という不安を抱えていた。

このような不安よりも希望を大きくしていくためには、市が方針を示しながら、実際にまちづくりの主役となる商業者の意見を取り入れ、さらに、まちを使う側の地域住民らの声も聞きながら、将来像を一緒につくり、まさに「自分たちがつくるみんなのまち」という一体感が重要であった。勉強会や意見交換を重ねながら、まちなかの形成方針をつくり、目標像を共有していく必要があった。

魅力的かつ実現可能な集積を目指した、中心市街地の形成方針

このような中で、土地区画整理事業で想定されている中心市街地は、事業再開希望者の必要面積に対して広すぎることが想定されていた。あるべき論や理想像も重要ではあるが、実務では現実的な問題に対処しながら進めなければならない。特に将来像が不明確ななかで、希望するゾーンに被災商業者を配置することによって、店舗が点在することだけは避ける必要がある。そのために、時間軸と実態をかけあわせながら、実現可能なまちなかの形成方針を考え、市の方針を商業者や市民にわかりやすく提示することが必要であった。

まちなか再生の目的は、地域の生活インフラとしての生活利便商業機能、コミュニティの再生、そして、被災事業者の生活再建である。これらを実現するためには、地域のニーズに応えるとともに、商業が成立し得る集客力を担保しなければならない。核となる大型商業施設、公共公益施設、使いやすい駐車場、そして限られた個店商業者をまずは極力集約配置することによって、早期にまちのかたちが見えるような形成方針の作成を市とともに進めた。

なお、方針検討を進めるなかで、特に駐車場の計画は重要であった。もちろん駅やバスターミナル

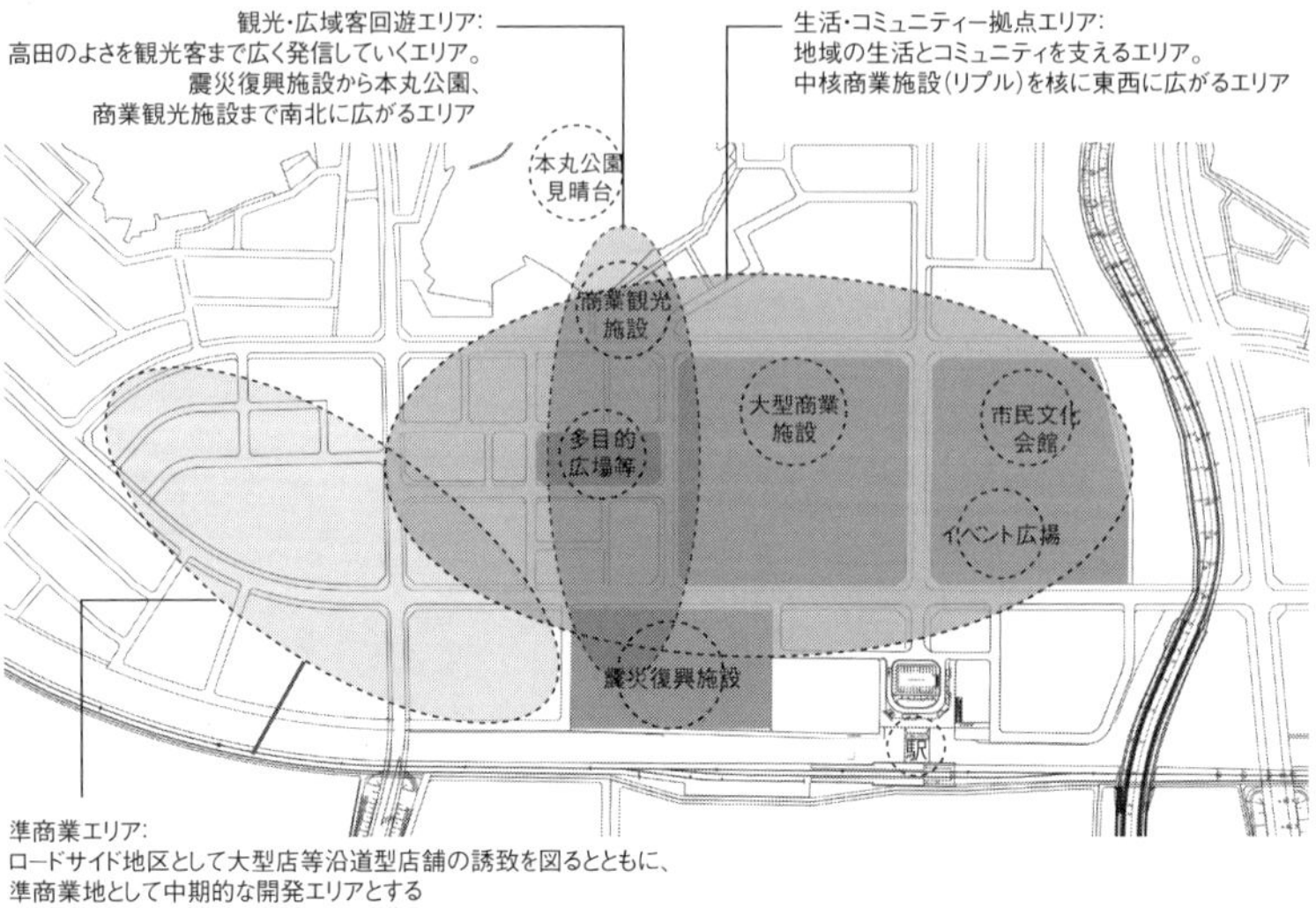

中心市街地形成方針。地域商業とコミュニティ、そして観光広域商業を計画的に配置し、まちなかの回遊性を高めることを目論んだ（二〇一四年、陸前高田商工会商工業復興ビジョン推進委員会）

も中心市街地に配置されているが、陸前高田市では車が日常の足であり、現実には圧倒的に車が利用されている。「車で便利、かつ、歩いても楽しいまち」を実現しなければならない。したがって、大規模駐車場は大型商業施設のためだけではなく、まちの駐車場として周辺の商業エリアや公共施設への回遊もしやすいよう全体の配置を考えた設定となっている。

また、中心市街地としての特性や役割に配慮し、第一に、地域の生活・コミュニティ拠点エリアの形成および、将来的に交流人口の拡大を見据えた観光・広域客回遊エリアの形成を目指すものとした。二〇二一年四月時点で、生活拠点エリアについては、当初の意図に沿ったまちのかたちが見えてきた。観光・広域エリアは、商業者、商工会、市などが連携して戦略の検討を深めながら現在も計画を進めているところである。

ゼロからではない人資源、自らのまちづくりへ

津波で店や建物はなくなってしまったが、まちを支えようとする人は残っていた。しかも、魅力的で、まちの再生に強い使命感をもち、仮設店舗で頑張りながら嵩上げ地での再営業を目指している人たちがいる。彼らが復興まちづくりの最大の地域資源であり、この人的資源を最大限活かした持続可能なまちづくりを必ず実現しなければならない。そのためにも、まちなか形成方針の共有は極めて重要なものであり、勉強会や意見交換を重ねた。

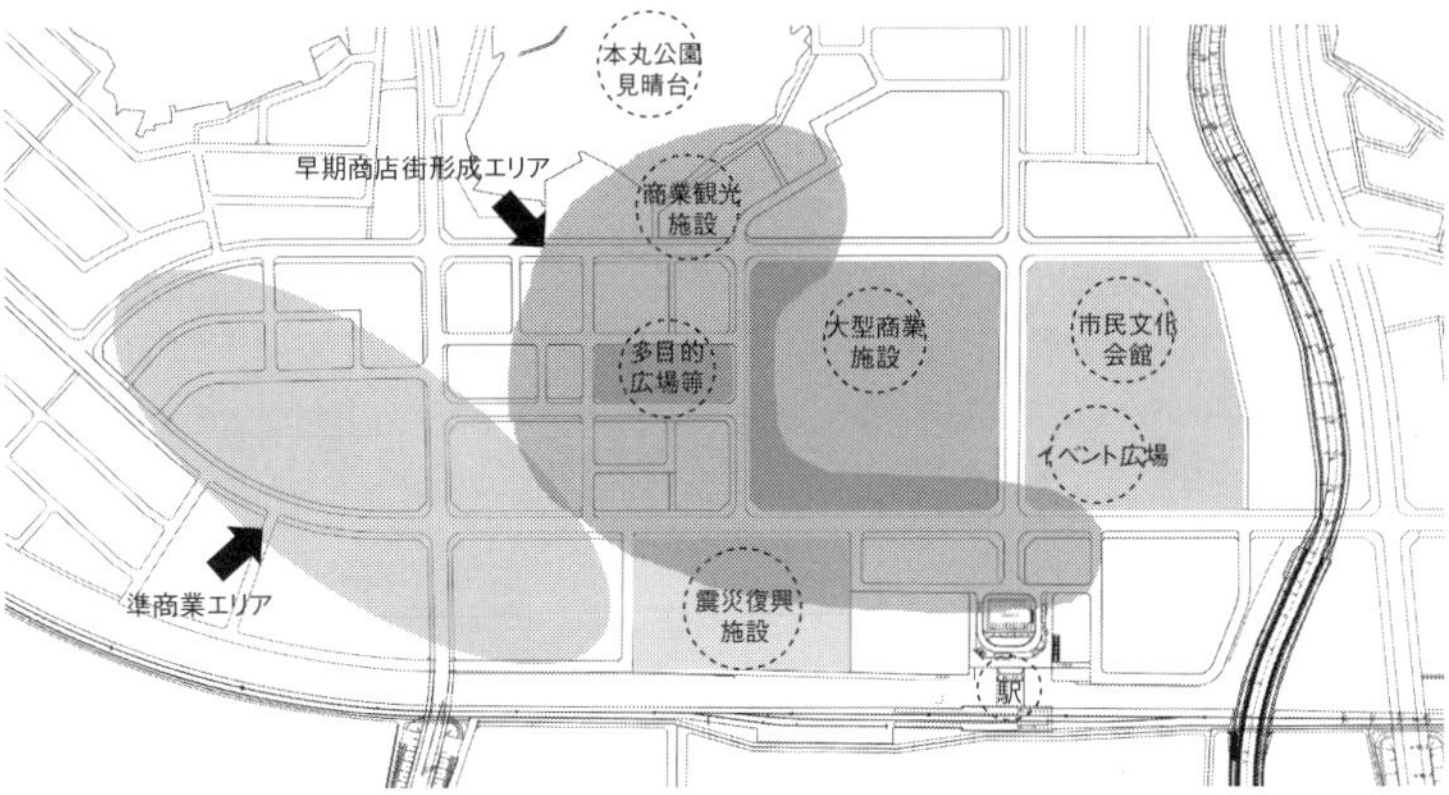

早期に商店街出店を希望する商業者を中心部に配置することにより、大型商業施設と一体となった、密度が高く活力を有する商店街の形成を進めることとした（二〇一四年二月、陸前高田商工会商工業復興ビジョン推進委員会資料）

具体的には、市、商工会、商業者が連携し、以下の手順で進めた。

① 商工会の考える中心市街地の将来像・形成方針素案を勉強会にて提示
② 市民ニーズを市民ワークショップにて把握
③ さらに商業者（出店予定者）のワークショップにて協議
④ 商工業復興ビジョン推進委員会にて検討整理、取りまとめ
⑤ 市と商業者・商工会の考える将来像などを共有

中心市街地の形成方針

「まち」の将来像

- 地域の生活とコミュニティを支えるコンパクトな「まち」
- 便利であるとともに、用事がなくても行きたくなる、集まりたくなる「まち」
- 高田のよさを、市民はもちろん観光客まで広く発信し提供していく「まち」

ターゲット戦略

- 地域住民…日常の利便性を高め、生活を彩るサービスや商品に加え、コミュニティを育む時間を提供する
- 広域来街客…高田のまちで培われた「こだわりと品質」を提供する
- 観光客…「高田ブランド」や「高田品質」を高め、ここでしかできない体験や味覚を堪能してもらう

実現へのポイント

計画的に新たなまちづくりができるというメリットを最大限活かすために、

- コンパクトなエリアへの戦力の集中、具体的には、商業、業務、公共施設、広場などを計画的に集約、集積させ、魅力・密度の高い中心市街地を形成する
- 地域商業とコミュニティ、そして観光・広域商業を計画的に配置し、まちなかの回遊性を高める
- 駅・バスターミナル、道路、駐車場等を計画的に配置し、利便性の高い交通アクセスを確保する
- 美しい街並み景観、快適な広場、公園、街路をつくる。誰もが集まり、参加できる行事（コンサート、市場、フリーマーケット、祭り）を日常的に開催し、魅力的な「まちなか滞在時間」を創出

商業者が中心となり、市民からの意見も踏まえて作成した中心市街地の形成方針は前のページに示すとおりである。抽象的な表現もあるが、自分たちの言葉で表現することにより、商業者が自分たちでつくるまち、市民をはじめとするお客さまのためのまち、というベクトルを合わせ、参画意識を高めるには十分なものであったと認識している。そして、これらは、その後の具体策、計画にも活用されていく重要な指針となった。

この方針は、市の意向を踏まえながら、商業者が自ら意見を出し合い、二〇一四年一一月には商工会商工業復興ビジョン推進委員会として取りまとめ、「第八回出店に向けた勉強会」にて公表された。

第八回出店に向けた勉強会(二〇一四年一一月)

まちづくり推進戦略(早期商店街形成エリアの設定)

中心市街地形成方針の実現に向けて具体的な検討を進めるなかで、二〇一五年初めには大型商業施設などの核となる施設計画も進みつつあり、工程も見えてきていた。そして、商業の核を拠点としてまちと呼べる面的なかたちに広げていくためには、個店の集積、商業エリアの形成も早期にかたちにしていく必要があった。中心市街地での事業再開希望者の多くは、できていくまちの様子を見ながら再建を判断していく。その一方で勉強会、換地・借地に関わる個別ヒアリングなどによって早期再建希望者の概略が把握できていたため、配置シミュレーションの検討を重ね、大型商業施設や多目的広場に隣接するエリアを早期商店街形成エリアとして設定し、可能な範囲でこのエリアの早期再建希望者を配置する方針が固まった。そして、これらの商業者には、自らの行動で発信するまちづくりのインフルエンサー的役割を担ってもらうこととなった。

こうして複合的な集積集客力を創出することにより、二〇二一年四月の時点において、換地などの未利用地が散見されるものの、公共施設の整備も進み、まちの中心がどこであるかを明確に形づくることができたのは大きな成果と感じている。

Section 3

中心市街地における換地検討

犬童伸広　独立行政法人都市再生機構（ＵＲ都市機構）

高田地区の中心市街地は、「高田地区 復興土地区画整理事業」の施行区域の一部となるため、土地区画整理事業と商業再生計画との調整を行いながら、復興事業を進めた。ここでは、事業受託者の立場から、「中心市街地における換地検討」について明らかにする。＊

＊――なお、筆者の在任期間は、二〇一四年から二〇一六年となっており、ベルトコンベアが本格稼働し、中心市街地の嵩上げ工事開始から、土地利用計画および換地設計の確定までの時期となっている。本節も概ね、その期間の記述となっている

市とＵＲと商工会との連携

高田地区の中心市街地の商業再生については、陸前高田商工会「商工業復興ビジョン推進委員会」と連携しながら検討を進めた。

二〇一四年四月の赴任当初に驚いたのは、市職員（都市計画課の阿部勝、商工観光課の村上幸司）が積極的に、検討段階の情報を商工会関係者などに説明していたことである。というのも、筆者のこれまでの業務上の経験では、行政やＵＲは、住民や地権者には、「混乱を生じる」との理由で、不確定な情報は極力説明しないという場合が多かったためである。しかしながら、その結果、行政やＵＲと住民側との間に、不信感が生じることが多く見られた。

この、行政やＵＲ主導ではなく、住民とともに考える復興まちづくりは、まさに、筆者のやりたかった復興支援だったので、市職員に倣い、積極的に商工会関係者などに検討状況を説明し、その意見を

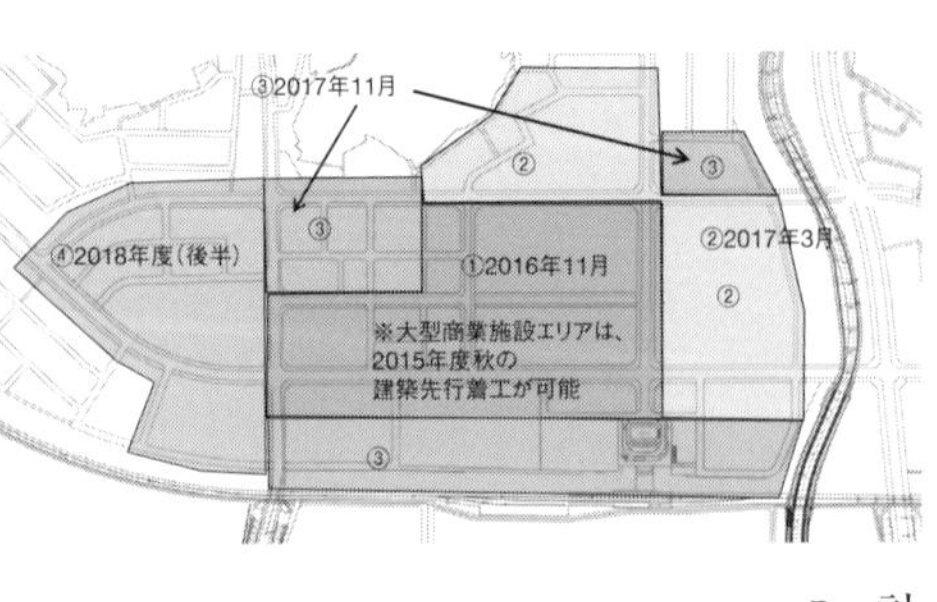

高田地区（中心市街地）建築着工可能時期として示した資料（二〇一四年一一月、中心市街地出典に向けた勉強会資料。道路などの計画図は当時のもの）

計画に取り込むように心掛けた。その結果、商工会関係者などとも復興計画の策定の苦労を共有することもでき、「チームたかた」につながる信頼関係を構築できたものと考えている。

照応によらない換地配置

中心市街地の店舗配置については、検討当初から、以下のような意見があった。

・商工会（事務局長の中井力）……「業種ごとの店舗配置を考えたいが、市やURからは『区画整理事業では、そのような地権者の希望を聞くことはできない』と言われている。残念だ」

・商業者……「店舗位置の希望は聞いてもらえるのか。店舗位置が決まらないと商売の計画ができない」

・商業コンサルタント……「営業力の強い店舗を集約して、人の誘導を発生させることが重要だ」

いずれの意見も、商業計画としてはもっともな意見ではあるが、土地区画整理法では、換地配置については、従前地との「照応の原則」（97ページ参照）が規定されている。照応によらない換地位置について、不服申し立てがあった場合は、法的に対抗できないものであった。

市（福岡市から応援職員の三角伊知郎を含む）、UR、商業コンサルタントにて議論した結果、商業者の意見も踏まえ来街者にとって最善なゾーニングを取り入れた中心市街地とするために、従前地との照応によらない換地配置とすることになった。ただし、不服申し立てを回避するために、換地位置について事前説明を行い、全員同意を得ることとなった。具体的には、以下のように検討を進めた。

①二〇一四年一一月の商工会勉強会におけるゾーニング案および建築着工可能時期（図）の説明を

もとに、翌一二月から商業および準商業エリアへの換地申し出者に対する個別説明と希望出店位置のヒアリングを実施。併せて、地権者ごとの権利指数と街区別平均評価単価により、換地位置に応じた地権者ごとの概算換地面積を説明。

② 個別ヒアリング結果を受けて、市、UR、商業コンサルにて、具体の店舗（商業従事地権者の換地）配置案を作成した上で、配置案（位置、形状、面積など）の個別説明を行った。個別説明結果を受けて、換地案の修正を行った。店舗配置などの商業配置計画の検討にあたっては、折をみて、仮設店舗に飲食などに出向き、商業者の本音のヒアリングを行うこともあった。

③ 「二〇一五年一〇月〜換地案の供覧（東京会場などの市外説明を含む）、二〇一六年一月仮換地指定（商業エリア・準商業エリア）」を実施した。その結果仮換地指定に対する行政不服審査の申し立てはなかった。

店舗位置について強い思いをもつ多くの商業者（約一〇〇件）に対して、短期間でヒアリングを実施し、配置案を作成して同意を得ることは、想像を絶する手間*を必要としたが、「チームたかた」の奇跡の連携で、達成することができた。

土地利用計画・換地設計での工夫

中心市街地の換地配置については、地権者事業者（地権者換地）と借地事業者（市換地…津波復興拠点整備事業）とを混在させた。原則は、地権者換地を優先配置し、残地を（窓開け的に）市換地としたが、大型商業施設用地および本丸公園通り沿いについては、政策的に店舗配置を行うために市換地（借地事業者）とした。津波復興拠点整備事業（3章参照）に伴う買い取り土地による市換地が一定数あり、調整宅地とすることができたことが、前項の「照応によらない換地配置」の実現に幸いした。

鉤型道路（○印が「市神様」）

＊——一般的な換地説明においては、「照応の原則」に基づく換地案を法的な考えとともに説明して、地権者の理解を求めていくことになる。今回の換地説明においては、具体の中心市街地の復興の形も見通せず、また、周辺店舗も決まらない中で、商売の成否に関わる店舗位置を決定してもらわねばならなかった。商業者の理解を得るためには、ヒアリング結果やゾーニング案などから、換地（店舗）位置を決定した理由や新しい中心市街地で各商業者に期待している役割などを個別に丁寧に説明する必要があった。また、復興事業全体としても、事業計画変更や復興庁との復興交付金協議などの業務最盛期と重複していた

震災前の大町エリアにあった「鉤型道路」については、高田の象徴として復活を希望する意見と、通行のしにくさなどから復活に反対する意見があった。商工会関係者などと協議した結果、震災前とほぼ同じ位置に計画することとなった。ただし、メインの自動車導線からは外すように工夫した。また、鉤型道路の入り口部に、「市神様」を再興できる市有地を換地した。

商業者の中には、大きな道路沿いではなく、路地裏的な店舗位置を希望する商業者もいた。また、換地設計の検討段階では、市換地での借地事業予定者の出店計画も未確定であった（とくに小規模事業者）。そこで、区画道路や店舗配置を柔軟に対応できるように、商業エリアの北側部分（現在の商工会付近）については、市換地を大街区的に配置して、その後、商業者ヒアリング結果を受けて、区画道路や店舗配置は、「二次開発」*にて整備を行った。

こうした換地設計を含めた復興計画の検討にあたっては、まずは、住民、商業者、市職員などの希望や想いなどの考えを聞き出すことに心掛けた。その考えに対して、URのこれまでの大規模開発での経験や知識などから、その考えの実現に必要な課題や検討手順などの実施方策（申出換地や大街区化での二次開発など）を提案するようにした。また、主要課題の検討にあたっては、マスタースケジュールや役割分担案を作成して、市職員、UR、清水JV、コンサルタントなどの関係者が出席する定例会にて説明を行った。ときには市職員にも、スケジュールを守るために強い物言いで決断を迫る必要があったが、早期復興のために心を鬼にして業務に取り組んだ。

*——土地区画整理事業における道路は、事業計画（土地利用計画）において規定されている。よって、道路の位置を変更する場合は、土地区画整理法第五五条第六項の規定に基づき、事業計画変更の手続きが必要で、そのための期間を要する。そこで、商業エリアの北側部分については、土地区画整理法の事業計画（土地利用計画・換地設計）においては、一団の大規模面積（約四〇〇〇平方メートル）の市換地とした。その後、借地事業者との店舗配置や区画道路計画の調整結果を受けて、都市計画法第二九条に基づく「開発行為」の手続きを行った。よって、当該区画道路は、都市計画法上の公共施設（道路）となっているが、土地区画整理法上では、宅地（市換地）のままとなっている。土地区画整理法での宅地において、都市計画法での「開発行為」を行うことを「二次開発」と称しているものである

再建された市神様

Section 4

丁寧な意向把握による配置検討

加茂忠秀　前出

他の多くの被災地では復興市街地の市有地と民有地を明確に分けたが、陸前高田市では、商業者の意向と市民の使い勝手を踏まえて、商業エリアのゾーニングを優先したまちづくりを進めた。ここでは中心市街地の形成方針に沿った、換地、借地の配置を、事業者の個別ヒアリングなどを通してどのように進めていったのかを紹介する。

市有地と民有地の配置戦略

商業者が市と連携し、地域住民の意見も取り入れ、一体となってつくった「まちの将来像、形成方針」を具体的にどのように進めていくのか、そのためには、来街者に魅力的で利用しやすい店舗の構成と配置を実現していかなければならない。そしてそれが、個店の創意工夫も加わることで売上にもつながり、持続可能な商業地となる。このように商業者・消費者サイドに立つことを重視して具体的な配置検討を進めるべきという考えが関係者間で共有され、その実現のため、市とURによる検討に筆者も参画することとなった。

市は中心市街地に、公共施設用地、商業施設用地、公共駐車場用地などを確保し、その周辺に商業者の入れ替えが可能となるよう、商業エリアの形成を図るための借地事業用地を計画していた。そし

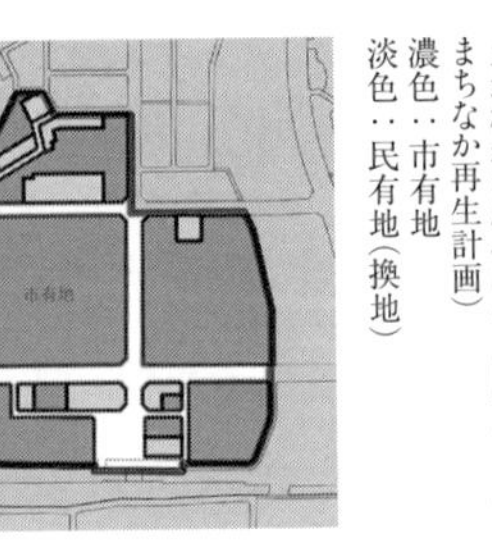

土地権利関係（出典：陸前高田市まちなか再生計画）
濃色：市有地
淡色：民有地（換地）

て、民有地は各商業者が個別に再建・整備するものであるが、前述のように、早期に土地活用を希望し具体的な計画を有する地権者を効果的に配置する必要があった。この二つの土地権利関係を踏まえ、事業者の生活再建はもとより、市民や来街者にとって魅力あるまちづくりを実現するため、適切な配置計画を進めなければならない。

配置計画を進めるにあたって、ショッピングセンターの開発を例に考えると、施設全体が客に対してどのような店舗構成と配置計画が適切であるか考え、計画的に店舗配置を行う。それがショッピングセンターが集客力を高めてきた大きな要因だ。ゾーンごとの性格付けとアンカーテナントの効果的な配置によって回遊性を高め、施設全体の売上の向上、繁栄を目指す。テナントの意向も聞くが最終的にはデベロッパーが判断する。

一方、土地区画整理事業では照応の原則があり、従前の所有地に近い位置への換地が原則となっており、個人個人の権利であるからデベロッパーが開発するようなコントロールはできない。

しかしながら、高田地区のまちづくりにおいては、買い物の利便性を考えた場合、店舗などの再建予定のない土地が中心部に混在する可能性を極小化し、そして可能な範囲でゾーニングを行うことが望まれたため、必ずしも照応の原則によらない換地について、権利者の理解と合意を得なければならなかった。話は変わるが、多くの市街地再開発事業でも同様のことが生じている。再開発では従前の商業権利者を開発される施設の中に再配置することになるが、照応の原則に従うと商業施設としては雑居ビル的な施設となる可能性があるため、商業権利者一人ひとりを個別にヒアリングして、施設全体のコンセプトとそれに伴う不動産価値の向上を理解してもらい、合意形成によって必ずしも照応の原則によらない配置調整を行うことも少なくない。高田地区においても同様に、まちの将来像を実現するため、換地申出者と二〇一四年、借地事業希望者それぞれにヒアリングなどを行っている。このように、個々の理解と合意形成を図りながら配置計画を進めた。なお、今回のような合意形成や調整には大きな手間と労力、そしてノウハウが必要な作業であり、繰り返しになるが、市、UR、そして関係者の深い理解と尽力がなければ実現しなかった。

まちづくりの〝戦力〟の検証

店舗の配置計画を進めるにあたっては、個別ヒアリングによって得るべき内容をあらかじめ整理し、ヒアリングに必要な情報を商業者に事前に提供しておかなければならない。そのために中心市街地の形成方針にかかる勉強会を二〇一四年一一月に実施し、大型商業施設や公共施設、駐車場の配置、早期に施設整備を進めるエリアとそれ以外の準商業エリアなどを説明、併せて、借地事業者募集などについての情報を提供し、被災商業者の商業再建施設整備においては、換地を利用するか、市有地を借地し再建するかを選択できるようにした。

なお、個別ヒアリングにおいて最も必要だった点は、中心市街地に戻り再建を希望する商業者はどの程度いるのか、特に早期の再建希望の商業者を把握することであった。いわば、商業エリアの検討を進めるための〝戦力〟の検証である。換地予定地権者約一一〇件、借地利用希望者約五〇件の個別ヒアリングを実施し、個々の意向や希望、個別に抱える事情などを把握、これを踏まえ配置計画を進めていった。

換地申出者への個別ヒアリング

中心市街地への換地を予定している権利者から最も把握、確認したい内容は、換地した自らの土地で店舗などを再建する意思とその時期であった。早期に店舗などを再建する意思が強い権利者を、早期に店舗などの集積するエリアに配置することが望ましいと考えたためである。

個別にヒアリングした主な項目は、以下の点である。

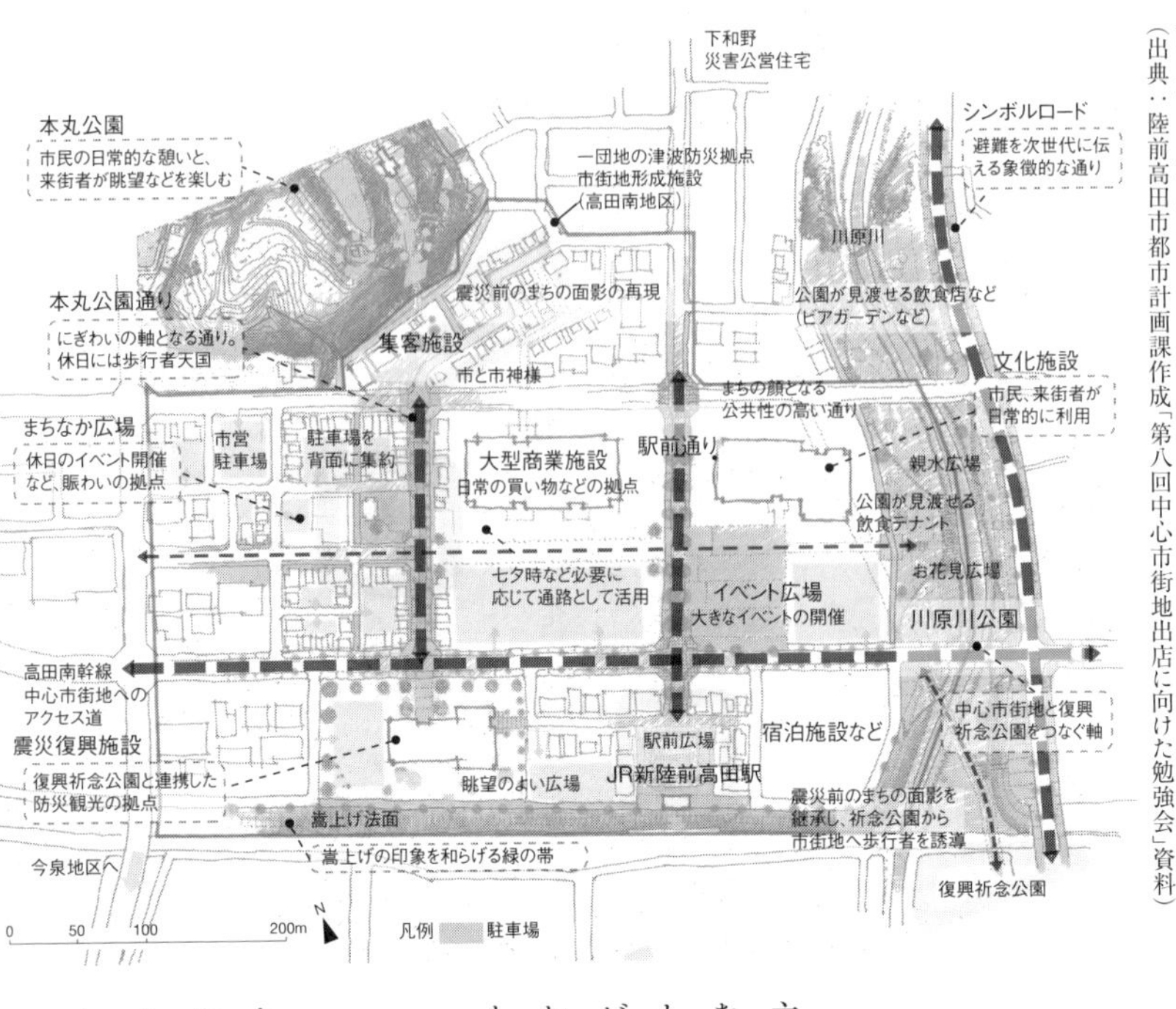

高田地区中心市街地のイメージ図（出典：陸前高田市都市計画課作成「第八回中心市街地出店に向けた勉強会」資料）

① 土地を自ら利用するか、人に貸すか、未定か
② 勉強会で説明した中心市街地の形成方針は理解できたか
③ 再建する予定の店舗などの営業内容、希望する時期
④ 駐車場の必要台数をどのように考えているか
⑤ 換地ゾーンに関する意向（換地の候補ゾーンを一、二か所提示）

ヒアリングは二〇一四年一二月から翌年一月にかけて行い、主な結果は次のとおりであった。換地された土地に自らの店舗などを早期に再建する意向の権利者は、比較的意思がはっきりとしていたが、その人数は限られていた。また、多くの権利者が中心市街地の形成方針を概ね理解しており、中心部から離れたゾーンへの換地について、理解を示す土地利用未定の権利者も少なくなかった。

借地申出者への個別ヒアリング

一方で、市有地の借地による再建事業者を選定し、配置計画を進めるためには、換地地権者と同様に中心市街地の形成方針やイメージを提示するとともに、募集条件を提示する必要がある。復興まちづくり事業であることを踏まえ、以下の点に配慮し募集条件を設定した。

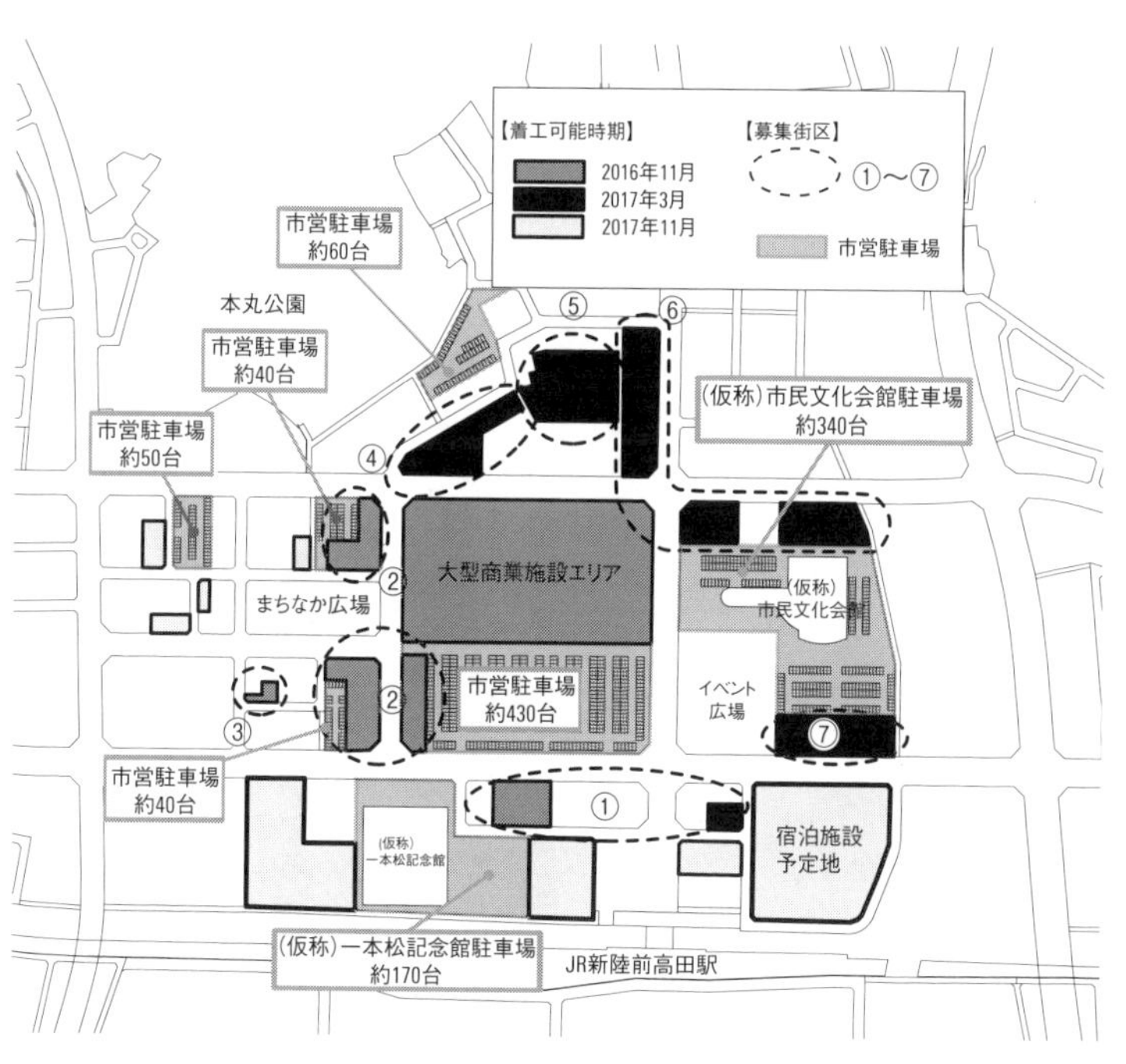

借地募集街区図（出典：陸前高田市高田地区中心市街地借地事業者募集要項）

① 業種・業態などにより希望する敷地面積に大きな差があり、あらかじめ区画割（敷地面積を設定）をしての募集が困難なこと
② 中心市街地の形成方針にもとづくゾーニングへの誘導を進めること
③ 被災者の生活再建を支援するため、地代設定を低く抑え、非被災者との地代設定を変えること
④ 共同店舗での借地希望にも対応すること
⑤ 地代が安価なため必要以上に広い敷地を希望する可能性があること
⑥ 店舗前面への駐車場不可など、まちなかデザインガイドライン（234ページ参照）に誘導を進めること

これらの課題を踏まえ、市、商工会、UR、中小機構、商業コンサルタントなどの関係者で協議を重ね、解決策を検討し、募集条件を設定した。そして、適切な敷地面積への対処、業種・業態によるゾーニング誘導などを実現するため、希望する敷地面積と希望ゾーンを第二希望まで募ることとした。

募集開始前の二〇一五年一一月に事前ヒアリングを実施。二〇一五年一二月より募集を行い、借地事業者一次募集にて確定した優先交渉権者は、一二四者であった。募集締め切り後の二〇一六年二月には、事業内容の個別ヒアリング、敷地の位置や規模などの協議を行い、それらにもとづく店舗配置案を作成した。そして市および関係者で協議調整の後、再度の個別ヒアリングを実施、店舗計画とデザインガイドラインなどの擦り合わせを行い、適切な敷地面積と配置案を協議し合意した上で、借地選定委員会にて優先交渉権者を確定していくものとした。また、共同店舗での出店も可能とし、候補者の事業実現性をヒアリングにて確認していった。

大型商業施設と連続する配置の実現

前述の換地権利者および借地希望者の個別ヒアリング結果をもとに、中心市街地形成方針を踏まえた業種配置などを検討した。配置計画については複数案作成し関係者にて協議を重ね設定した。特に、再建意向の強い事業者を優先して、早期商店街形成エリア（本丸公園通り商店街形成ゾーン、まちなか広場周辺、および大型商業施設周辺）に配置した。

そして二〇一六年六月に借地事業者を決定、公表した。事業者のヒアリング結果をもとに市有地の借地事業を効果的に活用し、併せて早期再建意向の換地事業者を効果的に配置できたことにより、大型商業施設開業に続く連続的な個店開業を実現し、面的な広がりを有する中心部の商業エリアのかたちが見えてきた。

さらなる充実のために

以上のとおり、その当時可能な最大限の戦力を極力中心部に集めることによって、中心性への基礎づくりは達成できたと認識している。一方、より魅力を高め、未利用地の活用を進めながら中心性を拡大していくためには、今後は被災事業者のみならず、多様な新規事業者が出店しやすいインセンティブ方策や、テナントでの出店形態などの検討と推進が望まれるものと考えている。

Chapter 7
魅力的な「まちなか」をつくる

官民連携体制で進めてきたまちづくりは、単につくり直すのでなく、将来に向けてより魅力的な「まちなか」にしていくことが求められた。本章では、賑わいのあるまちをつくるための公共施設の効果的な配置の考え方や、市が進める「ノーマライゼーションという言葉のいらないまちづくり」やイベントに頼らずに人の集まる仕組みなど、良好な公共デザインの実践、そして居心地のよいまちなみをつくるための民間と一体となった取り組みなど、どのように魅力的な「まちなか」の実現を目指したかを見ていく。

Section 1

まちに人を集める施設配置
イベントに頼らない賑わいづくり

阿部 勝　前出

東日本大震災ですべて流失してしまったまちを、以前よりも賑やかに再生させることができるかどうかは、魅力的で人が集まる新しい中心市街地づくりにかかっていた。

イベントに頼らない「まちの賑わい」への挑戦

震災後、市は何よりも安全な「まち」づくりを目指し、新たに山を削ってつくる「高台」と、もともとの市街地を一二メートルほど盛土してつくる「嵩上げ部」に宅地を造成した。震災前の高田町は、平地に住宅や商店などが混在していたが、住民の多くは、より安全な場所を求めて、高台に住むことが予想された。そのため、中心部をまちのかたちにしていくためには、できるだけ多くの被災商業者が、再び中心市街地に戻り営業を再開することが欠かせなかった。

震災から一か月後の二〇一一年四月ごろから、商業者は復興工事が行われるエリアを避けた場所で、順次仮設店舗での営業を再開していた。九月以降に仮設店舗に使われたプレハブは中小機構が国費で建てたものだったが、内装や厨房などの設備は商業者が自らの資金で準備しなければならなかった。彼らは、本設工事まで五年以上をこの仮設でしのがなければならなかったし、その間に資金調達をはじめ様々なハードルをクリアしなければならなかった。加えて、ほとんどの事業者は自宅も再建しなければならなかった。

二〇一二年の春、商工会では、商業者の再建のための協議が始まっていた。震災直後に、「自己破産するしかない」と語っていた商業者が、懸命に再建しようとしている姿を見て、行政として何とか力になりたいと考えた。商業者との話し合いの中で、「震災前は、商店街のためにいつもイベントを行ったが、イベントは疲れるし、どれほど商売に役立っているかもわからなかった。イベントに頼らず、恒常的に人が集まる仕組みがあればいいのだが」という言葉が心に残った。その日から、限られた復興メニューを活用し、「イベントに頼らない賑わい」をいかにつくっていくかが筆者の最重要課題となった。

元のまちをそのまま再現しても先はない

震災前の高田町の商業は、歴史ある大町、その隣の荒町、そして駅通りの三つの商店街が中心となっていた。それぞれの商店街の裏通りにも古い小さな商店が並んできた。被災した市役所庁舎は、一九五八年に商店街から離れた田んぼの中に建設されたものだが、徐々にその周りに建物が建っていった。

荒町から東側に向かって、川原地区、そして高田高校のあった長砂地区にかけても、通り沿いには個人の商店や事業所がぽつぽつと並んでいた。ＪＲ陸前高田駅から高田高校までの距離は、直線距離で約一・二キロメートル、その中間のエリアには一九七〇年代後半に、市が体育館や図書館、博物館などの社会教育施設を整備していた（13ページ参照）。こうしてかたちづくられた高田町は全体として東西に間延びしたつくりになっており、同じ町内でありながら住民の生活には車が欠かせなかった。

商店街は個人経営が中心で、一九七〇年半ばまでは大変賑わっていたが、一九七〇年代後半に高田松原に並行して国道四五号のバイパスが整備されてからは、バイパス沿いの開発が進み、そこにロードサイド型の商業エリアが形成され、市内の商業の中心エリアへと発展していった（17ページ参照）。一方、旧市街地の商店街には十分な駐車場もなく、どんどん衰退が進み、震災直前にはシャッター街と化していた。

市街地の衰退は、ロードサイドとの二極化以外にも要因があった。

個人商店の配置は土地の所有関係に大きく影響を受ける。商店街では店舗と土地所有者は基本的には同じであり、過去に賑わった時代があったとしても、年代を経て代替わりしていけば、業態を変え、あるいは店を閉じてしまう店もある。震災前の商店街には、昼型や夜型の店が無秩序に並んでいた。また、店を閉めても土地はその家族の所有である限り、住民はそのまま住み続けることになる。結果として商店街としての魅力や活力はどんどん失われていった。

公共施設も広範囲に配置されていた。市役所や市民会館があった場所も、体育館や図書館などがあった場所もそれぞれ商店街とは離れていたし、誘客施設である「海と貝のミュージアム」、道の駅、野球場やサッカー場などは、さらに離れた国道沿いや高田松原地内に設置されていた。これらの公共施設が商店街の売上に寄与するようなことはなかった。

市外から訪れる人が向かう先も、高田松原や道の駅など、国道四五号沿いが中心だった。また地元の市民の多くも、買い物には駐車場が確保されているバイパス沿いに向かった。旧市街地には金融機関や地元資本のスーパーはあったが、市民はそれらの目的地には足を運んでも、商店街の活性化にはほとんど結びついていなかった。旧中心部の方が店舗が多いのは、歩いて便利な居酒屋やスナックぐらいであった。

当初計画と様々な「壁」——最大の課題は用地の確保

市の復興計画では「中心部はコンパクトに」と謳ってはいたものの、公共施設や商業エリアの具体的な配置計画はこれからだった。市は、二〇一二年一〇月に土地区画整理事業の土地利用計画、*道路ネットワークなどについて初めて住民に向けた説明会を行った。住民の関心はきわめて高く、会場の高田小学校の体育館には三日間で八〇〇人を超す市民が集まった。市の計画は、かつての市街地を津波の来ない高さにまで嵩上げし、その上に公共施設をコンパクトに集約するというものだったが、震災からまだ二年目ということもあり、参加した市民は、いくら防潮堤を整備し、宅地を安全な高さにしたとしても、そこに住宅や公共施設を整備することには否定的であった。特に多くの職員が亡くなり、行政機能の回復まで長い時間を要した市役所を嵩上げ部に整備することには、反対の声が少なくなかった。結果的に市長の判断により、市役所の建設位置は復興事業の終盤に検討することとした。

また当初、道の駅の復旧場所も、商店街の賑わいに資するよう、新しく嵩上げした市街地に計画された。しかし、道の駅は二桁以上の国道沿いに設置するという条件は変えることができず、その後その計画は変更せざるを得なかった。

道の駅の位置は国道四五号沿いに変更となったものの、以前から課題となっていた商業エリアの二極化問題については、幸い高田松原エリアに津波復興祈念公園の整備が予定されており、また、その脇を通る国道四五号もパークウェイ**として公園的に整備される方針であったため、筆者らは、震災前にバイパスにあった店舗などもすべて中心市街地に集約したいと考えた。

「間延びしたまち」「無秩序な商店の配置」「バラバラに建設されていた公共施設」を解消し、公共施設も民間事業者もコンパクトなエリアに効果的に再配置しようと考えた。しかし、ここで問題になったのが、土地の確保である。

市では、財政基盤が弱い被災商業者を市街地に集約するためには、市有地を安価で貸出し再建を支

*——5ページカラー図参照

**——高田松原津波復興祈念公園内を通過する道路として整備する構想

援することが必要と考えた。しかし、土地区画整理事業で震災前の点在する市の所有地をすべて中心部に換地したとしても、それだけでは十分な面積は確保できなかった。そこで市は、この中心部に市有地を確保するため、東日本大震災後に制度化された津波復興拠点整備事業で土地の取得を図ることとした。

当時、市ではすでに、防災の拠点となる消防防災センターがある西区、そして災害時に物資搬入の拠点となる体育館（総合交流センター）がある東区を、それぞれこの拠点整備事業で用地取得し建物の整備を行っていた。前述のように津波復興拠点整備事業は制度上、ひとつの自治体で二か所までしか認められていなかったが、国との協議の中で、西区と東区が関連性のある一団地として認められ、その結果、中心市街地に津波復興拠点整備事業を適用することが可能となり、二〇一四年五月には都市計画決定された。こうして、津波復興拠点整備事業で民地の買収を進め、多くの土地を市有地として中心部に配置することができたことで、その後の各施設の効果的な配置が可能となった。

岩手県紫波町JR紫波中央駅前の都市整備事業「オガールプロジェクト」。二〇一七年四月の視察の様子

オガールのまちづくりに学ぶ

こうしたまちづくりの考え方の参考にしたのが、県内紫波町にある「オガール」だった。

震災の翌年、筆者がまちづくりの担当になった当時、「オガール」のまちづくりは全国的に注目を集めていた。オガールは、利用されていなかった広大な町有地を活用し、公民連携の手法を取り入れ、自治体の財政負担を最小限に抑えながら、飲食店や販売店、図書館、ホテル、クリニック、スポーツ施設、保育施設、役場など、公共施設整備と民間施設の立地を進め、経済開発を進めていた。建物はデザイン的にも素晴らしく、施設の中庭的な芝生広場は自由な空間をつくり出し、多くの人々が集まっていた。加えて、施設周辺の分譲宅地には、戸建住宅の建設が進んでいた。

オガールで開催されたまちづくり研修会に参加し、二〇一四年七月には長坂泰之のコーディネー

トにより企画委員会メンバーと視察をした。また、紫波町の役場職員からも直接状況を聞き取りするなどした。公共施設と民間施設を集約した空間は「恒常的に人が集まる仕組み」を目指していた筆者にとって、大いに参考となるものだった。

まちなか広場と市立図書館

筆者らは、公共施設はできるだけ中心部に集約しようと計画した。中でも筆者は、人を集める仕掛けとして、まちなか広場と図書館が大切と考えていた。企画委員会で中心市街地のあり方を議論する中で、まちの真ん中に日常的に人が集まれる広場があるとよいのではという話になり、それを具体化したのが「まちなか広場」である。

まちなか広場が都市計画に位置づけられた当初は現在の半分の面積だったが、加茂忠秀（ジオ・アカマツ）の進言もあり、公園の拡充を検討した。面積を増やすために津波復興拠点整備事業に加えて復興交付金の効果促進事業も二〇一六年一〇月に導入し、これにより面積は約二倍になった。また、つねに人が集まり滞留するためには、一般的な東屋や水飲み場だけでなく、特に小さな子どもが集まる遊具に着目した。二〇一五年一二月、当時復興対策局長だった蒲生琢磨から、山形市内の公園に魅力的な大型遊具があるとの情報を得て、休日に現地を視察したが、筆者はこれは新しいまちなか広場には必須であると確信した。

大型遊具整備には多額の費用が必要だったが、そのための特別の財源があるわけではなかったので、土地区画整理事業の公園整備費用をこのまちなか広場に重点的に投入することとした。大型遊具の他にも、年配者用の健康遊具、中高生が集まりやすいようにストリートバスケットゴールも設置した。また、二〇一四年一二月に、設計者である建築家・伊東豊雄氏からの提案を受け、東京ガスから寄贈された「SUMIKAパビリオン（現在の「ほんまるの家」）」も、公園施設としてまちなか広場に再建した。

まちなか広場

「アバッセたかた」内に併設された陸前高田市立図書館

まちなか広場の検討は、商業者だけでなく高校生の意見も聞きながら進めた。加茂が企画した二〇一六年八月の北海道視察の際、「富良野マルシェ」で目にした簡易噴水施設も、子どもたちが喜ぶ環境になると考え設置した。

一方、市立図書館の災害復旧は教育委員会が主管だったが、人を集めるという機能を持たせるために、都市計画課としても積極的に計画の検討に参加した。参考とするために蔦屋が管理を受託していた佐賀県武雄市や宮城県多賀城市の図書館、また、駅前に設置され多くの人が利用している図書館として評判だった、東京都武蔵野市にある「武蔵野プレイス」も視察した。津波復興拠点整備事業を都市計画決定した二〇一四年五月当初、図書館は中心市街地東側に位置する市民文化会館の一部としていたが、そうした視察を重ねる中で、筆者は、図書館を商業施設に併設させることはできないかと考えるようになった。検討メンバーからは、「仮に商業施設がうまく続かない場合に図書館にも影響

公共駐車場

することから、図書館はまちなか広場などに切り離して整備すべき」という意見もあったが、教育長の山田市雄の、まちなかの賑わいに貢献する施設にしたいという意見を受け、二〇一五年一月の市議会全員協議会で方針を示し、正式に大型商業施設（のちの「アバッセたかた」）に併設することとなった。

津波で被災した図書館は、国の災害査定を受けたのちに、国の災害復旧事業により再整備されることになっていたが、通常の災害復旧事業は、国の災害査定を受けたのちに、市が工事発注することが通例である。災害復旧事業のスケジュールを考えると、図書館は商業施設と一体的に工事を行う必要があるため、オガールのように商業施設側が一緒に工事を行い、完成後に市が買い取るというスキームを考えた。しかし、当時の図書館の災害復旧事業では、民間が建てたものを行政が買い取るという例はひとつもなかったため、教育委員会が懸命に文科省と協議を重ね、二〇一五年三月ごろ、この手法が認められた。

また、図書館側には、管理の都合上、壁やシャッターで管理区分を明確にしたい意向があったが、筆者らは、利用者の利便性を考え、仕切りのない一体的な空間にするよう働きかけた。その結果、隣接するカフェと自由に行き来ができるようになり、飲み物も図書館内に持ち込めるようにした。図書館内のデザインは民間事務所の設計者や市の建築担当の努力により、大変きれいで居心地のいい空間となった。

公設の大型駐車場

公共交通が脆弱な陸前高田市では、市民の生活には自家用車は欠かせない。震災前にはそれぞれの商店街が土地を確保し、土地代を負担しながら来客用の駐車場を運営していたが、買い物客の多くは車を店の前に乗りつけ、路上駐車していた。

新しい中心市街地に人を呼び込むためには、まちなかに大きな駐車場が必要だった。「アバッセたかた」前に計画した大型駐車場も、当初は市有地をアバッセが借りて整備する予定であったが、広大

新市役所

ほんまるまるしぇ

な駐車場用地までは資金計画上困難であったこと、また、まちなか広場の利用者を含めて、不特定の利用が予想されたことから、市が公共駐車場として整備することとした。これについても復興庁と幾度となく協議を重ね、二〇一六年一〇月に効果促進事業として認められた。市はその他にも中心市街地内に数か所の公共駐車場を整備したが、アバッセ前の大型駐車場は、駐車場としてだけではなく、産業まつりや文化イベントなど様々な用途で利用されている。

新しい市役所も中心市街地に再建

二〇二一年五月六日、新しい市役所庁舎の完成式が開催された。前述のとおり、市役所の建設場所は復興事業の終盤まで判断が保留されていたものだが、その後二〇一一年および二〇一五年に商工会から、中心市街地に整備するよう要望書が提出されていた。また、復興事業の国からの財政支援は、二〇二一年三月までの完成が前提とされてきた。完成時期が遅れれば、国の財源保障が無くなることが懸念され、そのため市は、二〇一七年三月議会において、新庁舎の建設場所を市の中心市街地とする条例案を提出した。この条例は、通常の条例と異なり、議会の三分の二以上の賛成を必要とする。議会では、議員が様々な立場から意見を述べたが、結果として賛成一二反対七人と、三分の二以上の賛成を得ることができなかった。

市は二〇二一年度末までの庁舎完成は必須であるとの立場から、三月議会後も改めて住民団体などと話し合いを重ね、次の六月議会に、再び同じ場所に整備する条例案を提出した。そこでも安全性や将来人口など様々な意見はあったが、より安全を求める声があったため、建設用地を当初計画よりも高く嵩上げし、さらに七階建にすることを前提に、賛成一六人、反対三人と三分の二以上の賛成で可決され、市役所は中心市街地に整備されることとなった。

ふくふく市

人が集まる居心地のいいまちなかに

二〇一七年四月と七月にそれぞれオープンしたまちなか広場と図書館は、同年四月にオープンした大型商業施設「アバッセたかた」とともに、震災後のまちの再生の象徴として市民から大きく歓迎されてきた。まちなか広場には、子どもたちの楽しい声が響き渡っている。広場の中にある「ほんまるの家（旧SUMIKAパビリオン）」には、まちづくり会社の職員が常駐し、優しく来訪者に対応している。まちなか広場を利用した「ほんまるまるしぇ」や地元農業者などが開催する「ふくふく市」も好評である。

図書館も、商業施設との相乗効果を発揮し、開館四年目（二〇二一年）で約四六万五〇〇〇人と、多くの市民や地元の高校生などに利用されている。ちなみに市民一人当たりの書籍の貸出数は県内で最も多い。

駅から本丸公園に至る回遊導線の中間地点に位置するまちなか広場と図書館は、当初期待したとおり人の流れの中心となっており、近隣の自治体からも多くの人が訪れ、周辺の商業へも大きな波及効果をもたらしている。

中心市街地に整備した川原川公園（次節参照）は二〇二一年四月に開園し、居心地のいい親水公園となった。回遊導線の起点となる本丸公園も二〇二一年九月に開園し、市民の憩いの場になっている。

このようにゼロからつくる強みを生かし、公共施設と民間施設を集約させた中心市街地は、私たちが震災直後に目指したとおり「イベントに頼らない賑わい」をつくり出している。

Section 2

「ノーマライゼーションという言葉のいらないまちづくり」と景観デザイン

永山 悟 前出

魅力的かつ誰もが安心して使うことのできるなまちなかにするため、施設配置とあわせて考えなければならなかったのは、基盤となる道路・公園などの施設のあり方だった。

「ノーマライゼーションという言葉のいらないまちづくり」

市の復興において、市長の戸羽太が掲げたテーマのひとつが「ノーマライゼーションという言葉のいらないまちづくり」である。市長は、震災復興計画の基本理念のひとつ「世界に誇れる美しいまちの創造」は、外見的な美しさだけでなく、市民の心の美しさの意味も含んでいると語っており、このテーマは、その考えを発展させたものとも言える。

陸前高田市民は、震災で甚大な被害を受け、他地域の方々からの支援がなくては日常の暮らしすらままならなかった。そうした経験をしたからこそ、障がい者や高齢者などを含むあらゆる人々の立場を配慮して、「ノーマライゼーション」のような特別な言葉を使わなくても、当然のように気遣いができるようなまちを目指していこう、というメッセージが込められたテーマであった。

「ノーマライゼーションという言葉の入らないまちづくり」アクションプラン(二〇一五年)

市はそのテーマを具体化していくため、二〇一四年度から「アクションプラン」を定めることとした。若手職員によるプロジェクトチームが組まれ（筆者も参画）、通常業務の傍ら連日議論を重ねた結果、二〇一五年六月、五つの分野の計五六のアクションを掲げた「ノーマライゼーションという言葉のまちづくり」アクションプランが策定された。特に、「建物、道路、公園、交通」分野のアクションとして「ユニバーサルデザインを徹底したまちづくり」が掲げられ、検討が進んでいた市街地の復興にも組み込んでいくこととなった。

ユニバーサルデザインと景観デザインの両立

この復興で再構築するまちは、今後一〇年、一〇〇年と市民が暮らしていく生活の場であり、また商業活動が行われ来訪者を迎え入れる生業（なりわい）の場でもある。したがって、市民に愛され、かつ民間事業の投資を生むような魅力的な場づくり、景観デザインが必要となる。筆者は二〇一四年度から都市計画課計画係長となり、景観デザインや、前述のノーマライゼーションを担当することとなった。前職が都市計画コンサルタントであり、景観デザインなどに携わっていたことも配慮されたものと思われる。

景観デザインは、一般的な解と言えるものがなく、設計者の能力によるところが特に大きいが、幸いＣＭＲ（123ページ参照）に設計担当として入っていたオリエンタルコンサルタンツ（以下、オリコン）には、全国で質の高い公共施設（公園、街路など）の設計実績がある景観デザインチームがあった。山本陽率いるそのチームに参画してもらい、商工会などとの議論も踏まえ、二〇一四年夏ごろから市、ＵＲ、オリコンなどの共同で、すでに進んでいた公共施設設計をブラッシュアップしていった。市役所内部としては、土地区画整理事業の推進は市街地整備課、施設のデザインなどについては都市計画課、というような緩やかな分担で進めた。

二〇一四年一一月の第八回商工会勉強会で中心市街地のデザインの方針などを示し、以降、個別に検討を進めていった。

ユニバーサルデザイン専門家の参画

「ユニバーサルデザインを徹底したまちづくり」を実現するにはどうすべきか。その検討にあたってオリコンから紹介されたのが、ユニバーサルデザインのコンサルティングを専門にするミライロ社と同社代表の垣内俊哉氏だった。垣内氏は生まれつき骨が弱く折れやすい病気をもち、自らも車椅子利用者である。障害（バリア）を逆に価値と捉える「バリアバリュー」という考え方のもと、誰もが住みやすい世の中の実現を目指しているのが垣内氏であり、ミライロであった。

二〇一六年三月、垣内氏と戸羽市長が初めて面会することとなった。自身の経験も交え、非常に説得力のある言葉でユニバーサルデザインのまちづくりを語る垣内氏の言葉に市長も感銘を受け、そこからユニバーサルデザインのまちづくりが具体的に、そして強力に推進されることとなった。二〇一六年一〇月には「ノーマライゼーションという言葉のいらないまちづくりに関する包括的連携協定」が市とミライロとで締結された。

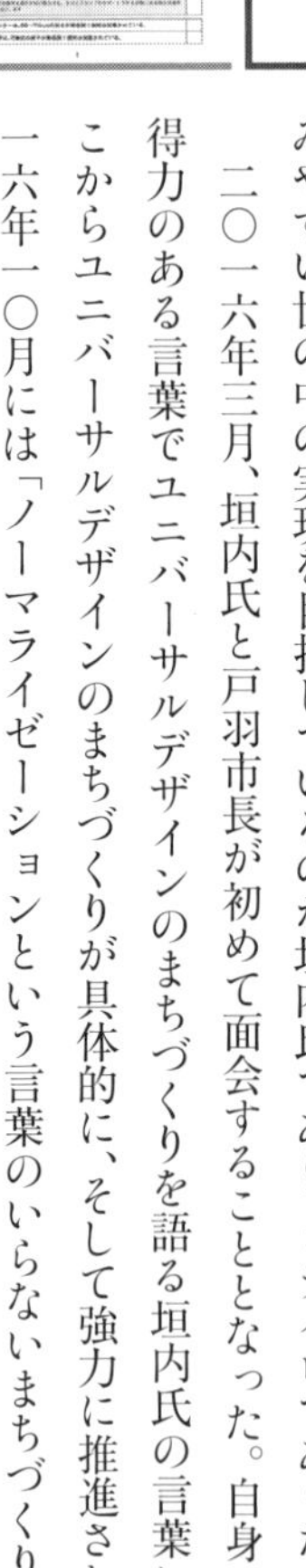

ユニバーサルデザインチェックリスト

「ユニバーサルデザインのお店」認証書

ユニバーサルデザインの具体化

ミライロ監修のもと、実際に当事者との意見交換なども踏まえて、街路や公園のデザインを決めていった。例えばまちの中心軸である「本丸公園通り」は、歩道は景観とも調和した暖かみのある平板ブロックとしたが、視覚障がい者のための歩行誘導ブロックは輝度比確保のためにグレーのものを採用している。その検討の際は、実際に視覚障がい者や車椅子利用者などにも現物モデルを確認してもらい、直接意見を聞きながら進めていった。また、歩行者天国とした際にも通りをそぞろ歩きしや

視覚障がい者とのユニバーサルデザイン検討の様子

図書館のユニバーサルデザイン。車椅子でも通りやすい誘導ソフトマットが設置されている

すいように、歩車道間の縁石立ち上げはなく、車止めと二〜五センチメートルの高低差のみとした。このようにユニバーサルデザインと景観デザインの両立を目指した。

図書館などの公共の建物についてもユニバーサルデザインに配慮したものとするため、同じくミライロが監修し、通路幅や階段有無、動線検討など細かい箇所までチェックして整備を進めた。

まち全体として誰もが利用しやすくするには、公共施設だけでなく、お店や事業所などの民間施設も、ユニバーサルデザインに配慮されている必要がある。そこで、店づくりの際に参考となる項目を「ユニバーサルデザインチェックリスト」として整理し、二〇一七年三月から中心市街地での事業者の建築計画に間に合うように事業者などに配布することとした。あわせて、「ユニバーサルデザインのお店」の認証制度と助成金制度も設け、実効性を担保している。

事例1 川原川と川原川公園

新しいまちを象徴する二つの施設整備例を紹介する。

川原川は岩手県管理の二級河川であり、震災前は河川護岸沿いに建物が立ち並び、市民に親しまれる一方で、洪水被害なども生じていた。今回の復興事業により周辺が盛土されることとなったが、河川自体の縦断線形はほぼ変わらないため、周辺宅地との高低差が生じる。その間に公園用地を配置し、高低差を緩やかにつないで水と親しめるようにした（これは筆者が関わる前に決まっていたが、この土地利用計画上の工夫が最も重要だった）。

河川から管理用通路までが県の改修事業、その周辺の公園が市の土地区画整理事業であり、一体的な空間とするには県・市の連携が必須であった。川原川の下流にあたる復興祈念公園の空間デザイン検討委員だった平野勝也東北大学准教授の薦めもあり、多自然型河川計画で著名な吉村伸一氏がアドバイザーとして参画。二〇一五年一一月から吉村氏、県、市、UR、コンサルタントでの合同会議を

川原川公園、市民との意見交換会

完成した川原川と川原川公園。水に親しみやすい空間となっている

繰り返し行いながら検討を進めた。調整可能なこと、確定していたこと（嵩上げ盛土の強度を確保するための地盤改良箇所など）どちらもあったため、設計修正と協議を根気強く行いながら検討を進めた。

そうした調整の結果、護岸は傾斜の緩やかな箇所は自然護岸とし、水に近づきやすく、かつ生物が棲みやすい河川空間が実現した。震災前に橋が架かっていた場所には潜り橋も架けることとなった。津波に流されず上流部に残っていた河畔林を可能な限り残すため、河川と公園の区域を柔軟に見直すといった工夫により、震災前からの残る貴重な風景が保全された。設計変更とあわせるかたちで、県と市の管理境界も柔軟に調整された。検討にあたっては、市民との意見交換会や、工事中にも地域主催の見学会が二回開催された。

二〇二一年四月に供用が開始され、市民の散歩ルートになり、保育所の遊びや学びの場となるなど、新たな憩いの場所となっている。SNSには、震災前の周辺地区の住民や、見学会参加者などによる「川原川ファンクラブ」が開設され、川の様子などが随時投稿されており、今後も市民に愛され、活用される公園となることが期待されている。

事例2　えんがわエリア

嵩上げした中心市街地の法肩付近には、東から、ホテル予定地、交通広場、JR陸前高田駅（BRT）、「まちの縁側」（観光物産協会などが入る複合施設、後述）、東日本大震災追悼施設、市立博物館、職業訓練校、「ピーカンナッツ産業振興施設」（後述）と、公共的な施設が建ち並ぶ。ここをまちの「えんがわエリア」と呼んでおり、まさにまちの顔となる場所だ。実は、当初からこのような土地利用が想定されたわけではなかったが、復興が進む中で俎上に載った各事業を、まちの魅力を高めることを意識して調整・配置しながら組み上げていったプロジェクトである。

換地を計画している段階では、交通広場、陸前高田駅、博物館（当初は博物館に震災後の取り組みなどの

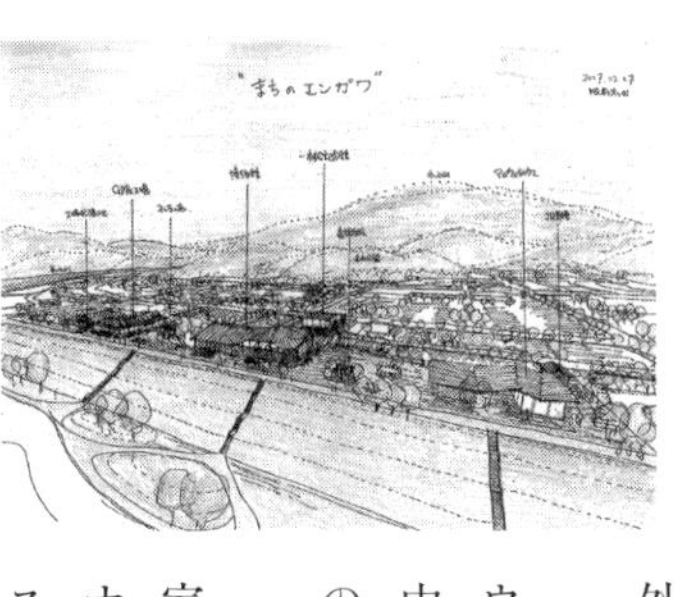

えんがわエリア、当初イメージ（二〇一七年一二月）

えんがわエリア（二〇二二年三月）

紹介施設を追加した一本松記念館が計画されていたが、後に博物館に限定）の整備は決まっていたが、それ以外は具体的な土地利用が決まっていなかった。

はじめに整備が決まったのは「アムウェイハウス　まちの縁側」だった。二〇一六年一二月にアムウェイ財団から陸前高田への支援の話があり、観光物産協会や子育て支援施設が入居することから、中心市街地の交通利便性のよい場所として現在の配置が決まった。事業主体であるアムウェイ財団の意向から、施設設計は隈研吾氏が行った。

並行して、えんがわエリアをつくっていくカギとなる、東京大学生産技術研究所の野城智也研究室の参画があった。二〇一七年から陸前高田市と同研究所で協定を結んで取り組んでいたピーカンナッツプロジェクトを機に、建築計画を専門とする野城教授のもと、建築担当の飯田智彦氏、ランドスケープ担当の徳永哲氏がまちづくりに関わることとなり、ピーカンナッツ産業振興施設の配置が検討されていたこのエリア一帯をまちの「えんがわエリア」と設定。全体イメージを描き、以降、両氏が市の立場に立ち、各事業の推進を支援することになった。

続いて、当初は国道四五号沿いにあった市の東日本大震災追悼施設と復興まちづくり情報館が、二〇一八年に祈念公園整備に伴い移設されることになり、主に県全体を対象とした祈念公園との役割分担を考慮して、中心市街地に配置することとした。隈事務所や野城研究室とも協議し、動線を考慮した配置とした（その後、追悼施設は犠牲者の刻銘碑を追加して改修、プレハブであった情報館は撤去した）。

その後、博物館の西隣に職業訓練校、続いてピーカンナッツ産業振興施設が配置されることとなった。全体を通して、陸前高田駅から、えんがわエリアと本丸公園通りを経由し、本丸公園とつながる回遊動線を特に重視した配置となっている。

また、各施設の質を確保するためにプロポーザルなどで設計が発注され、結果、隈研吾氏の「まちの縁側」に続き、博物館と追悼施設（改修）は内藤廣氏、職業訓練校は地元の設計事務所・工務店のＪＶ、ピーカンナッツ産業振興施設は高池葉子氏の各事務所が設計者となり、個性豊かな建築群が並ぶこととなった。さらに、発注して終わりでなく、全体として魅力的な景観とすべく相互の設計調整を何度も行った。それらをつなぐランドスケープは、徳永哲氏の調整のもと、地域性に配慮した自然な植生を基本とし、まちの顔にふさわしい魅力的なエリアが形成されつつある。

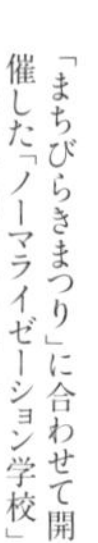

「まちびらきまつり」に合わせて開催した「ノーマライゼーション学校」の様子（二〇一八年九月）

二〇二一年春に導入を予定しているグリーンスローモビリティ

誰もが利用しやすいまち、回遊を楽しめるまちへ

こうして、ユニバーサルデザインと景観デザインの両立を目指したまちづくりは進められたが、残された課題も多い。例えば中心市街地を含めた嵩上げ部は大規模な盛土であり、嵩上げ部と平地部の道路接続や雨水排水勾配の確保のため、完成した宅地は最大数一〇センチメートルほどの段差が生じた。地権者には事前に書類上で確認してはいるものの、実際できた宅地を見て地権者や商業者などから指摘されることが少なくない。そのため多くの商業者が、車椅子利用者もアプローチ可能なようにスロープを整備しているが、その分、商業者に追加の負担がかかる。大規模造成事業におけるユニバーサルデザインの課題と言えるだろう。

とは言え、この短い復興期間の中で、点としての公共施設整備だけでなく、線や面として魅力的なエリアが形成されつつあるのは、一定の成果があったものと考える。これは公共施設だけでなく、各民間施設もユニバーサルデザインや景観を配慮したものとなっていることが大きい。また、二〇二二年度からは、グローンスローモビリティによる市街地の循環運行なども予定されており、移動面でのユニバーサルデザインの充実もさらに期待されるところである。

まちなか広場周辺で行われたチャオチャオ陸前高田道中おどり（二〇一八年七月）

証言

山本陽　オリエンタルコンサルタンツ

弊社は、高田地区（嵩上部）の基本設計やＣＭＲなど様々な立場で市の復興に携わり、私個人としては、二〇一二年九月から道路や公園などの計画やデザインおよび関係者調整などに携わった。当初は宿泊場所の確保も大変で、ホテルなどを転々としながら、民有地の一角に設置した仮設事務所で勤務し、昼夜問わず、市やＵＲ都市機構の皆さんと復興に向けた協議を繰り返したことをよく覚えている。

私が重要と考えたのが、嵩上げ後の市街地に被災前の姿をいかに引き継ぐかということである。商工会中心市街地企画委員会など地元事業者との対話では、自身の再建がままならない中、祭りやまちの様子など被災前の姿を多く教えていただいた。そのときの皆さんの懐かしむ表情が強く印象に残っている。これらを公共空間としての機能や安全性を確保しつつ「かたち」にするため、各種計画などにアイデアをちりばめた。例を挙げれば、七夕の運行に配慮した幅員や舗装、歩行者天国に利用しやすい歩車道境界のデザインなどを行った本丸公園通りや、復興後の賑わいの拠点としてイベントが実施しやすいまちなか広場、酔仙酒造敷地内で行われていたお花見を引き継ぐ川原川公園のお花見広場、七夕や「チャオチャオ陸前高田道中おどり」が行いやすい被災前の駅前通りと同規模の直線空間の確保（まちなか広場から川原川公園までの区間）などがある。これら空間が地域の方々に受け入れられ、育まれ、受け継がれていくことを願っている。

Section 3

景観や屋外広告物のルールづくり

加茂忠秀 前出

持続可能なまちづくり・みせづくりを実現していくためには、
魅力ある個店の集合体であることに加え、
まち全体として快適な環境と景観を備えていることが重要である。
実際に整備する事業者たちとどのように議論を進め、
みせづくりとまちづくりを一体的に進めていったのかを記述する。

魅力的なまちなかづくりの基本的な考え方

大型商業施設を含む借地事業者の募集や換地計画を進める中で、新たに形成される中心市街地のまちなみ景観の重要性が課題として挙がってきたため、筆者も継続して関わることとなり、市と協働で検討することとなった。特に、市が二〇一五年一二月から始めた借地事業者募集における貸付条件の中に、まちなみ景観形成への一定の協力を条件とすることでその実効性を高めていくことが期待された。借地事業者以外の事業者にも強制力はないものの、先行して整備される借地事業者の店舗づくりをモデルとして協力を呼びかけていくことなどにより、魅力的なまちなみの形成を目指すことは有効と考えられた。

まず、市としての基本的な方針、方向を示すために、「魅力的なまちなかづくりの基本的な考え方」

魅力的なまちなかづくりの基本的考え方

として、以下、四つの基本的な考え方を提示した。

①陸前高田ならではのよさが感じられるまちづくり
②歩いて楽しく、車でも便利なまちづくり
③魅力的なまちなみづくり
④人に優しく快適なまちづくり

これらは、理念的な内容であり、その後策定したデザインガイドラインの予告編的な内容であるが、具体的な内容の検討を進めるにあたっても重要な指針であり、二〇一五年一二月にパンフレットとして発行、幅広く中心市街地の出店予定者や市民に配布した。なお、市の借地事業用地が大半を占め、商業エリアのまちなみ景観の形成を目指す本丸公園通りについては、歩行者の安全快適な回遊を実現するため、駐車場を店舗前面に設けず、店舗裏側に設けるよう具体指針も示している。

具体的なガイドラインの実効性を高めるために

市としては、前記の「魅力的なまちなかづくりの基本的な考え方」に加え、二〇一六年九月に地区計画の変更によって追加された屋外広告物の規制によって準備を進めてきたが、前者は具体性に欠け、後者はネガティブチェックの意味合いが強く、積極的に魅力的なまちなみをつくっていくためには、もう一段取り組みを進めていくことが必要となっていた。一方、多くの商業者は、よりよいみせづくりを行い、まちづくり、まちなみづくりに協力していきたいと考えていたが、具体的にどうしたらよいのかがわからないというのが実態であった。そこで、まず各商業者にまちなみ景観の重要性の啓蒙、デザインに対する意識の向上を図った。そして、具体的なまちなみのイメージの共有、個々のみせづくりにおいて皆で協力していくこと、これらを商業者自身の発意によって一体的に進めていくことが、実効性を担保していくためにも最も望ましいことから、商業者によるワークショップ形式でガイドラインづくりを進めていくこととした。

店舗など建設予定事業者によるワークショップの実施

二〇一六年八月から一〇月にかけて、出店予定事業者を中心に、市民参加の回を含め八回の「みせづくり・まちづくりワークショップ」を開催し、「陸前高田らしさ」や「みせづくり」「まちづくり」などについて活発な意見交換を行った。

ワークショップは二部構成で進めた。一部では、事業者全員が必ずしも店舗のデザインや建築的な知識に精通しているわけではないため、検討を進めていくための材料となる基本情報や参考事例を勉強会方式で説明し、二部ではテーマを決めてグループディスカッションを行い、グループごとに発表を行った。陸前高田らしさとは何か、どのようなまちを目指すのか、行きたくなるまちはどんなまちなのか、など、活発な意見交換となった。また、第四回では市民参加のワークショップを行い、市民、お客さまの観点からどうなのかという意見も取り入れた。これらの内容を踏まえながら、まちなかデザインガイドラインとしてまとめていった。左図にその概要を示す。

具体的な内容は、①色彩デザイン、②建物や建物まわりのデザイン、③看板や広告物のデザインで構成した。

まちなかのデザインにあたっての大切な視点

1. 来訪者をあたたかく迎える親しみやすいデザイン
2. 海、山、川など、周囲の自然と調和したデザイン
3. 賑わいや活気、彩り、季節の変化を感じるデザイン

まちなかの色彩を整える

1. 暖色系のアースカラーを基本とする
2. 落ち着きを感じる中低彩度の色彩を基本とする
3. 色づかいを工夫することで変化や季節感を演出する

自然素材・天然素材を積極的に活用する

1. 身近にある自然素材や天然素材を積極的に活用する
2. 植栽や木材、石などを使って店の個性や季節感を演出する

建物や建物まわりのデザインを工夫する

まちなみと調和のとれたデザイン

1. 建物のかたちや色づかいはまちなみとの調和を図る
2. 通りと敷地を一体的な空間とするデザイン
3. 店の出入り口や動線を分かりやすく
4. 通りごとに壁面の位置を揃える

店の魅力を高めるさまざまな工夫やアイディア

1. アクセントとなるデザインや色彩を効果的に用いる
2. 多様なアイテムを活用し店先の目新しさを保つ
3. 店の演出や夜間の雰囲気づくりとして照明を工夫する
4. 設備機器を目立たなくする工夫や自動販売機の設置方法

屋外広告物のデザイン

1. 個性的で魅力的な看板が店の価値を高める
2. 過剰な色づかいやデザインの看板はさけ、まちなみとの調和を図る
3. 通りごとにサインや看板を揃える

みせづくり・まちづくりワークショップの様子

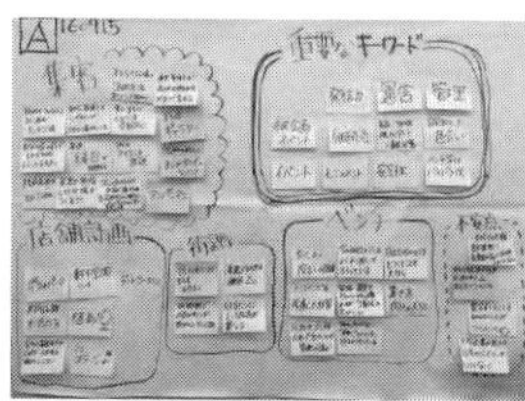

ガイドラインに基づき、色彩・サイン計画などに関する指導、アドバイスを行った事例

これらの内容の具体的検討を進めていくなかで、被災前の高田地区のまちなみは伝統的なまちなみを含め特に特徴的なものではなかったこと、コストや耐久性にも配慮が必要であることなどから、店舗ファサードデザインやサインなどにおいては、単調な統一感とならないよう各店舗の個性も発揮しつつ猥雑とならない方向を目指すこととした。そして木材の利用などについても、風雨にさらされない場所で部分的に使うなどに考慮した。また、二〇一六年八月に、都市規模も近く、低層のまちなみ景観で参考となる北海道富良野市や美瑛町を関係者で視察訪問したことは、景観などまちづくりを進める上でも役に立ったと認識している。

ガイドラインの運用とデザインサポート対応

こうして「まちなかデザインガイドライン」は二〇一七年三月に市と商工会の連名で策定し、事業予定者に配布された。実際の運用については、以下の三点に配慮し行った。

・まちなかデザインチェックリストを作成、セルフチェックを促した。
・店舗などを建築するにあたって設計や建築工事を担当する建築会社などにもガイドラインを参考にしてもらうように促した。地域の施工業者は限られており、複数店舗の工事を行うことから徐々に施工業者にも浸透した。
・土地区画整理法七六条、都市計画法第五八条の申請や届出を提出する前に、ガイドラインにかかる相談を市が窓口となって相談会を実施し専門家がアドバイスや指導を行う体制を整えた。建築確認申請前に行うことにより、具体的に建物外観に反映することができ有効な手法であったと考える。具体的には、計画段階の平面・断面・立面図を受領し、周辺との関係に配慮しながら、配置や色彩計画などについて、専門家が複数案提示しながら、商業者にとって納得のいく店舗の配置

や外観、サインの計画を進めた。

なお、大型複合商業施設「アバッセたかた」や、先行して整備が進んだ個店、「まちなかテラス」などは、まちなかデザインガイドラインに沿ったモデルデザインとなるよう、アドバイスを行った。

景観などのルールを維持するために

その後、市は長期的なまちづくりを見据え、景観的な配慮を法的に担保すべく、景観行政団体へ移行し、二〇一八年六月に陸前高田市景観計画を策定。二〇一九年七月には同計画の変更と陸前高田市屋外広告物条例を施行した。

こうして、前節までに述べた公共側の取り組みと、本節で述べた民間側の取り組みを両輪として、みせづくりとまちづくりを一体的に進めることを目指してきた。現状では、一定の成果は得られていると認識しているが、個人の考え方もありすべての店舗に干渉していくことは難しい面も有している。また、個店の相談対応についても、一定の期間は専門家のアドバイスを受けられる体制を整えることはできたが、長期間にわたり常時対応するのは難しい。

実際、サインなどのアドバイスを行えず不十分となった事例も生じている。一般にこのような事例は、事業者に課題があるのではなく、デザイン力を有するデザイナーが不在であるために生じることが多い。ルールは悪いものを一定程度排除することはできても、よい景観をつくるためには、不十分である。また、単体の建築物としてデザイン的に優れたものであっても、まち全体としての調和や統制、景観としてのデザイン性が高いことが望ましいと考える。特に地方都市においては、色彩やグラフィックデザインなどの専門家の効果的な活用方法について検討が必要である。

Column

高田松原の再生

高田松原は1940年に国の名勝に、1964年には陸中海岸国立公園に指定された。歌人・石川啄木も盛岡中学校時代に訪れている。「白砂青松」のごとく、2㎞にわたる白い砂浜、その砂浜を抱くように広がる7万本の松林、そしてその背後には県内最大の天然湖沼である古川沼。地元の人間はこのエリアをまとめて「松原」と呼ぶ。その昔、高田松原は「立神浜」と呼ばれ、海からの強風により、背後には不毛の土地が広がっていたが、防砂林・防風林として先人たちが苦労しながら植樹を行い、約350年にわたって営々と守り育てられて来た。

植樹された松原

震災前、市内外から多くの海水浴客が訪れた高田松原は、観光やスポーツの拠点でもあったが、何よりも高田松原は市民にとってなくてはならない大切な存在、心のよりどころであった。市民は小さいころから大人になるまで、海水浴や学校の部活動、デートや子育て、散歩など、四季を通じて松原に親しんできた。大津波は一本の松だけを残し、すべてを流失させてしまったが、自宅を失ったある市民は「家を流されたことは残念だが、松原がなくなったことは同じくらい寂しい」と語っていた。

陸前高田市の復興にとって松原の再生は不可欠だった。

砂浜は自然の力では数百年単位で復元しないという試算から県が、人工的に砂を導入する養浜事業により再生を目指し、チリ地震津波の際に建設された高さ5.5メートルの防潮堤は、同じ位置で12.5メートルの防潮堤に姿を変えた。そして松林も、県が治山事業により4万本の松林に復旧させることになり、地元のNPO法人「高田松原を守る会」は、4万本のうち1万本の植栽作業を申し出た。2017年から始まった植栽や下刈りの作業には、市民だけでなく、市外からも多くのボランティアが参加した。その数は延べ1万3000人。子どもから社会人まで、多くの人が携わり、植栽活動は2021年5月に完了した。50年後とも言われる松林の再生を夢見て、高田松原を守る会らによる維持管理活動が行われている。

これまで植えてきた松の苗木は、大きなもので2メートルほどになった。現在は松原地区への立ち入りも可能となり、砂浜や松の植栽箇所を散策する人の姿も増えてきた。念願の高田松原海水浴場も2021年7月に再開した。苗木が震災前までの大きさになるまでには、まだまだ長い時間を要するが、植えられた松の木は、陸前高田市の復興する姿を静かに見守っていく。

［阿部 勝］

Chapter 8

商業者の本格復興

津波被災地では、浸水地の嵩上げを一気に進めることはできず、従って商業集積を一気には整備できない。陸前高田では、最初に津波で全壊したショッピングセンターを再生し、その後、周辺に個性的な店舗を配置するプランで商業集積の再生計画が進められた。本章では、まちなか再生計画やグループ補助金などを活用して本設を実現した過程と、さらに「まちなか会」に発展する姿を追う。「まちなか会」は「線」（商店街）再生が目的ではなく「面」（中心商業エリア）で賑わいづくりを実現しようとする集団だ。

Section 1

「アバッセたかた」の誕生

官民一体で実現させた商業核施設

加茂忠秀／長坂泰之 ともに前出

陸前高田の日常的な生活利便を支え、集客力をもった商業核施設を早期に整備し、日常拠点としてまちづくりの先導となってもらう。中心市街地で被災し、全壊したショッピングセンターを移転して再生する計画には官民からその役割が期待された。複合商業施設「アバッセたかた」の誕生への経緯を振り返る。

被災ショッピングセンターのまちなかへの移転と再生

被災により全壊した「リプル」は、食品スーパーを核としたネイバーフッド型ショッピングセンターで、市民の日常生活を支えていた。その機能を維持していくため、市では早くからリプルの移転をイメージして市街地区画整理の計画を進めた。集客力をもった商業の「核」となる施設の整備は、中心市街地の再生を推進し、持続可能なまちづくりの先導的な役割を担う意味でも、最優先かつ必要不可欠なことだった。

一方、リプルの事業主体である高田松原商業開発協同組合（以下、組合という）理事長である伊東孝は、商工会の商工業復興ビジョン推進委員会委員長でもあったことから、復興市街地での拠点となる商業核施設の必要性や役割を強く認識していた。このようなことから、以前のバイパス沿いの立地から、嵩上げされた中心市街地でのリプル移転再建の意思を固めていった。そうして、官民一体での複合商業施設整備の取り組みが始まった。

被災前、バイパス沿いに立地していたショッピングセンター「リプル」

立ちはだかるグループ補助金の壁

伊東は、リプルの再建について、当初、震災のあった二〇一一年に創設されたグループ補助金（251ページ参照）の活用を目指していた。グループ補助金は基本的には被災中小企業者に対する補助金であり、運営母体の組合も中小企業の扱いだったからである。一方でリプルの核店舗である食品スーパー「マイヤ」は、震災前は大企業であったが、震災後に減資して中小企業となっていた。しかしながら、被災中小企業でないことから、リプルで最大の売り場であるマイヤへの補助金が認められなかった。他方で、震災前にリプル以外でテナント営業していた事業者も、建物が自社物件でないため、建物所有者が復興しないと復興できない状況となっていた。伊東はマイヤの売り場に加えて、これらの事業者の復興も実現できないかと考え、県を通じて国に要望を出していた。

その思いが通じたのであろう。二〇一四年一月に復興庁は被災地まちなか商業集積・商店街再生加速化指針を発表し、まちなか再生計画の認定を受けることにより、津波立地補助金が受けられることとなった。この補助金は、被災中小企業は復旧費用の四分の三、非被災中小企業には三分の二、大企業にも二分の一の補助が出る画期的な制度であった。

まちなか再生計画で事業の成立性を見極める

内閣総理大臣から認定を受けるため、市ではまちなか再生計画の策定を進めることとした。

まちなか再生計画に記載する内容は、復興事業全体の中で、まちなかの再生がどのように位置づけられているか、具体事業の必要性や成立性、そして将来のエリアマネジメントの考え方などから構成

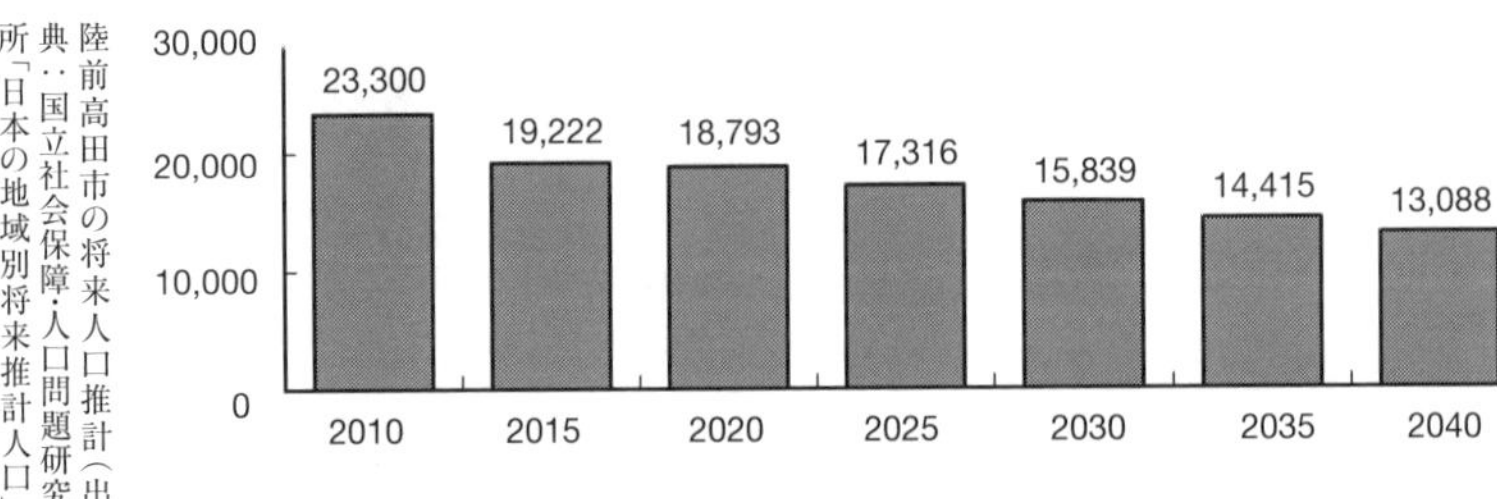

陸前高田市の将来人口推計（出典：国立社会保障・人口問題研究所「日本の地域別将来推計人口」二〇一三年）

されており、補助金活用の有無にかかわらず、本来取りまとめておく必要がある内容である。特に商業にかかるマーケット調査や商業施設開発の事業成立性については、民間デベロッパーであれば必ず実施し、事業判断するものであり極めて重要である。このあたりは、阪神淡路大震災の復興事業において一部で過大な商業床が開発された反省が活かされたものと思われる。

陸前高田市においては、人口減少が想定される中で、まず一〇年後の人口想定に対する需要と店舗床面積（供給）の検証を行った。一〇年後の人口は約一五％減少するとの予測があるなかで、マーケットに大きな余裕はないが、計画施設延床面積約八〇〇〇平方メートルのうち、計画物販売り場面積は約五〇〇〇平方メートルであり、成立可能想定売り場面積は約八〇〇〇〜九〇〇〇平方メートルと算定されたことから、成立可能であることが検証できた。

一方、被災後にイオンや大型専門店などの郊外立地が進み、業種によっては競合関係が厳しく、特に食品スーパーは既に市内に三店舗あり四店舗目が成立するのか懸念が残ったが、マイヤが市内の既存店を閉店し、中心市街地に移転することを決断した。

地域住民のニーズに応える店舗構成と被災事業者の生活再建

施設のテナント構成は、地域住民の日常生活基盤の再建と被災事業者の生活再建をともに達成するために、地域住民のニーズに応える日常利便性を高め、その集客力が被災事業者の事業持続力がつながるよう配慮した。具体的には、マイヤを核店舗として、大型衣料品店、ドラッグストアをサブ核店舗として日常利便性を確保し、被災事業者の専門店の出店ニーズを把握しながら店舗構成を固めていった。

大型衣料品店は被災前リプルに出店していた店舗が辞退したため、バイパス沿いで被災した「しまむら」を誘致、ドラッグストアは複数の候補があるなかで「ツルハドラッグ」を誘致する方向とした。

「アバッセたかた」検討中の全体イメージ。全体としての景観や動線などを丁寧に調整した

また、計画施設は、テナント出店を希望する被災中小事業者の事業再建の役割を十分に担わなければならない。テナント出店を希望する被災中小事業者については、リプルに出店していたテナントと、商工会のアンケートで把握されていた被災テナント事業者に対して当計画への出店意向を調査し、出店候補者を決定していった。なお、テナント出店希望者を把握していくなかで、高齢であるといった種々の事情から仮設店舗のときと同様、無料の賃料を希望する者もあったが、賃料を免除しては事業収支が回らないことから、希望に添うことはできなかった。

一方、リプルの再建計画を進めていく中で、市から図書館との一体的な整備について提案があった（220ページ参照）。商業だけでの集客には限界があり、複合的な集客力を高められることから、より魅力的なタウンセンターの実現可能性が高まっていった。

津波立地補助金の認定に向けての課題に直面

津波立地補助金は被災中小事業者に手厚い補助率となっている一方、前述のとおり非被災事業者や大企業にも一定の補助率が設定されており、従来の被災者支援の枠を越えた魅力的な商業機能の充足を念頭に置いたとてもよく考えられた優れた補助制度である。しかしながら二つの課題が生じた。ひとつは補助金の上限が五億円であったこと、もうひとつは建設費の高騰による事業費の増大であった。計画の事業規模では、事業費が一五億円に近いものとなることが想定され、仮に最大五億円の補助金を受けられたとしても被災環境下で事業が持続可能な賃料水準（おおむね四〇〇〇～五〇〇〇円／月坪程度を目標）が実現できず、事業が成立しない。また、震災復興による人手不足に、東京オリンピック需要が重なり、沿岸地域の建築コストが高騰し、事業費を増大させることとなった。

補助金額をどうしたら上げられるか、事業費をどうしたら下げられるのか、事業者にとって大きな課題となって立ちはだかることとなった。

複数の事業者が開発を行う事業方式・形態に変更

前述のように、補助金五億円の上限があり、復興庁との事前協議の中で、この上限を仮に変えることができても制度の改定に相当の時間が必要と想定された。一方、事業を分けるか、開発時期を分けることによって、補助額上限を確保した補助金を受けられる可能性があることがわかった。ただし仮に事業を分けたとしても、早期かつ同時に全体が開業することが第一であることから、高田松原商業開発協同組合とマイヤが協議を重ね、マイヤと複数の出店者が別途、陸前高田再開発株式会社を設立し、ツルハドラッグは補助金活用をせず単独開発出店する、すなわち三事業者で開発する方針に変更となった。また、補助申請については、補助金活用を目指す前述二者がそれぞれに申請し、二〇一六年三月に認定を受けることができた。

その方針を踏まえ、「陸前高田市まちなか再生計画」は二〇一六年一月に復興庁により認定された。

図書館整備については、218ページにも記したように市の公共事業としての手続きに時間がかかることや民間発注によるコスト低減を狙いとし、「オガール」（岩手県紫波町）の取り組みを参考に、組合が整備し、市が復興事業のなかで買い取る方式とした。なお、複合施設全体の公共性が高いことから、駐車場を市営駐車場として一体的に整備するとともに、商業核施設の借地料を当面の低廉な金額とするなど、市からの手厚いサポートも受けている。[*]これら複数の事業者が混在し、補助事業の制約がある中で、早期に施設全体の整備を実現できたことは、関係者の大きな尽力と協力の賜物であった。

*——計画は、市の所有地への定期借地事業であり、公募提案事業だった。事業者の募集条件として、被災テナント事業者を含むこと、図書館整備を入れたこともあり、提案事業者は共同事業提案者一者となり、組合を幹事とする共同事業体に確定した

四事業者の施設を一体的に整備するための創意工夫

来街者に対し、利用しやすくかつ快適な環境を提供するためには、一体的な施設計画や環境デザインが必要である。これらは各事業者の合意をとって、基本計画と基本設計は一社で行いながら、計画づくりについては三事業者と市、そしてコンサルタントなど関係者で集まり協議を重ねた。

「アバッセたかた」ロゴ

「アバッセたかた」

特に動線計画は重要であり、各店舗間はもとよりまちとつながりや回遊に配慮し、また、建築計画およびランニングコスト面から、共用通路を屋内外のハイブリッドモールとした。組合が整備する専門店街は屋内共用通路とし、カフェ、フードコート、パブリックスペース、図書館をつなぐことにより、暑さ寒さに関わらず快適な人だまりや買い回りを可能なものとした。一方マイヤなどの大型店は屋外通路に庇を整備することによって、雨天時にも傘を必要とせず移動できるような形態としつつコストを抑えている。また、営業時間の異なる飲食店やサービス業は外向きの店舗配置とし、商店街に顔を向けるよう配置した。なお、各事業者によって、実施設計者、工事施工業者が異なっていたため、定期的な調整会議を実施し円滑な工事の推進に努めた。

拠点として様々な先導的な役割

新たな嵩上げ地で、この施設が最初に開業し集客を実現することは、各事業者の出店判断の背中を押すことのみならず、市の目指す「ノーマライゼーションという言葉のいらないまちづくり」（224ページ参照）や、前述の街並み景観形成などにおいても先導的な役割を担っていた。ユニバーサルデザインにおいては、その専門家であるミライロ社から実際に障がい者の方に来てもらいアドバイスなどを受け、施設計画に反映している。景観面においては、壁面カラーの統一と調和、外壁への木材などの自然素材の利用、全体でコントロールした統一感のあるサイン計画といった、市のガイドラインに具体的に対応したものとなっている。

また、地域住民に愛され、まちのシンボルとなることへの願いを込め、施設の名称を幅広く公募し決定することとした。その結果、地元の言葉で「一緒に行きましょう」という意味の「あばっせ」を選定し、「アバッセたかた」を正式名称とした。サイン計画においては英字表記のロゴデザインも行い、地元ならではの懐かしさと新しさをあわせもったネーミングとした。今や市民の間では、地名より

アバッセたかたに入る施設の事業主体・施設概要（2021年5月現在）

名称	市立図書館	A棟（専門店街棟）	B棟（大型店棟）	C棟（ドラッグストア棟）	合計
事業主体	陸前高田市	高田松原商業 開発協同組合	陸前高田再開発 株式会社	株式会社ツルハ	
敷地面積	約1,860㎡	約5,150㎡	約7,720㎡	約3,310㎡	約18,040㎡
延床面積	約990㎡	約2,550㎡	約3,470㎡	約990㎡	約8,000㎡
建物	木造	鉄骨造	鉄骨造	鉄骨造	鉄骨造
店舗	—	物販 4店舗 飲食 5店舗 サービス 6店舗 計 15店舗	食品スーパー（マイヤ） 実用衣料（しまむら） サービス 3店舗 計 5店舗	ドラッグストア（ツルハ） 計 1店舗	物販 7店舗 飲食 5店舗 サービス 6店舗 計 15店舗

「アバッセ」のほうが定着しており、当初目指したシンボルプレイスの役割を果たしている。

実現への道すじ、そして

他にも多くの課題があったが、それらを乗り越え実現できた背景には、現在商工会長でもある組合理事長の伊東と組合事務局長の菅原香の存在が欠かせなかった。伊東によれば、被災直後はリプルの後始末に奔走し、一方でまちの復興ビジョン推進委員会の委員長を担う中で、「まちの復興のためには誰かがやらないといけないから」と、リプル再開への腹を決めたと言う。そして、菅原によれば、実現できたのは伊東の「人柄」によるところが大きいと言う。確かに周囲が協力する体制が自然とできる、まさにこれを「人望」というのだろう、リーダーとしての大きな存在だ。一方、事務局長の菅原はまさに事務作業を一手に引き受け、膨大かつ複雑な補助金申請から調整交渉まで担うなど、大きな役割を果たしてきた。菅原は「イオンが進出したとき、子どもたちが戻ってくるまちがなくなるのではとの危機感をもち、地元が中心になってまちをつくらないといけない」と思ったという。ここまで来るのに多くの課題を乗り越えるのが大変だったのではと聞くと、「皆で手をつないでの綱渡りですから大丈夫です」と答えた。まさに「チームたかた」にふさわしい答えだ。

そして、施設の完成はゴールではないことや周辺への影響を十分理解している同組合は、現在もその運営管理に尽力し続けている。当施設は二〇一七年四月に開業し、二〇一九年度は約一三四万人が来館（レジ客数および図書館来館数の合計。イベントのみの来客は含まず）、二〇二〇年度はコロナの影響もあり約一二二万人となったが全体の売上は低下していない。また、販促費予算が少ない中で、創意工夫を重ね二〇一九年度は二九一回、二〇二〇年度は一九一回のイベント・催事を行っており、単なる商業施設ではなく、地域に密着したタウンセンターとして、コミュニティに寄与する役割を担い続けている。

Section 2

「まちなかテラス」の誕生

まちなみ商業集積を先導するミニ共同店舗

加茂忠秀／長坂泰之　ともに前出

「まちなかテラス」は復興市街地の中心部に位置する五店舗が集まる小さな商業集積である。

規模は小さいけれど魅力のある店舗が集まり、昼時は行列のできる店もある。

この「まちなかテラス」は、復興するだけでなく
その先の持続可能なまちづくりを目指して計画されたものだ。

以下で、震災前からの課題を踏まえ、かつ将来を見据えたこのプロジェクトの全容を明らかにする。

まちなかテラス／完成後の様子

発端は仮設商店街

「まちなかテラス」構想の発端は、仮設商店街である「栃ケ沢ベース」の時代まで遡る。「栃ケ沢ベース」は震災からちょうど一年後の二〇一二年三月に高田地区栃ケ沢にオープンした。そのきっかけは、いわ井（酒・雑貨店）を営み、後に「栃ケ沢ベース」の代表となる磐井正篤が、木村屋（洋菓子店）の木村昌之から「栃ケ沢に土地が確保できそうなので一緒にやらないか」と声を掛けられたことに始まる。磐井は早速、毎日行列ができる人気店のやぶ屋（蕎麦店）の及川雄一に話を持ち掛け、了解を取った。これで、栃ケ沢ベースの集客の核となる三店舗が決まった（160ページ参照）。

この三人は震災前から知り合いだった。磐井は「とても信頼できる仲間だったので、以前からできれば一緒に仕事をしたい」と思っていた。また、本設の際も「集客力のあり、かつ一緒に仕事をして

五店舗の集積

楽しいと思える仲間と店をつくりたい」と考えていた。そして、仮設商店街で商売をしながら、この三人を中心に菅久菓子店（洋菓子店）の菅野秀一郎が加わり、「栃ケ沢ベース」の二階のある一室で、本設に向けての作戦会議がスタートした。その後、誰よりも行動力のある木村は、グループ補助金（251ページ参照）の岩手県の第一号の認定を受けて、仮設の市役所近くにいち早く工場兼店舗を建てた。残った三人に加え、その後、担々麺で有名な熊谷食堂（中華料理店）の熊谷成樹、そして人気の美容室ＺＥＮ（美容室）の角地全が加わり五人のメンバーが揃った。

共同店舗方式（合同会社による所有）に覚悟を決める

「まちなかテラス」の運営母体である合同会社「ベース」は、最終的には、菅久菓子店以外の四店舗を共同店舗方式で所有しているが、当初はそのようなプランではなかった。五人が近接して集積することとしていたが、当初はあくまでもそれぞれのメンバーが建物を別々に所有する案であった。磐井たちは、このころ相談をしていた中小機構の長坂泰之からこんなアドバイスを受けた。「現時点で集客力のある店舗が集積すること自体は大賛成だが、問題は皆さんが高齢化して後継者が不在のときに空き店舗化してしまうことである。これでは、震災前の課題であった商店街の衰退、空洞化を繰り返すことになる。店舗の入れ替え戦ができる仕組みをつくる必要がある」。そして長坂が提案したのは、「店舗の所有と使用の分離」であった。「店舗を個別の事業者の所有にするのではなく、共同出資会社を設立して、その会社が共同店舗を所有し、磐井たちは自分たちのつくった共同店舗にテナントとして入居する」というものであった。

磐井たちは長坂の提案を受け入れさらに議論を重ねた。最終的には、テナント入居契約書には、「退店する場合は、次のテナントを誘致するまで、家賃を支払い続ける」という条項を入れた。信頼できる仲間が持続可能な共同店舗運営に向けて覚悟を決めた瞬間であった。なお、菅久菓子店は「まちな

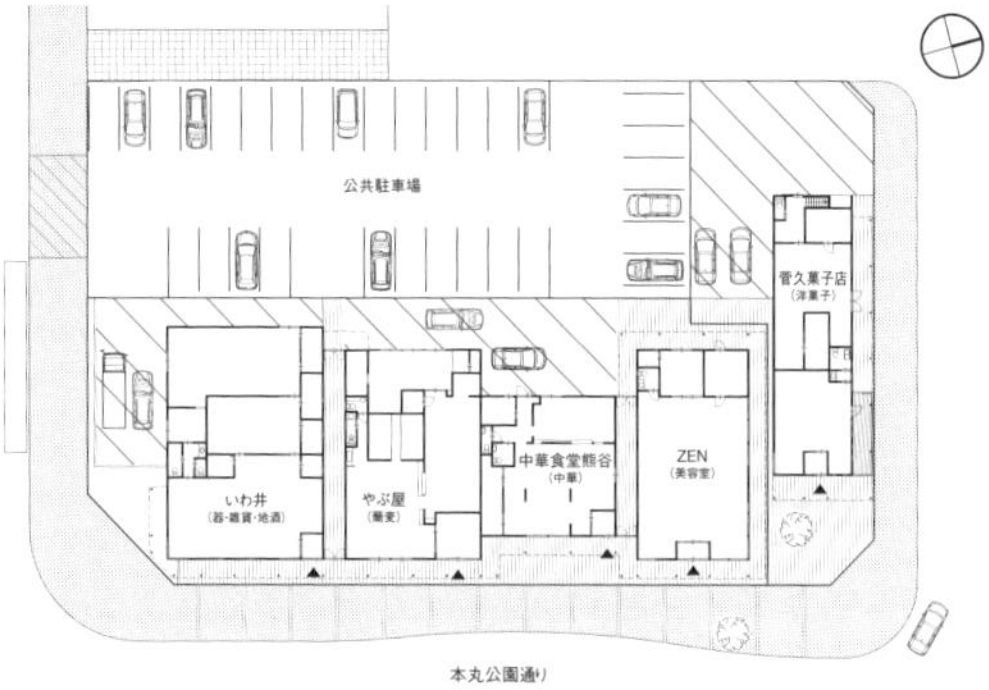

平面図

かテラス」の運営には積極的に関わっているが、他のグループ補助金をすでに店舗などの一部に利用していたことから、店舗については、共同化できなかった。

商業エリアの先導的役割

五人の事業者が集まって店舗の再建を進めるに至った経緯は、前述のとおりである。高田では老舗ともいえるような力のある店舗が集まることとなった。この施設計画は、各事業者の店舗再建のみならず、中心市街地の大型複合商業施設である「アバッセたかた」の西側に隣接する本丸公園通りに商業エリアを形成するための先導的な役割も担っていた。アバッセは重要な複合核施設であるが、これだけでは「まち」にならず、商業エリアが面的に広がっていくことによりようやく「まち」となっていく。そして、この計画施設は言わばその入り口に立地しており、面的なまちづくりが始まっていることを市民や事業者に見せていくこととなる。

合同会社代表の磐井は言う。「当時はこんなところで商売がうまくいくはずがないという人も少なからずいた。だからこそ意地でも成功して次の人たちを先導したかった」と。商売は人が集まる場所で行うもの、アバッセとまちなかテラスの相乗集客回遊効果によって各店の事業性を高め、かつ中心市街地の再生に寄与していこうとの高い志をもち続けていた。

商店街らしさを有する共同店舗づくり

施設整備にあたっては、津波立地補助金とグループ補助金の商店街型のいずれかが活用できる可能性があったが、全員が被災事業者であること、グループ補助金の方が内装費の補助と合わせて窓口が県に一本化できることなどから、グループ補助金を活用することとした（次節で詳説）。

アバッセに隣接するエリアに立地することを視野に市の借地事業に応募、市と敷地規模や施設配置、駐車場などと調整を重ね、二〇一六年一二月に事業者グループとしての選定を受けた。

そして前述のようにこの施設は、アバッセから広がる商業エリアを形成していくための先導的な役割も担っていることから、店舗前に駐車場を配置せず、各店舗裏側に配置することとし、また共同店舗であるが、魅力的な商業ゾーンの形成を予感させるよう、通り沿いに統一感を有しながらも各店舗の個性が際立つファサードを連続的にデザインした。さらに、外壁のカラーデザインやサイン・ロゴデザインは、デザイナーにも入ってもらい、ガイドラインに沿ったデザインを行うとともに、ノーマライゼーションにも沿った施設づくりにも配慮している。

家を継ぐのではなく、「まち」を継ぐ

こうして「まちなかテラス」は二〇一七年一〇月に開業した。磐井はこのまちを代表する商人だ。そして商工会の副会長、後述するまちなか会の会長も務めるプレイングマネジャーであり、個店事業者の紛れもないリーダーである。そして、商人として賑わうまちで商売をすることの重要性を強く認識し、過去、現在、未来のまちをつないでいくことをつねに考えている。そのようなこともあり、まちなかテラスでは、各店舗の前壁に創業年を入れることとした。いわ井の創業は江戸時代である。このまちの歴史は今からではない、それをさらにまた遠い未来へつなげていくとの意志表示だ。

磐井はまた、まちなかテラスの仲間探しはとても重要だったと振り返る。誰でもよかったわけではない、力のある店、信頼できる人柄などを重要視した結果、よい仲間に恵まれた。チーム力の勝利だと言う。実は磐井から相談を受けながらも、諸々の事情から共同店舗には出店しなかった仲間たちも、近傍に店舗を構えている。再建方法は異なっても、共感しあい一緒になってみせづくり、まちづくりを先導してきたのだ。

Section 3

まちなか未来プロジェクト

グループ補助金の活用

長坂泰之　前出

津波被災地では東日本大震災で初めて創設されたグループ補助金を活用して、多くの被災事業者が復興を実現した。

陸前高田市では、二〇一六年四月にグループ補助金の受け皿として「まちなか未来プロジェクトグループ」が設立され、最終的には一〇〇を超える事業者がこのグループに参画して復興を果たしている。

このグループの活動が現在のまちなか活性化の活動につながっている。

東日本大震災で初めて創設されたグループ補助金

国は東日本大震災の産業復興に対して、阪神淡路大震災の事業協同組合を通じた支援よりも緩やかな、任意のグループを通じた支援の仕組みを新たに構築した。そしてそこに従来にはなかった補助制度を設けた。それが中小企業等グループ施設等復旧整備補助事業（以下、グループ補助金）である。無利子の貸付制度（高度化スキーム＝被災中小企業・施設整備支援事業（自己資金は、一％もしくは一〇万円のいずれかの低い額）との組み合わせで、被災事業者はほぼ自己資金がないかたちで復興できることとなった（阪神淡路大震災は無利子の貸付制度のみ（自己資金は一〇％）である）。グループ補助金は、複数の中小企業者等から構成されるグループが復興事業計画を作成し、地域経済や雇用維持に重要な役割を果たすものとして県から認定を受けた場合に、計画実施に必要な施設・設備の復旧・整備資金の四分の三（国…二分の一、県…四分の一）の補助が受けられた。それにはグループの構成員である被災事業者も対象となった。なお、グループ補助金は「基幹産業型」「経済・雇用型」「サプライチェーン型」「商店街型」の四類型があり、まちなかの再生には主に「商店街型」が活用された。この「商店街型」は、複数の中小企業等で構成する地域コミュニティを支える地域の中心的な商店街グループが対象であった。前述のまちなかテラスのメンバーもこのグループ補助金を活用して復興を図っている。

後に陸前高田市のまちなか未来プロジェクトグループ（以下、まちなか未来グループ）の代表となる小笠原修は、「グループ補助金の情報は、まだ避難所にいるときに岩手県庁から聞いた」と言う。甚大な被害で、復興の見通しが全く見えず気が滅入っていたときに、復興前の状態に戻す資金の四分の三の補助があると聞き、「ひと筋の光が見えたように思えた」と振り返る。グループ補助金は多くの被災事業者にとって前に一歩踏み出す気持ちになれる制度だった。*

*――出典：長坂泰之「東日本大震災の復旧・復興期における商業集積支援策に関する研究――阪神・淡路大震災との比較を中心に」『日本都市計画学会都市計画論文集』五三－三、八一五～八二二頁、二〇一八年

中心市街地への出店勉強会および出店意向調査の実施（二〇一三年二月〜）

陸前高田市では、中心市街地に復興した被災事業者の多くは、後述する「まちなか未来グループ」の構成員として復興を果たした。以下では、このグループ設立までの経緯を記したい。

市役所と商工会は、震災から二年後の二〇一三年二月から四月にかけて合計四回にわたって陸前高田市中心市街地検討会を開き、主に中心市街地のゾーニングに関して検討を重ねた（167ページ参照）。四月に行われた第四回検討会の事前打ち合わせの際に、グループ補助金申請に向けての勉強会を八月から実施してはどうかという議題がもち上がった。この時点では、共同店舗（ショッピングセンター「リプル」再生、後の「アバッセたかた」）、「パティオ」（飲食を除くパティオ（中庭）を囲む店舗群）、飲食などの三グループを想定していた。ゾーニング計画が固まりつつあるこの時期には、ゾーニングに即したグ

ループが念頭に置かれた。そして、これと同時に、高田地区の中心性、拠点性を強く推進するために、郊外や高台に分散し仮設店舗で営業している被災事業者に対して、積極的に高田地区の集積形成に向けて誘導すべく「中心市街地への出店勉強会（仮称）」を企画した。

同時に商工会は中心市街地への出店意向調査を実施し、二〇一三年一一月の陸前高田商工会商工業復興ビジョン推進委員会（以下、推進委員会）で次のとおり報告している。合計二八五事業者に対する調査の結果、新しい市街地に本設店舗の設置を希望するのは八九者（三一・二％）、店舗等の必要面積合計三〇六三四平方メートル（九二八三坪）、客用駐車場の必要面積合計三一八三〇平方メートル（一〇六一台、一台当たり三〇平方メートル換算）、従業員用駐車場の必要面積合計一二二一〇平方メートル（四〇七台、同）であった。

グループ補助金の獲得に動き出す

翌月の二〇一三年一二月には、高田地区の出店に向けての今後のスケジュール（案）が示され、二〇一五年度初頭までにグループ補助金の申請ができるように、推進委員会で議論を進めていく方針が示された。

二〇一四年一月には、新中心市街地出店意向調査説明会を開催し、一月末までに前回調査で出店を希望する八九事業者に、加えて「わからない」と回答した一四事業者を合わせて一〇三事業者と、出店する方向に希望が変わった事業者に対してヒアリングを実施することとなった。このヒアリング項目の中にはグループ補助金に関する項目もあった。グループ補助金の認定の有無（様々な事情から先行して形成されたグループの構成員になっているケースもあるため）、希望の有無（これからグループへの参加を希望するケース）などであった。このように、この調査はグループ補助金の構成員を確定させていくとともに、市役所が進めている嵩上げ市街地の出店面積の確定作業も兼ねたものであった。この作業は、市都市計画課、市商工観光課、商工会に加え、中小機構、URも一体となって復興市街地の商業エリアの集積形成に向けて奔走した。

二〇一四年二月に入り実施した「出店に向けた事業者勉強会」では、前述の共同店舗、パティオ、飲食等の三グループではなく、土地と建物の取得の有無に分けて、換地希望、借地希望、テナント希望の三グループで勉強会が開催され、被災事業者の判断を問うていった。同月の第二回目の勉強会には合計九四名(換地ゾーン四五名、借地ゾーン二七名、テナント二二名)が参加し関心の高さがうかがえた。同三月には、中心市街地出店意向調査の中間報告があり、中心市街地に出店意向のある商工業者一二三者のうち、新たにグループ補助金を希望する被災事業者が相当数存在することが明らかになった(建物に補助を希望する六六事業者、設備に補助を希望する八三事業者、重複あり)。

二〇一四年一〇月の商工会の中心市街地企画委員会(以下、企画委員会)で初めて「中心市街地出店希望者等のグループ補助金申請」に関する事項が協議内容となった。この時点でのグループ補助金申請予定者は七〇事業者。推進体制は、物販・サービス業種と飲食業種の二つのチームでグループのとりまとめをする案が水面下で検討されていた。二〇一五年三月には岩手県経営支援課によるグループ補助金説明会および個別相談会が仮設の商工会館二階の会議室で開催され、その後検討を重ねて、六月の企画委員会において、グループ補助金の申請に向けたスケジュールが示された(一〇月上旬に出店希望者会(商店街連合会)設立、一二月上旬グループ補助金申請。後に変更となる)。

「新分野需要開拓型」に活路を見出す

二〇一五年三月に岩手県経営支援課による「平成二七年度中小企業等グループ補助金」公募説明会が開催された。陸前高田市からは事業者の代表として小笠原修(株式会社東京屋)が参加した。その際に、グループ補助金に新たに「新分野需要開拓等事業」(以下、新分野需要開拓型)が加わるという説明が

2015年12月		2016年3月		2016年5月
グループの設立総会開催、共同事業計画を仮決定（その後スケジュールは変更）、併せて、復興の向けての勉強会、個別指導会を開催	➡	グループ構成員を募集し人数を確定	➡	第16次グループ補助金（商店街型）以降、準備ができた構成員からグループ補助金を申請

あった。これが意味するところは、業種の変更、または一部別業種の追加が可能となったということである（ただし、業種の変更・追加により、その売り上げがいかに復興に貢献するかの説明が必要とされた）。小笠原はそのときのことを、「グループ補助金の制度はありがたかったが、八百屋は元の八百屋でしか復興できなかった。私にとって「新分野需要開拓型」は本当の意味で自分のやりたい復興が叶うと思えた瞬間だった」と振り返る。

グループ補助金申請の準備委員会の設置（二〇一五年一〇月〜）

二〇一五年一〇月には、商工会の企画委員会の委員（すべて被災事業者）のうち七名でグループ補助金申請の準備委員会を設置することとなった。グループ構成員は、嵩上げする中心市街地で事業を営む事業者すべてを対象とすることとし、その上で準備委員会では、共同事業計画（案）の作成、募集説明会の開催、スケジュール（案）を作成することとなった。市役所や商工会任せにするのではなく、被災事業者が「自分事」として主体的に行動したのが陸前高田市の復興の最大の特徴のひとつである。

「まちなか未来プロジェクトグループの誕生」（二〇一六年一月〜）

二〇一六年一月に開催された第一〇回中心市街地出店に向けた勉強会で、企画委員会の委員長の磐井正篤が、被災事業者に対してグループ補助金申請手続きおよびスケジュールを説明した。同時に岩手県経営支援課からグループ補助金（商店街型）の共同事業の目的や、共同事業の例が示された。二〇一六年四月のグループ補助金説明会および意見交換会において、四月一五日をグループ構成員の締め切りとし、四月二八日にグループ設立、共同事業の決定、第一回目の勉強会を開催することとなった。その後、五月から六月にかけて補助金の申請をして、夏ごろに補助金交付決定、秋ごろに着工というスケジュールが示された。グループ補助金の議論は震災から二年後の二〇一三年四月からスタートしたが、このときすでに震災から五年が経過していた。

二〇一六年四月二八日に、ついにグループ補助金（商店街型）グループ発足会が開かれた。グループの構成員は八〇事業者（アバッセ一〇、まちなかテラス五、その他六五）、グループ名は「陸前高田まちなか未来プロジェクト」となった。グループ代表には小笠原が就任した。発足会では、グループの共同事業が発表され、さっそく第二部として、岡崎まちゼミの会代表の松井洋一郎を招き、共同事業のひとつである「まちゼミ」の勉強会が開かれた。

「まちゼミ」は、店主、スタッフが講師となり、プロの専門的な知識と情報を参加者に提供することで、参加者との新たな関係性を構築する取り組みである。店主、スタッフは講師をすることで自らのスキルアップ・意識の向上につながり「個店力」がアップする。参加者にとっては、学びの場所、生きがいの場所となり得るコミュニティの形成が図れる。

他の主な共同事業は以下のとおりである。「まちじゅう図書館事業」は、個店の本棚に大好きな本や各店の専門書を展示する事業だ。本があることで顧客と店が時間と空間を共有できるスペースと会話が生まれ、滞在時間の延長につながり、また、小さなコミュニティの形成から、各店の独自のコミュニティが市民とのつながりを深め、震災後バラバラになったコミュニティの再生を図ろうとするものだ。また、「学生の職場体験事業」は、小中学生を対象として職場体験を個店で実施するもので、学生と個店とのコミュニティが醸成され、店はその歴史や商いの魅力を伝えることで、地元への愛着心や担い手育成を目指している。この共同事業の検討に向けては、中小機構の震災復興支援アドバイザー派遣制度を活用し、九回にわたって勉強会が行われた。

そして二〇一六年一二月、最初の補助金交付が決定した。

グループ代表の思い

また、グループの組織は以下のとおりである。幹事会は代表である小笠原と副代表の陸丸の佐々木浩、四つの事業部門のリーダー、そして事務局の商工会から組織される。四つの事業部門のリーダーは若手を抜擢し、年長者が補佐役の副リーダーに回る組織は、明確に人材の育成を意図していた。

勉強熱心な小笠原は、岩手県庁が気仙地区で開催するグループ補助金の説明会にはすべて参加し、企画委員会の場でつねにグループ補助金に関する情報を伝えていた。そのうちに企画委員以外の事業者もグループ補助金に関する相談をするようになっていた。そんな彼がグループの代表になることは自然な流れであった。だが、若いころの彼は一匹狼的な人間で、当時を知る人間からすれば彼がグループ一一〇事業者の代表であることに驚くかもしれない。

グループの代表として意識していたのは大きくは二点であった。ひとつ目は、グループ名はまちなか（＝中心市街地）を念頭に置いたものではあるが、「オールたかた」という意識をもって、できるだけたくさんの事業者に参加してもらうこと。もうひとつは、全責任を負う覚悟をもち、自らをさらけ出し信頼関係をもって相談に乗ることであった。この積み重ねが、当初八〇名からスタートしたグループが一〇〇名を超えるグループになった。このグループの活動は、のちに発足する「高田まちなか会」が中心となって実施することとなる。

「新分野需要開拓型」で復興を果たした商業者たち

このように、グループ補助金を活用し、二〇一七年六月の居酒屋「俺っ家」の開業を皮切りに、一〇〇を超える事業者が復興を果たした。以下では、その中でも「新分野需要開拓型」で復興を果たした三事業者を紹介する。

ファッションロペ+東京屋カフェ(ブティック&雑貨店+カフェの業態化)

その後、東京屋カフェでは自宅で飲めるドリップコーヒーも販売、パッケージの裏をハガキにして郵送できる仕様にしている

代表の小笠原も「新分野需要開拓型」を活用して復興したひとりである。当時を振り返り、「新分野需要開拓型が存在しなかったら、震災前のブティックだけで商売をしなければならず、まちづくりに携わる余裕は全くなかったと思う」と言う。それほど小笠原にとって「新分野需要開拓型」が創設されたことの意味は大きかった。

事例1 集客力をもつカフェを加える――ファッションロペ&東京屋カフェ

陸前高田市の嵩上げした新しい中心市街地に、西欧風の白亜の店がオープンしたのは二〇一七年一〇月である。震災前は、中心商店街でブティックと化粧品販売の「ファッションロペ」を営んでいた。津波で店舗を失った小笠原は、市内竹駒地区の仮設商店街「陸前高田未来商店街」で「ファッションロペ」を営みつつ、復興までの準備期間にシナジー効果のある個性的なカフェ経営の勉強を重ねた。その「東京屋カフェ」は「新分野需要開拓型」を活用して「ファッションロペ」のオープンから一か月後の二〇一七年一一月にオープン。併せて、母のつくる手づくり民芸品コーナー「遊布工房」を店舗の一角に設けている。

震災後の店舗コンセプトは、「女性の心身の美しさを応援する」価値創造業である。モノ中心の「業種的」な発想から、コト中心の「業態的」な店づくりへの転換を図った。新店舗は「ファッション」「手作り民芸」「カフェ」による相乗効果により、来店客、滞在時間、売上アップにつながっている。特に、こだわりの自家焙煎珈琲が売りの「東京屋カフェ」は、開店当初は地元の陸前高田市が三割に対して市外から七割が来客するという、従来の商圏の概念を超える集客を見せた。

小笠原は、次代の商業者のリーダーとして、また、グループの共同事業である陸前高田まちゼミ（四回実施）の代表として、まちの魅力アップに奔走している。

カフェを加えて新業態に転換したパワーストーン専門店&カフェ「ミュー」

事例2 母娘で相乗効果を目指す——パワーストーン専門店&カフェ

パワーストーン専門店とカフェの複合店「ミュー」が陸前高田市の中心市街地にオープンしたのは二〇二〇年三月だ。パワーストーン専門店は母の村上律子が、カフェは娘の近江仁美が営んでいる。

「ミュー」は一九九九年に雑貨店としてスタート、震災前はパワーストーン専門店であった。東日本大震災の津波で店舗は全壊し、歯科医の夫も亡くなった。震災後に市内竹駒地区の仮設店舗で営業をスタート、パワーストーンの顧客の多くはゆっくりと石を吟味するのでお茶を出していた。そこはいつの間にか人が集まるサロンとなっていた。震災前は父の歯科医の仕事を手伝っていた娘の仁美は栄養士の資格を持っていた。仁美は「パワーストーンを見に来る方たちや市民がゆっくりできるスペースがあったらいいのではないか」と考え、新たにカフェを併設することを決断した。

こだわったのが、アメリカンスタイルの店内空間、座り心地満点のソファ、そして子育てママのためのキッズルームだ。Wi－Fi、USB端子、充電用コンセントもあり、ゆったりとした時間を過ご

熊谷珈琲店はタバコ店から業態転換、窓の向こうにはまちなか広場が見える

せる。ランチの一番人気は「おとなさまランチ」だ。「お子様ランチ」の大人版である。カフェは女性客をイメージしてつくったのだが、「おとなさまランチ」はボリューム満点で男性客にも人気がある。夜はアルコールも出す。二つの店は外扉は二つあるが店内で行き来できることから、併設したことによる相乗効果も出ているという。

事例3　タバコ店からカフェ専業店へ

珈琲専門店「熊谷珈琲店」を経営する熊谷幸の実家は、祖母の時代からまちなかでタバコ屋を営んでいた。震災で両親を亡くし身寄りのない熊谷が陸前高田市に戻って来たのは二〇一三年一月であった。震災後にできた市内鳴石地区の「陸カフェ」に行くと人々の憩いの場があった。「こんな場をつくりたい」。そう思った熊谷は、市内米崎地区の「ハイカラごはん」(後のフライパン)で一年半ほど働きながら料理を覚え、その後、二〇一七年春まで気仙沼市の「アンカーコーヒー」で働きながらカフェについて学んだ。二〇一六年の冬から約半年間は、週末の木・金・土曜日の一七時から二一時まで、「陸カフェ」を借りて「くまカフェ」(熊谷珈琲店の前身)をスタートさせた。二〇一八年にオープンした「熊谷珈琲店」はまちなか広場近くにある。熊谷は「場所に恵まれた。皆さん気軽に立ち寄ってくれる」と嬉しそうに話す。

店は二階に住宅を併設している。熊谷は嵩上げした市街地に初めて居住した住民でもあるが、「グループ補助金」が東日本大震災で新たにできた制度であることも、タバコ店からカフェへの業種変更ができる「新分野需要開拓型」が、震災後三年が経過してからできた制度であることも知らなかった。現在、熊谷は、陸前高田商工会青年部の地域振興部長を務める。もし新たな制度ができていなかったら、彼が故郷で青年部の役員として活躍することはなかったかもしれない。

Section 4

「まちなか会」の発足

加茂忠秀　前出

高度成長期には機能していた商店街の組合組織だが、日本の多くの地域で組合運営の難しさが叫ばれて久しい。陸前高田も震災前から同様の課題をもっていた。嵩上げ市街地に多くの商業者が戻る中で当然、商業者の組織をどうするかという問題にぶつかる。新たな中心市街地では、従来の商店街の組織形態にとらわれず、まずは仲間づくりをしっかりとした上で、適切な形態と活動を考えながら進めていくという道を選んだ。

適切なかたちの「組織化」を目指す

二〇一七年四月に中心市街地の核施設となる「アバッセたかた」と「まちなか広場」がオープン、そして、六月に居酒屋「俺っ家」、七月に「ササキスポーツ」、「市立図書館」、一〇月には共同店舗「まちなかテラス」の五店舗、「ファッションロペ＆東京屋カフェ」「熊谷珈琲店」、一二月には、菓子「小泉屋」、和食「味彩」が開業した。徐々にではあるが、二〇一七年はまちを予感させるものが目に見えるかたちとなる年となった。また、各事業者も開店当初は自らの営業で手一杯で余裕がなかったが、その中でも定期的に有志で集まり、今後のまちづくりについて議論を重ねていた。なお、この商業者の意識の高さは、仮設店舗で営業していたころからまちづくりの議論を行い、商業者の意識改革の重要性を訴えていた長坂泰之の働きかけにより、まちゼミなどの実際の共同活動を続けてきていたことが大きく影響している。

中心市街地の出店者が徐々に増えてくるにつれ、当時の有志の集まりから志を同じくする仲間を広げ、力を合わせることによって相互にメリットがあることを考えよう、そして適切なかたちでの組織化を考えていこうという意識が高まっていった。一般的に、商店街組合などの組織は、コミュニティの形成や、共同販促、共同環境整備の活動および、それらの補助金の受け皿などのため組織化されている実態が多いと思われるが、コミュニティの形成という言葉はあいまいであり、また、活動や補助金は手段であり目的ではない、目的と手段をはき違えないよう、組織の検討を進めることとした。筆者はこの間のまちづくりに関わっていた経緯から、引き続きこの議論にも商工会のアドバイザーとして関わることとなった。

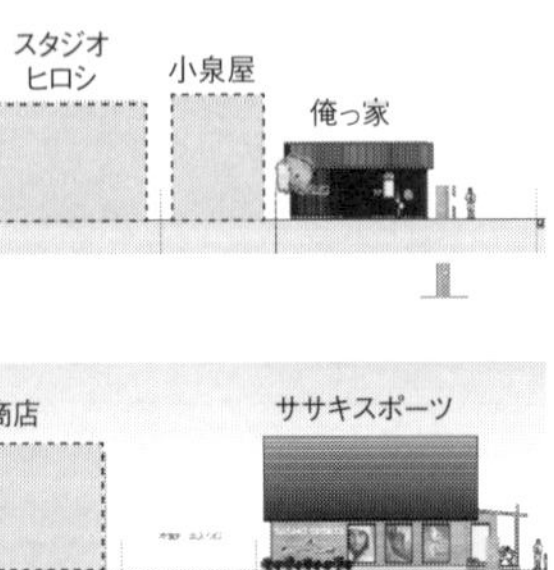

本丸公園通りの連続立面図

ベクトルを合わせた「面」の連携

まちなか会の設立に向け、中心市街地に先行して事業を再開した有志一一人が発起人となって二〇一八年六月に設立準備会を立ち上げた。まちなかテラスの代表でもある磐井正篤は代表発起人となり、本来の目的、活動内容をしっかりと整理検討することから始めることとした。これは前述のとおり、国内の多くの商店街組合組織において、その商店街の衰退とともにたくさんの課題が浮き彫りになってきているように、被災前の陸前高田市においても同様の課題を抱えていたことにある。組織を設立し活動する本来的な目的と、メリット、デメリットをはじめ様々な意見を出し合うことから始めた。

まず目的については、個々の店舗が魅力的であることはもちろんのこと、まち全体が魅力的で人が集まれば、個々の店舗にもメリットがあり、だからこそ中心市街地に店舗を構える意味があ

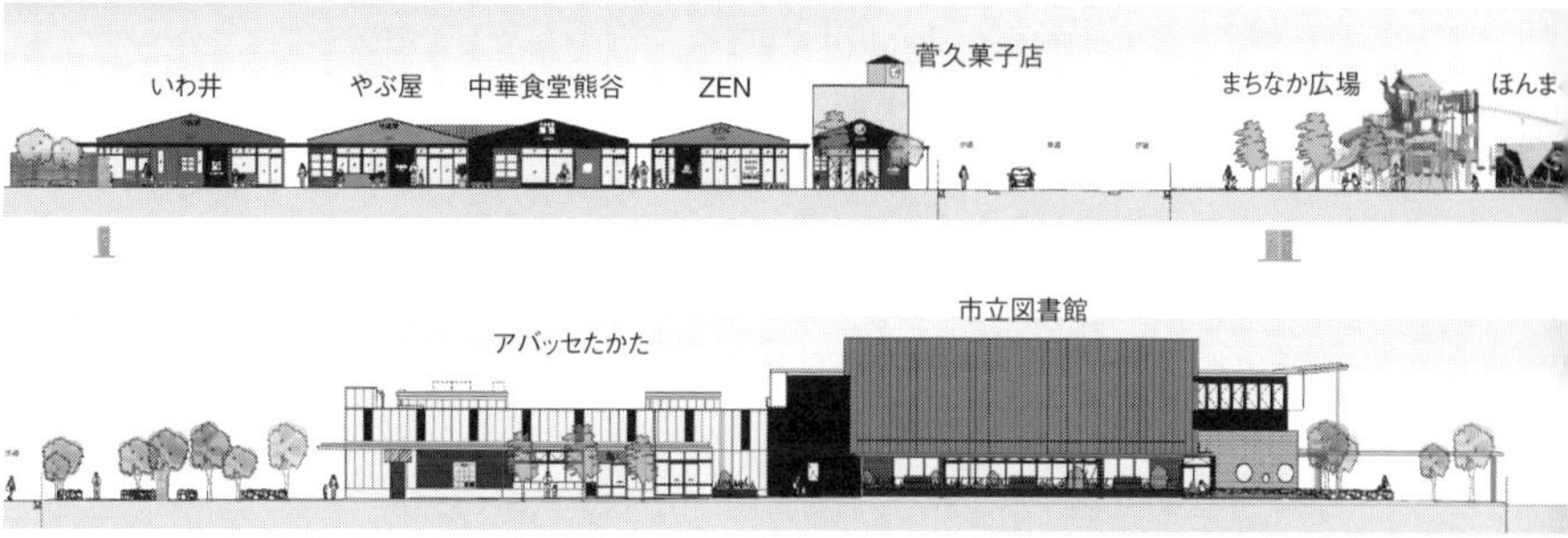

るということ。そのためには、まちの目指しているものを共有する必要がある、言い換えればまち全体の価値を上げるには、ベクトルを合わせた連携や協力が必要というエリアマネジメント的な目的を確認できた。また、出店者が増えるにつれ、お互いにどのような人がどのような商売をしているのかわからないので、まず仲間を知ることも重要ではないかとの意見もあった。

次に、組織化するメリットについては、市やその他団体などに対して、事業者全員の総意としての意見や要望を出すことができ、協議や連携、有効な補助金の確保についても有効であること。また、情報発信についても、まとまって行うことにより効率性や発信性を高められること。一方、共同販促については効果のあるものか考えて行うべきとの意見もあった。

デメリットについては、従来の商店街活動は、特定の人に負担が偏ることや、イベントやコミュニティ活動の内容によっては本業へのメリットがないという意見があった。会費を払ってそれに見合う具体的なメリットがあるのか疑問であったとの声や、ストリートごとの商店街組織となっていて、面としてのまちのまとまりがなかったとの声もあった。

このように、従来の商店街組合の有していたマイナス面を極力排除し、この地区に適した組織体をつくる方向で協議検討を重ね、後述する理念や方針を設定した。なお、ストリートごとに組織化するのではなく、まちなかの面的なエリアを設定した。組織名称については、会員も商業者以外の事業者を含む多様性や、コミュニティや文化をつないでいく町内会的な側面などもあることから、仮称として検討していた「まちなか出店者会」ではなく「高田まちなか会」とすることとした。

前述の準備会の活動を経て、二〇一八年一一月に高田まちなか会の設立総会が行われた。設立当初の会員数は三一会員、この数はアバッセたかたを一会員としているため、その二〇店のテナント数を加味すれば五〇事業者がまちなか会に参加していることとなる。

高田まちなか会の構成

そして、そして個々がまず本業に専念し、活動が大きな負担にならないように参画できる組織とすることを活動方針に明記、会費は負担とならぬよう月額二〇〇〇円とした。

ファンづくりから冊子発行まで、高田まちなか会の委員会活動

・賑わい創出委員会

主に賑わいの創出に関連した活動を行っている。陸前高田市は、「うごく七夕」「お天王様」産業まつりをはじめとして、地域の祭りやイベントを商業者も中心となってまちなかで催してきた地域であり、まちなか会との連携はきわめて重要である。祭りなどの実行委員会との情報共有による会員の参加協力のほか、祭り用提灯の共同購入、また、アバッセたかたが主催する地域で人気の高い餅撒きなどを共同で実施している。

・まちゼミ委員会

「まちゼミ」とは前述のように、店が講師となり、プロならではの専門的な知識や情報、コツを無料で受講者（お客）に提供する少人数制（三〜一〇人）のゼミ。店（店主やスタッフ）とお客とのコミュニケーションの場から信頼関係を築き、各店のこだわりや特徴、店主のノウハウや店主の人柄を感じてもらい、店やまちのファンづくりにつなげていくことを目的とし、本設を待たずに、仮設店舗のころから商業者の間で実践されてきた。今後も店やまちのファンを増やしていくために、一年に三〇店舗三〇講座を目標に活動を継続している。

・環境委員会

主な活動は、中心市街地の清掃活動。現在まで数回実施しており、集合場所と担当エリアを決めて

冊子『陸前高田まちなか物語』今後も継続的に発刊していく予定

行っている。比較的負担の低い取り組みとして、強制はしないが広く呼び掛けている。この共同事業は、グループ補助金の採択条件となっており、実施が不可欠となっている。

・広報委員会

幅広くまちなかの情報を発信し、まちや個店のよさを地域および広域に伝えていく活動をしている。まちなかマップは、出店者の増加に伴い、これまでに数度改訂版を作成、最新の出店情報を伝えるために発行している。

さらに、震災後の高田地区のまちづくりの歴史、店や人を紹介し、それを地域の魅力情報発信の資源とするために、まちづくり会社である陸前高田ほんまる株式会社と連携して冊子を制作し、二〇二〇年一〇月、二〇二一年四月に二号発行した。

まちづくりにゴールはない

二〇一八年一一月のまちなか会設立総会。会長の磐井は冒頭の挨拶で、「震災から現在に至る年月は、私たちにとってそれぞれに大変な苦労や人生をかけた決断をした年月であり、また一方、人と人とのつながりの有難さや助け合うことの尊さを思い知らされた年月であった」といわば同志である商業者に語り掛け、「高田まちなか地区で商工業を営む私たちが、自分たちのまちは人任せではなく自分たちでつくり続けるという気概をもって、仲良く無理せずに高田のまちなかっていい感じ！と言われるよう、力を合わせよう」と主体的に取り組むよう呼び掛けた。そしてまず、「まちなか事業者同士が挨拶を交し合えるまちにしないと」と加えた。

このように、まちづくりと自らの事業再生を一体的に捉え、尽力してきた商業者たちにより、復興まちづくりは大きな成果をあげてきた。設立時会員数三一者（事業者数五〇者）は、三年後の二〇二一

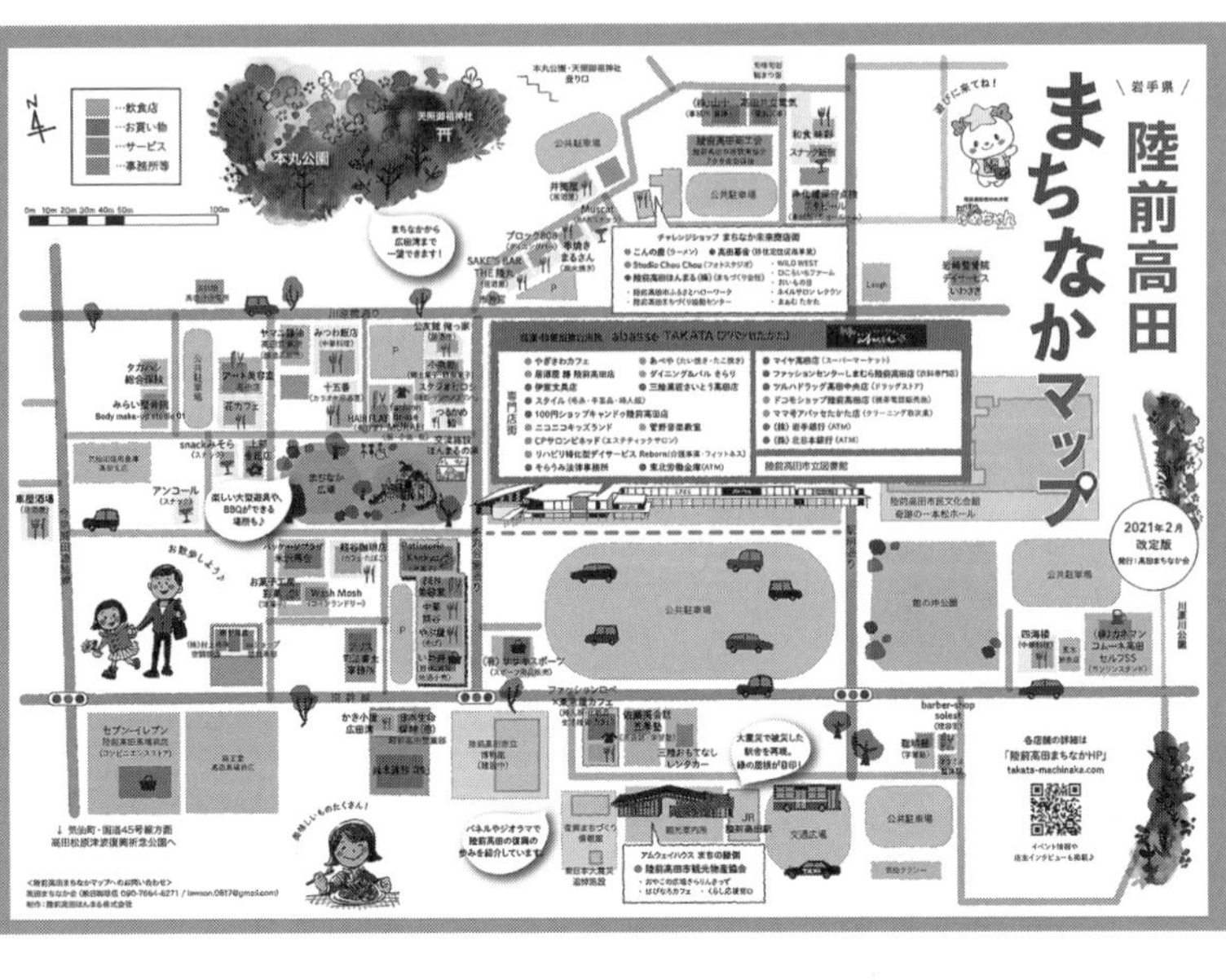

初期の活動成果となったまちなかマップ、裏面には各店舗の営業内容が記載されている

年五月には五六社（事業者数七五者）となっており、地域住民からも「まち」として一定の支持を受けているのではないかと思われる。

しかしながら、まちづくりにゴールはなく、むしろこれからが始まりである。復興事業はこれまで重点が置かれていた開発から、より持続可能な運営にシフトしていかなければならない。市や商工会などとより緊密に連携しながら、これからの「チームたかた」の重要な役割を担っていくだろう。

震災から一一年を経過し、まちづくりの今後を考えると大きな課題が二つある。ひとつは新規事業者をどのように増やしていくのか、もうひとつは人口減少にどのように対応していくのかという課題である。前者は、来街者のニーズに応えきれていない状況からその多様なニーズに少しでも応えていくこと、そして商業という枠組みを越えて未利用地の活用を進めること、後者は、交流人口やｅコマースの進展にともなう変化への対応などである。いずれも難度の高い課題であるが、まちなか会でもこれら課題を共有し、具体策の議論を始めている。

［座談会］
「日本一普通」で、「日本一住みやすいまち」
商業者と「風の人」との奔走

二〇一二年六月一三日
於市役所

震災直後から「事業再開」を思い至るまで

長坂泰之（流通科学大学）　陸前高田で成し遂げられた実のある「官民連携」には、被災した商業者の皆さんの再起にかける思いと、それを支えた市やURなど中小機構の定石に頼らない手法の選択があったと思います。ここではそのなかの逸話、余話を交えた証言をお聞きしたいと思っています。

　最初に震災直後の様子から、商業者の皆さんからお聞かせください。まずは当時、商工会副会長で、商業者リーダーである伊東さんにお願いします。

伊東 孝（「伊東文具店」、商工会会長）　震災のときは駅前の事務所で仕事をしていました。大きな揺れが収まった後すぐに、当時理事長をしていたショッピングセンター「リプル」へ駆けつけ、その足で避難所だったシルバー人材センターへ職員と逃げました。そこで津波第一波が来たので、その上にある介護老人保健施設「松原苑」へ二次避難し一夜を過ごしました。松原苑からの高田のまちは海に沈んでしまったような状況でした。その光景を見たときに「財産も何もかもなくなってしまった」と思ったのと同時に、「またゼロからやり直せばいいんだ」とも思いました。何か肩の力が抜けたような感覚でした。

　翌日弟の家に向かいましたが、弟、弟の妻、弟の長男が戻っていなかったので犠牲になったのかもしれないと思いました。それからはずっと遺体探しに歩いたので、商売の再開はまったく考えられなかったです。その後問屋の社長が盛岡から再三来て「一日でも早く事業を再開したほうがいい」と言ってくれました。ただ弟家族がこういう状況だったので、その時点では「再開は難しい」と先延ばしにしていました。

　そのうちに三人とも遺体が見つかり、一関で火葬した帰り道に文房具を買ったんです。そのときに、「高田の人たちは生活必需品を買い物するにも、大船渡や気仙沼に行かないといけないので困っているだろうな」と思ったのが、再開を考えた理由のひとつでした。それと新学期が四月下旬から始まるということで「子どもたちが文房具を揃える必要があるだろうな」と。

左から犬童、村上、阿部

教科書も扱っていたので、問屋さんに連絡し、商品を手配してもらって再開したのが四月一五日でした。

磐井正篤（「いわ井」、商工会副会長） 私も従業員と津波から逃げながら、力が抜けたような気持ちはありました。「うそだろう」という気持ちと、「あらゆる組織がいったん解散だな」という気持ちが交錯していました。それより何より、「避難しているときに従業員の姿を見失ったら、親御さんに何と言えばいいだろう」と。それがいちばんの恐怖でした。三、四月は、知り合いに会うと「誰が亡くなった」とか「ご遺体が見つかった」とかそんな話ばかりで、毎日泣いて帰ってきては、引きこもりのような状態になりました。五月二日の国（中小機構）の仮設店舗の説明会（153ページ参照）が終わったころに、気晴らしに隣の住田に行ったら、「山が綺麗だなあ、山桜が咲いてるなあ、俺、生きてるなあ」と感じました。友人から送られたＣＤを聴いたり、家族でコーヒー飲みたいねと話したり、このころに日常的な会話がようやくできるようになりました。

その後、居酒屋の陸丸さんや車屋さんから「商売再開しましょう」と声をかけてもらったものの、最初は断っていました。事業再開のとっかかりは、彼らの声掛けや五月の連休にドライビングスクールで開催された朝市に出店していたことなどでした。そうした中で売掛金の回収では人と人とのつながりのありがたさを感じました。震災三日後に携帯がつながったので、取引先に「買掛金は払えない」と伝えました。一方で売掛金のほうは、「待っていて欲しい」と言われましたが、結局九割以上回収できました。その売掛金で買掛金をほぼ完済できました。

長坂 復旧、復興の機運はいつごろから出てきましたか？

伊東 四月一五日に鳴石で営業再開したときは、買い物に来てくれるのかどうか半信半疑でしたが、たくさんの人が来てくれ、「店開けてくれてありがとう」と言われ、感激しました。はじめは印鑑などの需要がありましたが、その後「本を読みたい」という声が出てきたので、一二月に竹駒の元ＪＡを借りて本の売場を拡充しました。その後中小機構の仮設で店を開き、四回目の「アバッセたかた」で本設になりました。

左から犬童、村上、阿部、長坂、伊東、磐井、加茂

いちばん記憶に残っているのは八月に小学校の校庭で開催されたワタミのイベント(148ページ参照)ですね。たくさんのお客さんが来てくれて、商業者が「もう一回やろう」と思う大きなきっかけになったと思います。

磐井　私の場合は、まず親戚の家の軒先で営業をはじめ、その後朝市、そして九月ごろにNPOのプレハブを借りて竹駒で営業し、二〇一二年四月に仮設商店街「栃ケ沢ベース」(160ページ参照)、そして本設、と合計五回引っ越しをしました。

復旧、復興の機運は、やはり五月の橋勝さんがドライビングスクールでやった朝市と、八月のワタミイベントが大きかったと思います。やる前は「お客さん来るのかなあ」と話していましたが、お客さんが並んでくれて、復興のきっかけにも自信にもなりました。

長坂　二〇一一年一一月に商工会は商工業復興ビジョンを示しました。まちづくりに関する皆さんの動きはいかがだったのでしょうか。

伊東　ビジョンは岩手県立大の先生方の主導で形となりましたが、翌年は先生方が参加しなくなりました。一方、そのころ、地元のコンサルタントから「他のまちよりも一刻も早く再建しないとだめだ。嵩上げを待たずに再建すべきだ。今なら大手のチェーンも来てくれる」というプランが示されました。「嵩上げをしないプランを受け入れることは厳しいなあ」というのが聞いたときの印象でした。そんな時に長坂さんに白羽の矢が立ったわけです。長坂さんとは震災直後の二〇一一年四月にリプルの被災状況を見に来たときに初めて会いました。リプルの被災現場や鳴石の仮設に来て話を聞いてくれて、印象に残っていて、その後、復興まちづくりに関して誰かに頼るなら長坂さんだと思っていました。

磐井　私は、当時はまだまちづくりまで頭が回っていませんでした。「自分たちは食うので精一杯だ。まちづくりは誰かやっててけろ（くれ）」という状況でした。この後、仮設商店街の「栃ケ沢ベース」で仲間と「本設も一緒にやろう」という話になりました。このうち木村屋さんは早々に市役所のプレハブ庁舎の横に再建しましたが、そのときの動きが今の「まちなかテラス」の始まりです。

「できない」ではなく「どうすればできるか」

長坂　市役所のお二人、そして犬童さんと加茂さんはいつから商業者のまちづくりに関わったのですか。

村上幸司（陸前高田市）　二〇一一年五月一日に復興対策局ができ、私は復興対策局、企業立地雇用対策室、商工観光課の三課の兼務となりました。復興対策局では復興計画の策定、商工観光課では国の仮設店舗の対応と多忙を極めました。補助金については八月に事業再開補助金を創設しました。ほぼ同時に県の補助金もできましたが、「修繕補助金」だったので建物が滅失した高田では使いづらいものでした。市の補助金は事業再開のために何にでも使えるもの（上限五〇万円）で、八月のワタミのイベントと同じ時期にできたこともあり、初年度は二三六件も補助することができました。

阿部勝（陸前高田市）　二〇一二年四月から私は商工会での議論に参加するようになり、事業者がいろいろな悩み、思いがあるのを見て「行政として力にならねば」と思っていましたし、震災直後に磐井さんに高田第一中学校で会ったときの「自己破産するしかない」のひと言がすごく心に響きました。そんな思いをされてなお、皆さんが立ち上がろうとしていたので、よいまちづくりをしなくてはと思いました。

伊東

伊東　一方で難しかったのは、商業者は一国一城の主で、経営のしかたがそれぞれ異なり、どれだけ借金しているのかも違うので、それをまとめるのは大変だなあと感じました。

磐井　震災直後の給食センターを使って

の仮設の市役所は、犠牲者の対応などで修羅場でした。でも市職員は自分のことは後にして、市民のために奔走している。尊い仕事だと思いました。「今は役所のことを悪く言っている暇はない。小さなまちで言い争っても前に進まない、腹を割って相談して、できることを着実にやっていこう」と思うようになったあたりから、自分が委員長をしていた企画委員会（163ページ参照）も軌道に乗り始めたのかなと。「立派な計画でなく拙い計画でもいいから、仲間はずれをつくらないでみんなが一緒に商売できるようなまちがいいんじゃないか」と進めたのがよかったと思います。

犬童伸広（ＵＲ）　私は震災当時、関西におり、阪神淡路大震災のときは、ゼネコンの担当者として道路撤去などで復興に関わっていました。東日本大震災の様子をテレビなどで見て、「自分も役に立ちたい」と思いました。ゼネコンやＵＲでのまちづくりの経験が活かせるのでないかと手を挙げました。

　高田に来て数日後、商工会に行って中井力事務局長と話をしましたが、「新しいまちで皆が納得いくような店の配置にしたいけど、区画整理では難しいと言われている」と寂しそうに言っていたのが心に残りました。たしかに区画整理の基本はそうですが、過去にそうではない手法を使った経験がありました。翌週、商工会の会議に初めて行きました。関西では住民への説明の場に行くと吊し上げられるというイメージだったので、最初はドキドキしていました。しかし実際行ってみると、皆さん前向きな話をしているんです。商業者側も積極的に意見を言うし、行政側も内情を率直に話していたのには驚きました。商業者と行政の距離が近く、「ここなら自分の考えている復興支援がやれるのでは」と思いました。そこからは自分の知識、経験を生かし、「自分がこうしよう」ではなく、商業者や市の意向を実現するために奔走しました。三年間を駆け抜けた感じです。

阿部　当時、住民説明会の資料はＵＲがたたき台をつくっていましたが、「裁判で負けたらだめだ」と、画一的な仕事のやり方ばかり。犬童さんはそれとは全然違ってよかったです（笑）。

加茂忠秀（まちづくり戦略開発考房）　中心市街地の課題調整会議を頻繁に行い、市、ＵＲ、商工会など関係者が集まって課題確認をするのですが、よかったのは皆さんが「やれるやれない」ではなく「どうすればできるか」という視点で考えていたことです。そこで犬童さんから、公的機関らしからぬ「未定稿」と書いてあるメモを出してもらいながら議論できたのは大きかったです（笑）。

　私は長坂さんに引き込んでもらいましたが、長年、中心市街地活性化などに関わっていて、特に市街地再開発事業で商店街をビル内に再配置するようなことをしていました。区画整理だと換地、再開発事業だと権利変換ですが、地権者の合意が取れれば適正配置、取れないと照応の原則(96ページ参照)で進めるのですが、その経験がありました。また、区画整理のショッピングセンターやニュータウンのタウンセンター開発もしていたので、区画整理区域に商業施設をつくる経験もありました。もちろん今回のように嵩上げしてゼロからまちをつくるなんてことは誰も経験がないのですが、何を手がかりに進めるかというときに、結果的に自分の経験が役に立ったと思っています。

陸前高田に初めて来たのは二〇一四年七月でした。それ以前に復興庁からの依頼で震災復興支援アドバイザーとして女川に派遣されました。その後、南三陸、山田、釜石に行きましたが、アドバイザーだと、月一回くらい現地に行き、その場でアドバイスして終わりなんですね。どうしても現地との関わりが薄い。陸前高田は長坂さんに声をかけてもらって、アドバイスだけでなく深く関われると聞いて、ありがたく思ったのを覚えています

長坂

それと、長坂さんから「本番は昼間の会議じゃないから。夜が本番」と言われ、夜は居酒屋に行きましたが(笑)、大変な復興に挑もうとする皆さんの姿がかっこよく、一緒にやれたことをとても嬉しく思っています。

長坂 私のことも少し話させてください。高田の皆さんが温かく私を受け入れてくださり、その三か月後には宮崎県日向市の官民連携による中心市街地再生の視察をコーディネートできたのは嬉しかったです。官民連携の「官」のキーマンは阿部勝さんでした。皆さん頑張ったけれど、阿部さんなしに陸前高田の復興は語れないと思っています。また、中小機構はリプルに融資していて債権が残っていたので当時中小機構だった私はアバッセプロジェクトに関われなかったのですが、加茂さんに託すことができて本当によかったです。

商業者と支援者、皆で思い描いた姿の実現

長坂 商業者と支援者の皆さんは、どのようなことを考えながらここまで来られたとお考えですか。

加茂 先頭に立って走っている商業者だけでなくその次に待っている商業者がいて、その人たちが「こんなまちなら参加してみよう」と思えるまちになったらベストで、それを伊東さんも磐井さんもよくわかっていた。どんなまちや店をつくるか、どんなデザインガイドラインをつくるのかなどの議

論する際も、商業者の皆さんが参加し、実践できている。そして長坂さんのまちゼミや磐井さんのまちなか会（261ページ参照）の活動まですべてつながっているのがすばらしいと思います。

磐井　私がいちばん嫌だと思っていたのは、まちづくりに後から参加して来て文句を言う状況が生まれることでした。意見が採用されるか否かでなく、「皆で話して決めたことだから、少々かっこ悪くてもいいべっちゃ。自分たちで汗流してつくったまちだからいいじゃないか」というようなまちに育っていけばいい。日々暮らしていること自体がまちづくりにつながっていくと思うので、朝、店の前を掃除する、花を植える、バナーをつけるというような地道な活動を継続することによって、サステナブルなまちづくりになると思います。またこういう意識が醸成されてきていると感じています。

犬童　主人公は商業者、私たちは旅ガラスのようなものです。単身赴任なので休日に食事や飲みに行くと、会議では聞けない様々な相談ごとを聞けます。皆さんの意向にできるだけ応えようとやっていました。一方で、膝を割って話すとこちらの事情もわかってくれたりもしました。

長坂　時間が経つにつれ、官民の関係はどんどんよい方向に向かったように思いますが、その点はいかがでしょうか。

村上　市は商工会が商工業復興ビジョンを検討する際には関わりはありませんでしたが、復興計画は「コンパクトシティ」の考え方を盛り込み、商業者の意見も取り入れるという意識はありました。ただ、「浸水した場所を嵩上げもせずにもう一度まちをつくるということはあり得ない」というのは商業者も市も一致していたと思います。市としては「待ってはもらうけどいいまちをつくろう」という考えでした。

磐井、加茂

大変だけど、ワクワクする

長坂　当初描いていた姿と現状の違いや、こうしておけばよかったと思うこともあるかと思います。今後の課題についてもお伺いします。

阿部　私がよかったと思うのは、商業者の皆さんとの納得と合意を得る努力をしながら進めて来られたことです。例えば市営駐車場にササキスポーツ裏の出入口をひとつつくるにしても、意見が割れましたが、最終的には民間の意向を尊重して整備することにしました。大小含めて官民が合意形成しながら進めてこられたのがよかったと思います。都度都度、最善の努力、選択をして進めてきたと思っているので、後悔することはほとんどないですね。

私は中心市街地以外にも津波復興祈念公園（276ページ参照）やワタミ（281ページ参照）などのプロジェクトにも関わっていますが、震災前にはない要素も加わって、「陸前高田ブランド」ができつつあるので、これまでの一〇年も大変でしたが、これからの一〇年がより大事だなと感じています。

加茂　私も当初描いた姿と近いものができているのではないかと思います。見た目もそうだし、まちなか会のようなソフトも、目指していた目標がちゃんとできているかなと。よかったところは、水平連携のための調整会議を含めてコミュニケーションをしっかり取りながら進められたこと、反省は、被災者支援は手厚かった一方で、新規事業者をもっとサポートする環境がつくれるとよかったかなと思います。新規事業者を対象とした支援策に津波立地補助金がありましたが、復興のタイミングに合わせて新規事業者を誘致するというのは難しいので、長期的に新規事業者が入ってこられる環境をつくらないといけないなと。反省というよりこれから取り組むことと思っています。それを含めて、陸前高田は小規模自治体のサステナブルタウンの先進モデルになって欲しいと思っています。

犬童　今日まちを見ていたら、まちなか広場に子ども連れが大勢いて、議論していた噴水も利用されていてよかったです。私も立場を越えてやれることはやったと思っていますが、未利用地は想像以上に残っています。何かやれることはないかなあと思っていましたが、なかなか難しかったです。

村上　当初、ここにこんな業種を配置して、本丸公園通りにはお店があってと夢を見ながら検討していたので、それができてきているとは思っています。ただ不足業種などはあるので、これから、道の駅、ワタミ、発酵パーク「CAMOCY（カモシー）」（281ページ参照）とも連携していけば、魅力は高まっていくと思います。まだまだ途上だと思いますし、今後は交流人口、関係人口を増やして、産業を問わず地域経済を回していけば、当初思い描いていた姿に近づいていくと思います。

磐井　高田のまちなかは観光地ではないので、「日本一普通」で、「日本一住みやすいまち」を目指すのがよいかと思っています。住みたい人を呼んで、満足してもらう仕掛けをみんなでやっていければと思っています。未利用地問題は「一〇年、二〇年でまちが完成するとは思わないでね」と言われていました。そんなに慌てず、誰かが「もったいない。ここで事業やろう」というようにもっていけるといいなあと思います。震災でいったんマイナスの状況になりましたが、これからは、上を見て、前を見て動きたいという心持ちです。

伊東　推進委員会、企画委員会で議論しながら、「まずは五〇～六〇％でスタートしてそこから精度を上げていきましょう」ということで、まだ周りに何もない中で、まずはアバッセたかたがスタートしました。後から続いて来るだろうと信じてスタートしましたが、オープンして四年でここまで出店が増えていますし、これから出店しようとするところもあります。最初はまちなかへの出店に消極的だった商業者が、「やっぱりまちで商売をやってみよう」と出て来てくれているのを見ると嬉しい限りですね。

震災から一〇年経って、これからも継続していくのは本当に大変だと思いますが、私自身はすごく楽しみなんです。道の駅、カモシー、ワタミ、運動公園など、お客さんが来る要素がたくさんあります。そこを回遊してもらってさらにまちなかに来て、ホテルもできて、飲み歩いたり、滞在できるような楽しみがあるようになればと考えるとワクワクします。皆が協力することによって他のまちから羨ましがられるように、自分たちも商売しながら楽しんでいきたいですね。

永山 悟（陸前高田市）　私は、二〇一二年度に職員となり、徐々にまちづくりの議論に参加させてもらいましたが、公共駐車場の配置を含む土地利用配置や、まちなみ景観の考え方を整理したり、加茂さんにサポートしていただくための財源を確保したり、そうした形でまちづくりに関わってきました。今後は、高田や今泉の土地利用を進めていくことはもちろんですし、今日の話のようにまちなかが復興してきたプロセスをどう後世に伝えるかもしっかりやっていきたいと考えています。

長坂　私は、いちばんに皆さんの議論を「見える化」することをやってきました。ホワイドボードにいろいろ書いていたと思いますが、まちづくりの議論は言いっぱなしということが多いので、議論を前に進めるためにできるだけ皆さんの意見を書いて整理することを意識していました。時に少しだけスパイスを投入するという感じでした。要望という形から協働へという、楽しくまちづくりを進めていく雰囲気づくりを意識していました。ただ、あくまで私たちは「風の人」なので「いつかいなくなる。主役は皆さん」というスタンスで関わっていました。

最後に、時間はかかりましたが、市役所が市街地に隣接するこの場所に完成し、皆さんとこのような話ができたことは本当によかったと思います。貴重なお話をありがとうございました。

Column

高田松原津波復興祈念公園

国の名勝・高田松原は、震災前には県内有数の海水浴場でもあり、隣接する自然豊かな汽水湖である古川沼とともに、一帯は四季を通じて市民の憩いの場所だった。生活再建もままならぬ震災直後から松原再生への市民の思いは強く、震災復興計画では「高田松原・防災メモリアル公園」として位置づけられ、再生への歩みが始まった。メモリアル公園の整備を求めて3万を超える市民の署名が集まり、2012年6月には国への要望が行われた。

高田松原津波復興祈念公園

こうした思いを背に、2012年度から岩手県と陸前高田市が共同で、翌2013年度からは国も加わって、基本構想（2014年8月）、基本計画（2015年8月）、基本設計（2016年9月）がまとめられた。着工は2017年3月、2年半後の「ラグビーワールドカップ2019™岩手・釜石」開催を3日後に控えた2019年9月22日、祈念公園の主要3施設である国営追悼・祈念施設、東日本大震災津波伝承館、道の駅高田松原のオープンセレモニーが、高円宮妃久子殿下のご臨席を賜り、盛大に開催された。2020年8月には、隣接する高田松原運動公園がオープンし、野球場、サッカー場では県レベルの大会が開かれるなど、震災前の賑わいが戻って来ている。2021年4月には砂浜が一般開放され、7月には11年ぶりに海びらきが行われ、子ども達の歓声が砂浜に響き渡った。全面供用開始は2021年12月、震災から10年半が経過していた。

復興祈念公園および整備される各施設の目的は「基本構想」の冒頭にある「基本理念」によく表されている。

「奇跡の一本松が残ったこの場所で　犠牲者への追悼と鎮魂の思いとともに　震災の教訓とそこからの復興の姿を　高田松原の再生と重ね合わせ未来に伝えていく」

公園面積は隣接する運動公園をあわせて175ヘクタール、東日本大震災の復興祈念公園としては最大規模であり、上述の主要3施設に加えて、奇跡の一本松を含む5つの震災遺構が整備保存されている。三陸沿岸道路の仙台までの開通効果もあって、道の駅にはオープンから2年で約110万人の来場者があり、観光・交流の拠点としての役割を果たしている。また、公園の竣工以前から将来の市民協働による公園の運営を視野に、各種ワークショップなども開催されるなど、市民を巻き込んだ活動が現在に至っている。　［山田壮史］

Chapter 9

震災10年、持続可能なまちへ

震災の翌日から、懸命に被災者の暮らしや生業の再建のために力を尽くしてきたが、同時に、大きな支援を受けて歩んできた私たちは、自分たちの経験や教訓を、可能な限り今後発生しうる災害からの復旧・復興事業に活かすことができればと考えてきた。

ここまでの復興まちづくりの歩みを振り返り、今後の可能性を探りながら、本書の最終章としたい。

Section 1

進み続ける陸前高田

復興事業の特徴と今後の可能性

阿部 勝 前出

二〇一八年九月、交通広場とJR陸前高田駅の完成などにあわせ、民間店舗もある程度立ち並んできたことから「まちびらきまつり」を開催。二〇二一年一月で区画整理のすべての宅地の引き渡しが完了した。復興事業はいったんの節目を迎えたと言えるが、その後もまちづくりは継続している。ここでは改めて、陸前高田市の復興事業の特徴と今後の可能性について整理してみたい。

「技術の集大成」と「ハード事業と連動した商業再生への取組み」

様々な自然災害の中でも津波災害からの復旧・復興事業は、大量の瓦礫撤去の後に防潮堤の整備や土地の嵩上げなど長期間とならざるをえない。同時に、復興事業は失った建物を再建することで終わるわけではなく、そこに住んでいた住民が、再び普通の生活が送れるように、工事のスピードとともに、再びまちをつくる取り組みを切れ目なく進めることが求められた。

陸前高田市で展開された大規模事業では、官民問わず関係するすべての人間が、少しも遅れさせることはできないという強い使命感をもって事業にあたってきた。清水JVのある職員は、小学生の子どもと離れ、ほぼ一〇年間を陸前高田市で暮らした。かけがえのない大切な時間を、市の復興のために費やしたかたちだ。彼に限らず、こうした多くの関係者の努力により進められた復興事業は、我

まちびらきの式典では、市内のこどもたちが、将来のまちの姿を発表した（雨天のためアバッセたかた内で行われた）

まちびらきとあわせて行われた館の沖橋の開通式

が国の土地造成事業の技術を結集したものとなった。

また、まちづくり事業、とくに中心市街地の復興事業にあたっては、関係者が互いにリスペクトし専門性を発揮するとともに、本来の守備範囲を超えて、積極的に被災商業者の中に入り、生の声を事業に生かしてきた。

東日本大震災の被災地で最大規模となった復興事業は、土木技術の結集と生業再生の取り組みが統一的に進められ、その結果商業者の声がまちづくりに大きく反映してきたことを大きな特徴としている。そして、このことは、自然災害が繰り返される我が国において、どのような場合にも求められる不可欠な要素と言えるのではないだろうか。

一〇年間の努力を基礎にした今後の可能性

これまで多くの関係者の努力により、個性的で魅力あるまちづくりが着実に進んできた。国、県、市が協力して整備してきた高田松原津波復興祈念公園には、多くの人々が訪れている。嵩上げした中心市街地の眼下には美しい田園風景が広がり、隣接したエリアには、オーガニックや発酵をテーマにした民間事業が展開されている。震災復興の取材で当市を訪れたあるジャーナリストは、「アメリカの人気のある都市のように、休日になると他の地域から人が集まるようなまちになるのではないか」と話していた。

①中心市街地の利便性と質を高める

戸羽市長が市長に就任したのは、震災からわずか一か月前だった。自らも被災者でもある戸羽市長は「ノーマライゼーションという言葉のいらないまちづくり」をかかげ、誰もがいきいきと暮らせる優しいまちづくりを、地域のコミュニティに依拠して進めてきた。7章で記したとおり、中心市街

二〇二三年二月時点の中心市街地の全体像

地は、施設配置、景観などのルールづくり、高齢者や障がいをもつ人にも優しい設えなど、ゼロからつくる可能性をフルに活かしたまちになっている。コンパクトなエリアに、市役所や市民文化会館、図書館、博物館などの建物を集約させ、本丸公園、まちなか広場、川原川公園などの公園施設を豊かな自然景観に溶け込ませることで、良質な空間をつくることを目指した。

また、民間の建物もセンスよく建ち並んでいる。市は被災商業者に、まち全体の価値を上げることで、それぞれの生業を伸ばしていく必要性を説明し、商業者は設計の段階から、市が策定したデザインガイドラインを踏まえて検討を進めてきた。建物の色や高さだけでなく、壁面位置の統一やユニバーサルデザインの徹底など、丁寧に商業者と話し合ってきた成果が現れている。

②半径一キロメートルの範囲に魅力ある施設を凝縮させる

中心市街地から高田松原地区までの約半径一キロメートルの範囲内には、計画策定当時は予想できなかった様々な魅力ある施設が整備されている。

高田松原エリアには、東日本大震災の実情と教訓を後世に伝承することを目的に、高田松原津波復興祈念公園が整備された。約一〇八ヘクタールと広大な県営公園の核心部には、国が被災三県に一か所ずつ整備する「国営追悼祈念施設」が完成し、施設の中には、県が津波伝承施設を、また、市が地域振興施設を整備し、国土交通省の「重点道の駅」にも指定されている。公園内には、「奇跡の一本松」や「旧気仙中学校」など被災地で最も多くの震災遺構が保存されている。

大勢の方に利用されている高田松原運動公園

今泉地区の歴史文化を生かした発酵パークCAMOCY。個性的なテナントが入居し、メディアにもよく取り上げられている

震災前に海沿いにあった野球場なども、中心市街地に隣接したエリアに「高田松原運動公園」として生まれ変わった。被災した野球場やサッカー場は、震災時点ですでに老朽化が進んでいたため、将来的にも対応できるような規模や水準の施設にしたいと考え、民間企業にも支援を要請しながら再建を進めてきた。公園内には、スピードガン付きのスコアボードを有する野球場や、人工芝のサッカー場など、野球場二面、サッカー場二面のほか、屋内練習場、約一〇〇〇台収容の駐車場などを備えた充実した施設にできあがった。休日には、児童から社会人まで、様々なスポーツイベントや大学生の合宿などにも利用されている。

祈念公園に隣接する今泉北地区では、ワタミグループがオーガニックランド事業を進めている。埋設物の撤去もできず原野にしかならなかった土地の利活用を、戸羽市長が市参与渡邉美樹氏に相談し、体験型農業テーマパーク整備の申し出を受けたものだ。二三ヘクタールという広大な土地に、有機野菜ハウス、レストラン、物品販売所、加工場、野外音楽堂などが民間企業の力で整備される予定である。

気仙川河口に形成され、もともと良質な水を活用した醤油、味噌などの醸造業が盛んな気仙町今泉地区には、発酵パーク「CAMOCY（カモシー）」がオープンした。店内にはパン、味噌醤油、チョコレート、ビールなど発酵の技術を生かしたレストランやショップなどが入居し、連日多くの来店者で賑わっている。

③震災後の新たな結びつき

建物や施設などが構成している空間の魅力とともに期待されるのが、震災後に生まれた自治体や企業などとの結びつきと震災前にはなかった新たな産業振興の取り組みである。

多くの職員を震災で失った陸前高田市は、名古屋市から「まるごと支援」として延べ一五二人もの応援職員の派遣を受けている。名古屋市と本市は二〇一四年一〇月に「友好都市協定」を締結、現在

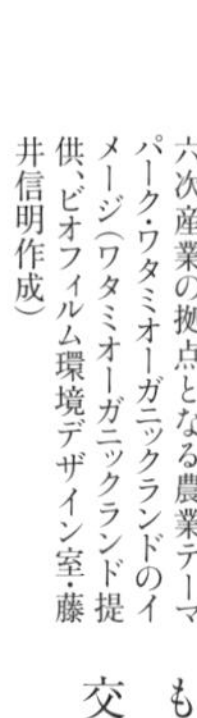

六次産業の拠点となる農業テーマパーク・ワタミオーガニックランドのイメージ（ワタミオーガニックランド提供、ビオフィルム環境デザイン室・藤井信明作成）

も幅広い支援が続いており、二〇二〇年度から防災、文化芸術、スポーツ、産業など市民レベルでの交流事業も行われている。

「陸前高田市コミュニティホール」は、シンガポール政府とシンガポール赤十字社が創設した基金からの支援を受けて建設された。また、シンガポール赤十字社を通じて、大学進学を目指す市内の学生を対象とした奨学金制度への支援や市立図書館の施設整備に支援を得ている。米カリフォルニア州クレセントシティ市とは、県立高田高校の海洋実習船がクレセントシティに漂着したことがきっかけで高校生の交流が始まり、その後同市と二〇一八年に「姉妹都市提携」を締結した。シンガポール共和国およびクレセントシティ市とは、文化、教育などの交流だけでなく、経済の分野の交流についても検討が進められている。

全壊した市立高田小学校への算数ドリルの寄贈がきっかけで支援が始まったサッカーJ1の川崎フロンターレ。二〇一五年九月には「高田フロンターレスマイルシップ友好協定」を締結し、子どもたちのために毎年のようにサッカー教室を開いている。フロンターレは「支援」から「交流」へと関係を発展させ、今後とも市とのつながりを続けていくことを表明している。また、スポーツ界ではその他にも、東北楽天ゴールデンイーグルスやアディダスジャパンなど多くの企業から施設整備やスポーツイベントへの支援を受けている。

二〇一七年、市は東京大学と、国内で最も多くピーカンナッツを輸入しているサロンドロワイヤル社との間で「共同研究契約」および「連携協力協定」を締結し、産学官が連携しピーカンナッツによる産業振興を進めてきた。農業分野では二〇二〇年度から国産ピーカンナッツの商業栽培のための試作が進むとともに、生産と販売の拠点となるピーカンナッツの工場・店舗が二〇二一年春に中心市街地に完成し、夏から営業を開始する予定だ。

協働の力で持続可能なまちを目指して

国が定めた一〇年の復興期間内にほぼすべての復旧復興事業は完了したが、少子高齢化など震災前から存在する地域課題が解消されたわけではなく、復興事業の減少による地域経済の縮小など、将来に不安を抱く市民は少なくない。しかし、その一方で、第一次産業、交流人口拡大、まちづくりなどの分野では、震災後に移住してきた若者が活躍するなど、震災前にはなかった明るい材料が増えていることも事実である。震災から再建を果たした商業者の多くは、自らの仕事を継続させることで精一杯だが、こうした新しい力が、現在の陸前高田市を前に進める力となっている。「動きのあるところに人は集まる」と言われるが、市民の懸命の復興まちづくりへの取り組みが、若い世代を引きつけることで、震災前からの課題を解決する一助ともなるのではないか。

「陸前高田市には豊かな自然など素晴らしいところはたくさんあるが、最も素晴らしいのはここに住む市民一人ひとりである」。二〇一一年八月に病気で亡くなった中里長門前市長が、生前述べていた言葉だ。過去にも私たちの祖先は何度も津波被害に遭ってきたが、そのたびに砂塵が舞う不毛な土地に、コツコツと松を植え続け、田畑を耕し、まちをつくってきた。現在新型コロナウイルスの感染症の影響で市内経済も大きなダメージを受けているが、「ゼロからの復興・まちづくり」を支えた経験と関係を活かし、ここをしっかり乗り越えて、持続可能なまちに向けてさらに前進させていくことが求められている。

［座談会］ゼロからのまちづくり
官民が両輪となって魅力をつくる

二〇二一年六月一三日
於市役所

専門家と自治体との探り合いから

鈴木英里（東海新報社長） 本書のまとめとして、戸羽太陸前高田市長を迎え、復興に参画され、本書の編著も担った中井検裕先生、長坂泰之先生から、陸前高田の復興の道行きと今後への指南を話し合っていただきたいと思います。

中井先生と長坂先生が陸前高田の復興に関わるようになった経緯はどういったことでしょうか。

中井検裕（東京工業大学） 国が、東日本大震災の被災市町村の復興計画策定を手助けするため、主に学識経験者や阪神淡路大震災（以下阪神淡路）のときの神戸市職員OBらを監理委員というかたちでつけ、調査の枠組みをつくりました。その中で私が陸前高田を担当することになったのです。最初に陸前高田を訪れたのは（二〇一一年）六月六日。まだ、プレハブの庁舎もできていませんでした。

中井

戸羽市長とは、その後少し時間が経って、まだプレハブの市庁舎が一棟しかなかったころに初めてお目にかかったのですが、東京から来た私たちに対して「何だろうこの人たちは」と、少し警戒されている様子でした（笑）。

戸羽 太（陸前高田市長） あのころは正直、毎日のようにいろんな人が詰めかけては、復旧・復興について好き勝手なことを言ってくるような状況だったんですよ（笑）。

四月下旬ごろには、幹部同士で五月になったら復興局みたいなものを立ち上げなければ駄目だね」という話をしていましたが、「家や家族を亡くした職員が多く、どう進めていったらいいか悩んでいました。そんなところへ急に、国から「復興計画の策定を」という話が出てきたんです。

こちらとしては、自治体の意向を踏まえて国と交渉していくものと思っていましたが、ここで専門家がおいでになったということは、もしかして国主導で進められてしまうのかなという、戸惑いのようなものを皆もっていたのだと思います。

中井 「ただちには受け入れられない」という感覚をおもちだったのは当然です。初めて会った同士が大事な復興計画をつくっていこうというのですから、お互いが探り合いのような状態でしたね。

長坂泰之（流通科学大学） 私が震災後最初に陸前高田を訪れたのは四月二七日でした。当時は中小機構の緊急復興対策本部のメンバーとして、大船渡と陸前高田を担当し、貸し付け先の被災状況調査にあたっていました。そのときに商工会長の伊東さんにもお会いしていました。また、二〇一二年度はグループ補助金の裏負担で無利子の融資（高度化スキーム）の担当として県庁と沿岸被災地を回り、水産加工業者に貸し付けの審査をする仕事もしていました。

その後、当時の国土交通省都市局都市計画課長が私に電話をかけてきて、「ハード整備だけでは復興は終わらない。商業がわかる人を探している」と言われ、再び陸前高田を訪れたのが二〇一二年一一月。そのときに伊東商工会長に再び会い、それから一緒に商業まちづくりの支援をさせていただくことになったんです。

戸羽 商業者の皆さんは震災後しばらく、下を向いたままでした。店を再建する気力も、お金もないし、「やったってどうせ駄目だろう」という状況だったわけです。

一方で、阪神淡路でも復興を手伝ってきた長坂さんのような方が関わってくれたり、商売をちゃんと理解している（ワタミ代表取締役会長の）渡邉美樹さんが「自分も裸一貫から頑張ってきた。もう一回やれるよ」と言って販売イベントを企画してくれたりしたことで、皆さんも立ち上がるきっかけを得たのだと思います。

長坂 先ほど市長が言われたとおり、震災当初は様々な方が来ては商工会にもあれこれ意見を言っていったらしいのですが、リアリティのある提案はなかったそうで……。私は「魅力のないお店は淘汰される。そんな復興ではだめだ」と、結構厳しいことを言っていました。阪神淡路の支援のときに、一生懸命に復興して、大きなハードが整備されても多くの商業者は経営は苦しいままで、当時の商業者の話を聞くと全然楽しそうじゃなかったんです。その苦い経験があったので、発破をかけるような言い方になったのだと思います。

戸羽 衰退する地方で頑張ってきた事業者が震災でコテンパ

中央が戸羽、左は中井、右が長坂

ンにされ、残ったのは借金だけというとき、「また借金を重ねるのか。これまでも大変だったのに」という思いはあったはずです。再びやるなら、ちゃんと儲かる商売にしていかなきゃいけない。皆さん、すごい決断だったと思いますし、それを後押ししてくれたのが外からいらした方々でした。

鈴木　落ち込んでいた商工業者の意欲が徐々に見えてきたんですね。

戸羽　商工会の伊東会長は全体を見ているし、磐井（正篤副会長）さんも商業者のグループ全体を盛り上げてくれて。東京屋さん（小笠原修東京屋社長）など〝仕掛けたい〟人たちが次第に表へ出てきてくれるようになっていきました。

こういう方たちが集まって話す中で、「自分の商売だけやっていればいい」ではなく、「皆で新しいことができそうだ」という雰囲気が生まれてきました。人々がそう感じられるまちになれば、商工業だけでなくまちづくり全体がよい方向に向かっていってくれます。

市民の中から、そうやって前向きに、明るく取り組んでくれる人たちが増えていったことが復興の中でよい流れになったと思います。

元の場所で市街地を再生する

鈴木　復興計画を策定する上で、また、商業再建のため、市街地の再生についてはどう考えていましたか。

中井　私は阪神淡路直後の現地も見ていますし、東日本大震災でも被災地を調査してきましたが、陸前高田はまさに「壊滅」状態。市街地がほぼ全部ないというのは、記憶にある限り初めての経験で衝撃的でした。

　ポツポツと、モザイクのように残っている状況であれば、まちを〝修復〟していくかたちで復興計画もつくれたでしょうが、陸前高田では、高台移転も含め、すべてゼロからつくり直すことになりますから、かなり大変だとはイメージしていました。

　ただ、最初の段階から、市街地を丸ごとどこかへ移転するのではなく、高田と今泉のまちはほぼ同じ場所に再生するということは市側と共有していました。そのための具体的な位置や、防潮堤をどうするかなどは、すでに七月ぐらいにはやり取りしていたと思います。

戸羽　復興に関してできる事業は基本的に、防災集団移転と、土地区画整理事業しかありませんでした。陸前高田の地形を考えると、全員が高台に住むだけの土地はなく、高田と今泉はもともとの土地の価格も高かったので、高田平野を全部空き地にして何かやる、という発想には誰が計画してもならなかったはずです。その上で次の津波への備え、一定の安全・安心を考えてまちをつくるという意識も共有していました。

　嵩上げして市街地を再生するということで、二〇一一年一二月には復興計画を議決しました。大きな土地があれば商業者が集まってやれたんだと思いますが、結局（低地部の）土地には手をつけず、最初から高台に仮設施設をつくれば復興の妨げにもならないと、かなり多くの商業者が思ってくださっていたと感じています。

長坂　隣の大船渡市では仮設商店街が近い場所に固まってできましたが、陸前高田の仮設施設は分散してつくられました。もちろん、仮設でも集積した方が集客力が増すわけですが、本設に移らず商売をたたんだ方もいらして、事情はそれぞれですが、仮設が分散したことで、「ほかの店に頼らず、自分でお客さんを呼ばなきゃいけない。気持ちを入れ変えないと生き残れない」という自立心が芽生えたという声もあります。

長坂

前よりもいいまちにするしかない

鈴木　ゼロからまちをつくり直すという、誰も経験したことがない大事業のご

戸羽

苦労はどのようなものですか。特に市長は初当選直後に起きた震災でした。

戸羽　最初は目の前のことで精いっぱいでしたが、渡邊美樹さんのイベントがあった夏ごろには、職員も含め、皆いい意味で開き直っていました。「泣いていたってしょうがない」と。

もともと、陸前高田は震災前からちょっと疲弊していた。もう「前よりもいいまちにして、震災前の課題も解決していくということに注力するしかないね」という意識を、私だけでなくみんなもっていたと思います。

中井　復興計画では、住民の意向をどう検討に取り込むかが大きな課題でした。それを丁寧にやればやるほど時間がかかる。区長へのヒアリングや、被災者アンケートなど、ひと通りはやったのですが、地域別の住民説明会は一回ずつしかできなくて、それはちょっと悔いが残ります。

「若者と語る会」を三回できたのはいい機会でした。（当時三〇代で、総務省から出向していた）久保田崇元副市長も出てくれて、そこで若手の方々のアイデアや熱意を聞き、「陸前高田は大丈夫だな」と思ったことを覚えています。あとはアンケートで「中心部に戻りたい」と答えた事業者が一〇〇件くらいあるとわかったときも、大丈夫だと思えましたね。

鈴木　復興計画に限らず、陸前高田市では震災以後「市長と語る会」などで多様な意見を聞く機会を設けていますね。

戸羽　お聞きする意見が、一定の団体や属性に偏らないようにとは思っています。商工会には商工会の、子育て世代には子育て世代の、それぞれの困りごとや考えがあるので。例えば障がい者の方の話で言うと、私たちは「こんなことが大変なはず」と勝手な想像でやってしまいがちですが、当事者に聞いて初めてわかることが多いんです。

復興計画でもまちづくりでも、こうして住民が参画し、話をしてもらうことが大事で、「市役所が勝手にやった」となった途端、人って言いたい放題で無責任になる。「自分も一緒に決めた」という当事者意識をもってもらうことが、本当の意味の協働です。

小中学生とも話をしますが、意見を言ってもらった子には「『こうしたい』と言った以上、君にもそれを一緒に考えていく責任があるんだよ」と伝えています。「『やってくれ』と言うだけじゃだめだ。僕も頑張るし、君もできることを頑張ってほしい」と。

鈴木　長坂さんも同様に若い商業者らの意見に耳を傾けてこられたのでは。

長坂　当初、商工会の中心市街地企画委員会は七人でしたが、仲間を増やしましょうと提案し、若手を中心にさらに七人が加わりました。何事も前向きに考える若手の存在はとても大きかったです。それと若手ではありませんが、商業者と市の間を取りもつため、市役所は阿部（勝地域振興部長）さんが、商工会は中井（力前事務局長）さんが、水面下で懸命に動いておられました。陸前高田の復興においては、こうした〝参謀〟の存在も大きかった。

その成果のひとつとして、二〇一三年春には「中心市街地検討会」が開催されました。そこに若い商業者らも一〇人くらい参加したことで、官民の連携が本格化し、商工会の人々も「要望する立場」から「協働」を意識するようになって、責任感が生まれた。あの場を設定してもらったことで、ステージが変わったなと。

魅力ある個店、まちのシンボルの再生

鈴木　復興まちづくりにおける陸前高田らしさはどういうところに感じますか。

長坂　第三セクターのまちづくり会社でハードをもっていないのは、陸前高田だけ。ハード整備は行政の多額の支援が必要ですが、行政に依存しすぎず、商業者同士も絶妙な距離感を保ちながら、必要と思えば個店が連携しながら切磋琢磨している点が優れています。

震災前と今で売り上げが伸びた事業者の皆さんは陸前高田では三〇％ほどで、被災地では高い数値です。やはり、自分の店を磨くということを高田の事業者はしっかりやっていて、店の魅力は他のまちよりあると思います。

中井　私が思うのは、シンボルである高田松原の存在ですね。松原の再生は復興計画にも盛り込んだし、復興祈念公園がまちづくりの両輪の片側として機能したことが非常によかったと思います。

戸羽　そうですね。復興祈念公園が陸前高田につくられた点は大きい。陸前高田は防災・減災を伝えることで他の地域の人達とつながり、それをまちづくりに生かそうとしていますから、高田松原や道の駅、津波伝承館が、もともとの高田らしさと、新しい高田らしさを象徴する施設として、二重の強みになりました。

一方、これから人口が減り、購買力も落ちていくので、普通の商売だけしていたら震災前より厳しくなることは必至です。今、お土産を買うといったら皆、「道の駅」に行くわけですが、嵩上げ地に違う商品があれば、観光客はそこまで来てくれるはずなんですよ。道の駅と「発酵パーク・CAMOCY（カモシー）」、

中心市街地を結ぶ「グリーンスローモビリティ（時速二〇キロ未満で徐行する低速電動バス）」は遅くとも二〇二二年のゴールデンウィークまでに実現させる計画です。それで祈念公園などを目当てに市街地に来てもらったお客さんが買いたくなるような〝ワン・アイテム〟がどの店にもあるとか、食べ歩きができるとか、まちなかでの一体的な取り組みが必要になってくるんです。

交流人口拡大といっても、旅館業の方以外は「自分と関係ない」となりがちですが、多くの方に利益がもたらされるような仕組みをつくらなければ。そのためには、行政主導ではなく、商業者が互いに励まし合って「よし、皆でやろうぜ」という機運を盛り上げていただきたいと思っています。

長坂　市長の言うように、まちに来る仕掛けは行政がやるけれど、店に呼ぶ仕掛けは事業者がしなくちゃならない。そこがこれからの課題です。

例えば中小機構時代にご支援させていただいた東京屋さんの商品であるブレンドコーヒーは、パッケージにそのまま切手を貼って郵送できるようになっています（258ページ写真参照）。こういう商品をきっかけに陸前高田を知る人もまた出てくるでしょうし、結果として事業者も儲かる。売り上げにつながり、皆がハッピーになれる仕組みづくりをこれからもお手伝いできればと考えています。

一〇年経っての課題と展望

鈴木　復興事業の反省点も含め、一〇年経った今思うことや、陸前高田の課題と展望をお教えください。

中井　公共施設を中心市街地に集約するという計画が実現できてよかったと思います。周辺部の低未利用地の問題は、事業の特性上、ある程度は想定していました。未利用地のうち公有地は様々な利用が考えられますし、宅地所有者で別の場所に住宅を再建された方にとっても、便利な市街地にある土地は「いつか戻ってきたい」と思ったときの資源と見ることもできます。土地区画整理事業というのはもともと三〇年ぐらいのオーダーで市街地を立ち上げる事業です。一〇年で「空き地が多い」と言うのは、評価を焦りすぎているという印象が否めません。最終的な評価にはもっと時間が必要だと思います。

戸羽　壊滅したまちの復興という、我々も、国も、誰もやったことがなくて、正解もわからない、しかも限られた時間でやらなければならない事業ですから、できたものが、思い描いていたものとは違うところもある。でもまずは、皆さんの力を借り、一〇年でここまで来られたというのは、海外の方か

らは「信じられない」と言われることなんです。震災直後から陸前高田を見ている人たちは「あのボロボロだったまちが、ここまでこられたなんて」と言ってくださいます。

現状、課題もありますが、それを解決する方向でこれから尽力していけばいい。低地部の海の近くは、陸上養殖なども進めていこうとしていますし、農業に興味がある人へのレンタル菜園のようなかたちでも使っていけるのかなという気はします。

陸前高田のコンセプトは、やはり「コンパクトシティ」なんですね。震災前の中心市街地の半分の面積に、いろんな機能を集約しましょう、と。大事なのは陸前高田が魅力的になること。嵩上げ地にしっかり人の流れをつくり、今ここにない業種の方にも、高田で商売ができそうだと思ってもらえるよう、行政もサポートしていく。

今泉地区の場合は、CAMOCY（カモシー）ができてだいぶ雰囲気が変わってきた。ただ、もうひとつ明確な魅力を打ち出していかないと、現時点ではお店を出そうとか、住んでみようということにはなりにくいと思うので、起爆剤が必要です。

そうした中で、今、今泉では大肝入屋敷（県指定文化財・旧吉田家住宅）の復旧に取りかかったところで、二〇二五（令和七）年に再建予定です。また、京都の造園家の北山安夫さんから、気仙大橋を渡ってすぐ上流側に「ぜひ庭園をつくりたい」とのお話をいただいています。まだどうなるかわかりませんが、もし日本庭園ができて、さらに大肝入屋敷があってとなれば、歴史ある地区全体の雰囲気がぐっとよくなります。

官民の信頼関係や「資源」を活かして防災・減災の発信を

長坂　陸前高田は、一〇年間で官民の信頼関係ができ、互いに両輪となってまちづくりを進めてきたのが魅力です。行政が公共駐車場を整備したことも大きく、あれで商業者はかなり助かったはずです。同時に、余力がある事業者は自分たちのためにも、まちを支えるためにも、市内に不足する業種を今の仕事にプラスして経営しながら利益を上げていくとか、そういうことを考えていかなければならないでしょうね。

また、例えばまちなかに高齢者が入居できる福祉施設ができるとよいのでは。京都のある町のショッピングセンターでは、空き区画にデイサービス機能を入れて、高齢者の健康増進のためにショッピングセンターの中で買い物をするという取り組みをしています。まちなかに高齢者が住めれば、近くに飲食店もあって、買い物も楽しめてと、明るく過ごすことができますし、売り上げにもつながる。土地が余っていることを逆手にとり、強みに変えてほしいですね。

中井　高齢者がまちなかに住んで、という話にも通じますが、公共交通網の弱さは最大の弱点ですね。市民の足の確保とまちづくりをセットで考えることが、これからますます重要になります。

長坂　確かに、高台の住民の移動手段はこれから課題が顕在化していくでしょうね。高台の住民はまちなかで飲むと必ず代行運転代がかかるので、そこが改善されるとありがたいです（笑）。

中井　陸前高田は津波復興祈念公園もあるし、津波到達地点にサクラを植える「桜ライン３１１」など、民間の活動も活発。防災・減災について発信し続けられる装置と環境、語り部を含めた「資源」があるので、そこはよその地域の参考にもなるでしょう。

長坂　この一〇年、陸前高田はピンチをチャンスと捉えて復興を進めてきたわけで、その考えをどこまで貫けるかが重要だと思っています。震災で全国に名が知られたという強みを生かし、交流人口拡大などにも取り組んでいる最中ですが、その延長線上に陸前高田の未来があると思っています。引き続き応援していきたいです。

鈴木　最後に市長に、復興に携わってこられた方々への思いと、陸前高田をこんなまちにしていくんだという決意をお聞かせ頂けますか。

戸羽　高田松原海水浴場も二〇二一年にオープンし、コロナ禍が収まれば、年間一二〇万人くらいの人が来てくれる可能性はあると思っています。一方、それが経済にどれぐらい反映されるのかという部分が今、問われているわけです。最終的に「復興がうまくいったかどうか」という結論も、この点にかかっているでしょう。人に来てもらい、お金を使っていただけるような魅力ある商品や場所、体験などを、官民一体となって生み出していきたい。

災害は必ずまた来るでしょう。これほどの嵩上げ事業については批判も受けましたが、いざまた津波が来たときに初めて、これまでやってきたことの意味が証明されると私は思っています。

やらなくていいことなら、市民をこれほどお待たせしてまでやる必要はなかった。しかし、万々が一また津波が来たときに、「先人たちが辛い思いをしてまで、今のまちをつくってくれてよかったね」と言ってもらえるようにと祈りながら、復興を進めてきました。そういう思いだけはご理解いただきたいと願ってやみません。この一〇年の間、普通なら会えなかったような、世界中の方々と関わりをもたせてもらいました。復興を進める上では、中井先生や長坂先生のように、行政と住民の間を取りもってくださるキーパーソンの存在が本当に欠かせなかったと感じています。

また、子どもたちにも「陸前高田から世界の人たちとつながれるんだ」と示せるようになりました。彼らには「マイナスのことを、どうプラスに変えていけるか」という不屈の精神をもって生きていってほしい。世界中の皆様に対しては、防災・減災について発信し「我々のような思いを、二度とどなたにもしてほしくない」という思いを伝えていくことが、最大の恩返しになると思っています。

（了）

陸前高田市・復興年表

年		市街地復興などの動き		商業復興などの動き		国・県などの動き		その他の主な出来事
2011(平成23)年	3.11	**東日本大震災**	3.11	〈商工会員699事業者のうち604者が被災〉	4.22	第1回岩手県津波防災技術専門委員会	3.12	災害対策本部設置(被災した市庁舎に代わり市立給食センター)
	5.1	震災復興本部、復興対策局設置	5.2	中小機構が仮設施設整備に関する説明会開催	5	第一次補正予算成立。国交省の直轄調査、中小機構の仮設施設整備等が承認される	3.19	県、仮設住宅建設に着手(第一中学校グラウンド)
	5.16	「震災復興計画策定方針」決定	5	被災事業者が「けせん朝市」開催 〈営業再開の動きが始まる〉	5	直轄調査の委託業者決まる	4.8	第一中学校仮設住宅、入居開始
	6.6	国交省直轄調査チームと作業監理委員が現地入り、「第1回作業監理会議」(～2012.2.16まで計33回)			12	「東日本大震災復興特別区域法」施行、復興交付金創設	5	プレハブの市役所仮庁舎(高田町鳴石)を開設
	6.27-	市民意向現地調査(被災8地区の高台移転等の調査)	7.14	商工会「商工業復興ビジョン検討合同委員会」開催				
	8.8	「第1回震災復興計画検討委員会」開催(委員55名、11.30まで計5回)	8.1	市「被災中小企業再開補助金」創設	8	岩手県復興基本計画策定	8.7	被災した市街地の中で「うごく七夕」・「けんか七夕」開催
	8.22-	「市民意向調査」(被災世帯対象、今後の居住等)	8.23	商工会、「第1回商工業復興ビジョン検討委員会」開催(計4回)				
	9.26	「第1回復興まちづくりを語る会」(公募委員、～10.31まで計3回)	8.27-28	**「きてけらっせぁ陸前高田」開催**	9	県が高田松原防潮堤の高さ12.5mと方針決定		
	9.28-	「市民意向調査」(18歳以上市民対象、今後のまちづくりなど)	9	市内初の仮設商店街「陸前高田元気会」(米崎町)開業				
	10.5	「震災復興計画(素案)」への意見募集			10	県が祈念公園候補地として「陸前高田市高田松原地区」を決定		
	10.17-	「震災復興計画(素案)等に係る地区住民説明会」(市内11地区)						
	11.30	「第5回震災復興計画検討委員会」(最終回)	11.30	商工会が「商工業復興ビジョン」を市に提示				
	12.2	「震災復興計画」策定			12	復興庁設置法		
	12.21	「震災復興計画」議決						
2012(平成24)年	2.8	区画整理都市計画決定(高田・今泉先行地区)			1	国交省都市局「日本大震災の被災地における市街地整備事業の運用について(ガイダンス)」公表	1.4	「たかたのゆめちゃん」誕生
	3.2	URと復興に係る覚書・協定締結			2	**復興庁設置**	5	「奇跡の一本松」枯死を確認
	9.26	区画整理事業事業認可(高田・今泉先行地区)	5	**仮設商店街「栃ケ沢ベース」「大隅つどいの丘商店街」「未来商店街」オープン**	3	復興交付金の交付決定(第1回、区画整理事業など)		
	9.26	URと業務委託契約						
	8	CM方式導入決定						
	10	高田・今泉地区土地利用計画説明会開催	8.3	商工会、第1回「商工業復興ビジョン推進委員会」開催(2013.3まで計8回)			7.5	「奇跡の一本松」保存募金開始
	11	住宅等移転確認調査	9.14	商工会が「要望書(案)」を市へ提示			11.14	ブランド米「たかたのゆめ」誕生
	12.3	清水JVとCM業務契約締結						

年		市街地復興などの動き		商業復興などの動き		国・県などの動き		その他の主な出来事
2012	12.25	工事安全祈願祭						
2013(平成25)	2.26	区画整理都市計画変更(高田・今泉地区全域へ拡大)	2.3-	宮崎県日向市視察	2	高田松原津波復興祈念公園都市計画決定	1	東日本大震災追悼施設を国道45号沿いに整備
	2.26	「中心市街地検討会議」開催(市・商工会合同。2013.4まで計4回開催)	2.26	「中心市街地検討会議」開催(同左)	3.2	JR大船渡線・気仙沼-盛間がBRTで仮復旧、市役所前に「陸前高田駅」開業		
	4	ベルトコンベア導入方針決定	7	商工会会員復旧・復興状況とりまとめ〈中心市街地復興の議論本格化〉			7.3	「奇跡の一本松」保存事業完成式
	8	住宅等移転確認調査						
			9	市長・商工会懇談会			7.5	天皇皇后両陛下行幸啓
			11	商工会・まちなか地区出店意向調査結果報告:会員285者中、新しい市街地を希望したのは89者	10	復興庁「用地取得加速化プログラム」公表	8.23	防災集団移転団地(市内初、気仙町長部)完成
2014(平成26)	2.28	区画整理事業計画変更(高田・今泉地区、全域へ拡大)	1	商工会・まちなか出店希望者個別ヒアリング(土地、店舗形態、面積など)	1	復興庁「商業集積・商店街再生加速化指針」発表〈津波立地補助金が利用可能に〉		
	3.24	**ベルトコンベア搬送開始**	2	商工会「まちなか出店に向けた勉強会」(~3まで計4回)	1.30	国交省「嵩上げ工事に向けた仮換地指定の特例的取扱について」通知〈二段階仮換地指定が認められる〉	7	「陸前高田市東日本大震災検証報告書」完成
	3.26	津波拠点(高田南地区)の都市計画決定に関する説明会で中心市街地の計画の考え方を提示	3.19	**商工会「第1回中心市街地企画委員会」開催(~2017.3まで計78回)**	3.23	三陸道陸前高田IC開通		
	5.20	津波拠点(高田南地区)都市計画決定			5.14	津波立地補助金現地説明会		
	6.3	津波拠点事業(高田南地区)事業認可						
	6	市街地整備の景観デザイン調整協議を開始	7	「オガール紫波」視察				
	7.7	区画整理審議会設置	9	市長・商工会懇談会				
	7-	区画整理換地意向確認調査	9	中心市街地出店意向調査結果報告(出店希望118者)				
	10.1	市内初の災害公営住宅・下和野団地入居開始(高田嵩上げ)	10	「中心市街地企画委員会」でグループ補助金の協議開始	10.31	国営追悼・祈念施設設置の閣議決定	10	名古屋市と友好都市協定締結
	12.22	高田地区仮換地指定(第一段階:工事着手のための暫定的なもの)	11	商工会「第8回まちなか地区出店に向けた勉強会」で「中心市街地形成方針(案)」などを説明				
	12-	中心市街地等換地ヒアリング					11.23	市消防防災センター(高田町)完成
	12	伊東豊雄氏からSUMIKAパビリオン(現ほんまるの家)の寄贈の提案受ける	12	中心市街地等換地ヒアリング(同左)				
2015(平成27)	1.2	市議会全員協議会で市立図書館が大型商業施設内に設置される方針示される						
	4.1	今泉地区仮換地指定(第一段階:工事着手のための暫定的なもの)	2	「陸前高田市まちなか再生計画」検討のため「第1回まちなか再生協議会」開催(~2015.7.12まで計3回)	3	文科省が図書館整備について買取でも災害復旧に該当するとの方針を示す	4.27	シンガポールの支援を受けた市コミュニティホール(高田町)完成
	6.26	津波拠点(高田南地区)都市計画変更、まちなか広場が位置付け	3	県によるグループ補助金公募説明会。「新規分野需要開拓等事業」も説明	5.6	県立高田高校完成(高田町)	6	「ノーマライゼーションという言葉のいらないまちづくり」アクションプラン策定

		市街地復興などの動き		商業復興などの動き		国・県などの動き		その他の主な出来事
2015（平成27）	9.15	ベルトコンベア搬送終了 〈嵩上げ工事本格化〉	10	「グループ補助金申請準備委員会」設置			9.11	川崎フロンターレと「高田・フロンターレスマイルシップ協定」締結
	10-	仮換地案供覧（中心市街地等）	11-	中心市街地等借地事前ヒアリング				
			12	「陸前高田市まちなか再生計画」策定				
	11.12	川原川・川原川公園整備に係る県市合同協議開始	12	借地事業者募集開始（個店、大型商業施設施設）				
	11.29	区画整理事業初の土地引渡し（高田高台2）	12	「魅力的なまちなかづくりの基本的考え方」公表				
2016（平成28）	1	区画整理仮換地指定（中心市街地等）	2	借地応募事業者ヒアリング	1	復興庁「陸前高田市まちなか再生計画」認定		
			3	借地予定事業者（大型商業施設）の決定	3	中小企業庁「アバッセたかた」津波立地補助金採択		
			4.28	「まちなか未来プロジェクトグループ」設立	4.7	高田幹部交番開所（高田町）		
	8.10	区画整理嵩上げ部土地引渡し開始（アバッセたかた用地）	6	借地予定事業者（個店）の決定・公表				
			8.1	商工会・富良野美瑛視察				
	9	川原川・川原川公園の市民との意見交換会（県市共催）	8	「みせづくり・まちづくりワークショップ」開催（市・商工会共催、～10まで計6回）				
	10	中心市街地公共駐車場とまちなか広場拡張分の復興交付金が認められる	8	「アバッセたかた」起工式 〈嵩上げ初の民間建築〉			7.17	高田保育所完成（高田町）
	12	アムウェイ財団から「まちの縁側」整備支援の提案	8	高田・今泉地区計画変更 〈屋外広告物規制を追加〉	12	岩手県が「まちなかテラス」グループ補助金採択	10	ミライロ社と「ノーマライゼーションという言葉のいらないまちづくりに関する包括的連携協定」締結
2017（平成29）	4.27	まちなか広場一部開園（中心市街地）	3	「まちなかデザインガイドライン」策定（市・商工会合同）、配布開始			1.16	高田東中学校完成（米崎町）
	6	市庁舎位置を中心市街地とする条例可決	3	「ユニバーサルデザインチェックリスト」策定、配布開始			3.19	楽天野球団と「スポーツ交流活動パートナー協定」締結
	7.2	今泉地区初の土地引渡し（今泉高台6）	4.27	**「アバッセたかた」開業（中心市街地）**			4.25	「陸前高田グローバルキャンパス」開所（米崎町）
	7.20	市立図書館開館（中心市街地）	6	まちなか未来グループ補助金第1号となる居酒屋「俺っ家」開業			5.27	高田松原再生記念植樹会
	10.1	ほんまるの家含むまちなか広場全体開園	7.2	「お天王様歩行者天国」復活（中心市街地）			7.1	「脇の沢団地」完成（米崎町） 〈市内災害公営住宅すべての整備完了（計895戸）〉
			7.29	「チャオチャオ道中おどり」開催（中心市街地）			7.28	東京大学、サロンドロワイヤル社と「ピーカンナッツによる地方創生連携協定」締結
			10.1	**「まちなかテラス」開業（中心市街地）**				
2018（平成30）	3.1	県立高田病院開院（高田高台）	6	「陸前高田市景観計画」策定			4.10	「夢アリーナたかた」開館（高田町）
	3	東日本大震災追悼施設を中心市街地に移設	8	企画委員会において出店者組織の検討始まる	7.28	三陸道陸前高田長部IC開通（気仙町）	4.16	クレセントシティ市と姉妹都市提携

年		市街地復興などの動き		商業復興などの動き		国・県などの動き		その他の主な出来事
2018（平成30）	9.29	「まちびらきまつり」開催、JR陸前高田駅含む交通広場供用開始（中心市街地）	9.29	「まちびらきまつり」開催（同左）	7	JR大船渡線の鉄路復旧断念、BRT化が正式発表		
			9.3	〈仮設事業施設の多くが利用最終期限迎える。希望者には無償譲渡〉				
			11	「高田まちなか会」設立総会				
2019（令和元）	1.18	気仙小学校完成（今泉高台）			5.20	玉山金山（竹駒町）を含む産金物語が文化庁「日本遺産」に認定		
	1	土地利活用促進バンク開設						
	4.4	保健福祉総合センター開館（高田高台）	6.7	まちづくり会社「陸前高田ほんまる株式会社」設立（市、商工会、まちなか会が出資）	7.1	「SDGs未来都市」に認定（県内初）		
	4.9	気仙保育所完成（今泉高台）	7.6	「チャレンジショップ」開業（中心市街地）	9.22	「高田松原津波復興祈念公園」一部開園、「国営追悼・祈念施設」、「東日本大震災津波伝承館」、道の駅「高田松原」開業（気仙町）		
	6	川原川工事第1回見学会（地域団体主催）	7	「陸前高田市屋外広告物条例」施行	11	復興庁「陸前高田市まちなか再生計画」変更認定	10.24	ワタミ社と「ワタミオーガニックランド連携協力協定」締結
	9.24	高田小学校完成（高田高台）			11	復興庁の設置期限が10年延長して2031年までとなる	12-	〈新型コロナウイルスの流行〉
2020（令和2）	1.26	「アムウェイハウス まちの縁側」完成（中心市街地）						
	2	本丸公園整備現地見学会・意見交換会						
	4.11	「市民文化会館」、「館の沖公園」完成（中心市街地）					8.8	「高田松原運動公園」開園（高田町）
	10	川原川工事第2回見学会（地域団体主催）	11.17	「レッドカーペットプロジェクト」植樹会（高田平地部）			10.31	高田松原運動公園で「三陸花火大会」開催
	12.16	高田地区と今泉地区を結ぶ姉歯橋開通	12.17	「発酵パークCAMOCY」開業（今泉中心部）				
2021（令和3）	1.23	今泉嵩上げ部の引き渡し〈区画整理の全宅地引き渡し完了〉			3	三陸道仙台-陸前高田間開通		
	4.17	川原川・川原川公園開園	3	「ワタミオーガニックランド」一部開業（気仙町）				
	5.6	新市庁舎開庁（高田嵩上げ）						
	5	市職業訓練校完成（中心市街地）	8	「フルーツパーク」開園（高田平地部）	7	県立野外活動センター開所（広田町）	7	「高田松原海水浴場」オープン（高田町）
	9	「本丸公園」開園（中心市街地）						
	11	今泉地区換地処分公告			12	三陸道全線開通（八戸-仙台）		
	11	川原川・川原川公園が復興デザイン会議「復興設計賞」受賞			12	「高田松原津波復興祈念公園」全体供用開始（気仙町、高田町）		
2022（令和4）	1.17	高田地区換地処分公告						
	3	東日本大震災追悼施設再整備・刻銘碑完成（中心市街地）	夏	ピーカンナッツ産業振興施設開業予定（中心市街地）				
	秋	市立博物館開業予定（中心市街地）					春	グリーンスローモビリティ運行開始予定

「区画整理」…土地区画整理事業、「津波拠点」…一団地の津波防災拠点市街地形成施設

あとがき

陸前高田市役所の阿部、永山両氏から、震災から一〇年を機に、東日本大震災からの復興について書籍をつくれないかとの相談があったのは二〇二〇年四月だった。二〇一一年の復興計画策定以来、継続して陸前高田に関わってきた専門家として、後世のために何らかのかたちにして記録を残しておきたいとはそれまでから強く思っていたので、躊躇なく作成の協力を引き受けた。しかし、実際に原稿の執筆、編集を始めてみると、自分自身の記憶もかなり薄れてきていることに気づき、風化が進んでいることを思い知らされた。同時に、だからこそ記録が重要であり、関係者の記憶が完全には風化していない今のうちにできるだけ正確な情報を集めておきたいとの思いも強まった。したがって本書は、陸前高田復興の正史ではないが、記録の上に、自分も含めた執筆者一同の陸前高田復興への強い思いを積み重ねた書籍である。

復興祈念公園や防災集団移転事業など、編者が関わるハードな復興事業に関しても紙幅の関係で本書では詳細に取り上げられなかったテーマも多々あり、本書が陸前高田復興のすべてを語っているわけではない。これらについては、それぞれが一冊の書籍となるくらいの内容があり、また機会があればと思っている。

最初の相談からあっという間に二年近くが経ってしまい、一一年目の三月一一日を迎えることになってしまった。スケジュールの足を引っ張ったのは、編者である自分にも責任があり、執筆者をはじめ関係各位にお詫びしたい。

本書の作成には多くの方々にお世話になった。紙面の関係で一人ひとりを紹介することはできないが、商工会や商業者の皆さんの当時の声をお聞きできなければこの本のリアリティはなかった。記して感謝する。巻頭の推薦文は、編集の最終段階で、編者のひとりである阿部が、取材で市を訪れ、復興に関心を寄せてくださっていたジャーナリストの大越健介氏と相識であったことから、無理を承知でお願いしたものである。いただいた文章は力強く、編者らの作業の大きな励みにもなった。この場を借りて深く感謝したい。最後に、本書の出版は、ちょっとしたご縁があって相談にのってもらって以来、企画から出版に至るまでお世話になった鹿島出版会の久保田昭子氏の粘り強い努力なしには実現しなかった。編者四名を代表して深く御礼申し上げる。

中井検裕

中井検裕 なかい・のりひろ

東京工業大学環境・社会理工学院教授

一九五八年生まれ。一九八六年東京工業大学大学院理工学研究科博士課程単位取得退学後、東京大学助手、東京工業大学助教授等を経て、二〇〇二年より同大学教授。博士(工学)。専門は都市計画。国土交通省社会資本整備審議会都市計画・歴史的風土分科会長、住宅宅地分科会長などを歴任。二〇一四～一五年度公益社団法人日本都市計画学会会長。著書に『都市計画の挑戦』(共著、学芸出版社)、『都市計画の構造転換』(共著、鹿島出版会)など多数。

「陸前高田は東日本大震災からの復興のすべてが凝縮されています。まちづくりや都市計画、防災の分野を志す皆さんには必見の地であり、良くできた点、そうでない点も含めて自分の目で見てもらえればと思います」

長坂泰之 ながさか・やすゆき

流通科学大学商学部准教授

一九六二年横浜生まれ。一九八五年独立行政法人中小企業基盤整備機構奉職。横浜市立大学大学院都市社会文化研究科博士後期課程修了(学術博士)。全国の中心市街地・商店街再生、阪神・淡路大震災・東日本大震災の被災市街地の商業集積の復興を支援。二〇一九年から現職。専門は、流通政策、商業まちづくり、中小企業経営論。著書に、『中心市街地活性化のツボ』(学芸出版社)、『１００円商店街・バル・まちゼミ』(学芸出版社)など。中小企業診断士(経済産業省)、地域活性化伝道師(内閣府)。

「震災から一〇年間の『官民が一体となった仲間はずれをつくらないまちづくり』の集大成が本書です。そんなまちづくりの仲間のひとりに加えていただいたこと感謝するとともに、誇りに思います」

阿部 勝 あべ・まさる

陸前高田市地域振興部長

一九六〇年岩手県陸前高田市生まれ。岩手県立高田高等学校卒、一九七九年陸前高田市入職、二〇一四年都市計画課長、二〇一六年建設部長、二〇二〇年より現職。岩手地域総合研究所理事、岩手県学童保育連絡協議会副会長。幼稚園、小学校、中学校、高校、市役所まですべて「高田」がつく生粋の地元人間。労働組合、保育や学童保育、ＰＴＡ、町内会など様々な活動に参加。

「様々な苦労はあったが、むしろこれからが大事なステージなのだと思います。皆でつくってきたこのまちが、これからいきいきと継続していくためには、今後の取り組みにかかっています。どのような立場になっても、今後も陸前高田市の発展のために力を尽くしていきたいと思っています」

永山 悟 ながやま・さとる

陸前高田市建設部都市計画課課長補佐兼計画係長。技術士(建設部門：都市及び地方計画)

一九八四年宮崎県宮崎市生まれ。東京大学大学院社会基盤学専攻(景観研究室)修了後、アトリエ74建築都市計画研究所を経て、震災を機に二〇一二年陸前高田市嘱託職員、二〇一三年から正職員、二〇一九年より現職。

「本書で紹介できなかった多くの同僚、コンサルタント、建設会社の方々などの尽力によりこの復興は成し遂げられました。移住した私を受け入れてくれた陸前高田の皆さん、そしていつも支えてくれる家族に感謝です」

復興・陸前高田

ゼロからのまちづくり

二〇二二年三月三一日　第一刷発行

編著者　中井検裕・長坂泰之・阿部 勝・永山 悟

発行者　坪内文生

発行所　鹿島出版会

〒一〇四-〇〇二八　東京都中央区八重洲二-五-一四

電話〇三-六二〇二-五二〇〇　振替〇〇一六〇-二-一八〇八八三

デザイン　しまうまデザイン

印刷・製本　三美印刷

ISBN978-4-306-07361-6 C3052

本書の内容に関するご意見・ご感想は左記までお寄せ下さい。

URL: https://www.kajima-publishing.co.jp/

e-mail: info@kajima-publishing.co.jp